Corpo-vivente e a constituição de conhecimento matemático

Maria Aparecida Viggiani Bicudo
José Milton Lopes Pinheiro
Organizadores

Corpo-vivente e a constituição de conhecimento matemático

2023

1ª Edição

Direção editorial: José Roberto Marinho

Capa: Fabrício Ribeiro
Projeto gráfico e diagramação: Fabrício Ribeiro

Edição revisada segundo o Novo Acordo Ortográfico da Língua Portuguesa

Dados Internacionais de Catalogação na publicação (CIP)
(Câmara Brasileira do Livro, SP, Brasil)

Corpo-vivente e a constituição de conhecimento matemático / organização Maria Aparecida Viggiani Bicudo, José Milton Lopes Pinheiro. – São Paulo: Livraria da Física, 2023.

Vários autores.
Bibliografia.
ISBN 978-65-5563-377-1

1. Fenomenologia 2. Matemática - Estudo e ensino 3. Professores de matemática - Formação 4. Tecnologias digitais I. Bicudo, Maria Aparecida Viggiani. II. Pinheiro, José Milton Lopes.

23-173746 CDD-510

Índices para catálogo sistemático:
1. Matemática 510

Eliane de Freitas Leite - Bibliotecária - CRB 8/8415

Editora Livraria da Física
www.livrariadafisica.com.br
www.lfeditorial.com.br
(11) 3815-8688 | Loja do Instituto de Física da USP
(11) 3936-3413 | Editora

Sumário

Prefácio

Angela Ales Bello

O título deste livro dedicado à relação entre o corpo vivente e a matemática poderá surpreender os leitores: como conciliar a concretude do corpo e a abstração de uma ciência teórica, por excelência, que é a Matemática? Parece haver um abismo entre as duas realidades, uma empírica e outra teórica. Mas quem empreende a leitura do texto deve admitir que se depara com algo novo, que abre caminho para uma busca ainda não realizada, mas extremamente válida. Ou seja, ele tem que admitir que não é algo extravagante. Pelo contrário, algo que não havia lhe ocorrido até então, mas que vale a pena explorar. E é mérito dos editores do livro, Maria Aparecida Viggiani Bicudo e José Milton Lopes Pinheiro, terem tido essa intuição particular.

Muito apropriadamente, o livro se abre com uma ampla introdução, na qual o conteúdo é resumido, as contribuições individuais são examinadas, destacando o tema subjacente a cada uma delas. Estão agrupados em três partes que vão da noção de corpo-vivente à relação entre o corpo e o saber matemático, para chegar, finalmente, a uma questão específica do campo digital. A formulação é puramente fenomenológica e a prova dessa formulação encontra-se por meio de uma escavação arqueológica, como diria Husserl, que vai do conhecimento matemático, como já constituído, às condições que permitem que ele se constitua: a primeira condição preliminar que se encontra é precisamente a da corporalidade.

Vou me deter no tema da corporeidade, que é a base do tratamento do livro, lembrando que esse tema entra com força na filosofia do século XX por meio das análises fenomenológicas de Edmund Husserl. Claro que isso não significa que a questão do corpo esteja sendo tratada pela primeira vez - presente na filosofia ocidental desde suas primeiras manifestações. Mas quer dizer que ela surge na filosofia do século XX com uma peculiaridade e centralidade próprias, que é oportuno examinar.

Dado que a conotação fundamental que caracteriza o ser humano reside, sem dúvida, nas suas capacidades intelectuais-espirituais, estas têm sido, prevalentemente, objeto de investigação na tradição filosófica e, muitas vezes, deram origem a uma visão dualista que via a alma e o corpo em oposição; o último era visto como a sede de tudo o que é negativo. Na realidade, a tradição filosófica, ligada à visão antropológica cristã, tem assumido uma posição ambivalente. Por vezes identifica a corporeidade com o mal, porém, também, dando-lhe espaço, dada a centralidade do tema da Encarnação de Deus. Portanto, o tema da corporeidade tem sido um terreno de contrastes teóricos que não cabe examinar aqui.

O maior mérito das análises fenomenológicas é o de tentar um aprofundamento da questão de modo a examinar indiretamente também os resultados a que chegaram as especulações filosóficas e não só elas, mas também as ciências naturais durante o século XIX.

Vou, portanto, passar por dois momentos: o destaque ao tipo de análises realizadas pelos fenomenólogos mencionados neste livro e a reflexão sobre os resultados teóricos por eles alcançados. Em segundo plano, delineia-se a relação entre fenomenologia e antropologia, enquanto em primeiro plano se destaca o papel da corporeidade para a compreensão do ser humano; os dois momentos, na realidade, são correlativos e iluminam-se mutuamente.

Em primeiro lugar, como fazem muitos autores dos textos que compõem este volume, é oportuno levar em consideração as análises de Edmund Husserl as quais se referem os expoentes que o seguem na escola fenomenológica, assumindo uma dupla atitude: de continuidade ou de oposição. E entre seus seguidores sagazes estão Edith Stein e Merleau-Ponty; eles são particularmente interessantes pela ligação-descolamento de suas posições daquela do mestre sobre o assunto em exame. E, justamente, é esse último pensador o investigado na segunda parte do livro.

Partamos do pano de fundo, portanto, da relação entre antropologia e fenomenologia.

A genialidade de Husserl se revela em sua capacidade de ter identificado a noção de corpo vivente ou corpo-próprio, Leib, como fundamental para aqueles seres que manifestam características psicofísicas. A tradução de Leib como corpo-próprio - feita, por exemplo, por E. Filippini na edição italiana do Idee per una fenomenologia pura e una filosofia fenomenologica (Einaudi, Turim 1965) - remete a uma consideração que poderia ser definida como subjetiva, ou seja, é o ser humano que constata a presença de um corpo animado; ao contrário, a tradução de corpo-vivente indica uma observação objetiva, ou seja, a presença de uma dimensão psicofísica em alguns seres viventes.

Certamente não é uma novidade focar a atenção nos aspectos psicofísicos dos seres viventes, mas em primeiro lugar é questionada a validade dessa dupla interpretação e, em segundo lugar, justamente para estabelecer sua validade, o caminho a seguir para validá-la.

Uma característica do pensamento filosófico ocidental sempre foi a de exibir uma atitude crítica e não aceitar passivamente a tradição, nem mesmo a filosófico-científica. Deste ponto de vista, a posição de Husserl enquadra-se plenamente na esteira de uma criticidade, entendida não como um fim em si, mas como instrumento de conquista da verdade; neste sentido, ele considera exemplar o ensinamento dos filósofos gregos e, em particular, é claro, o de Platão e Aristóteles. Mas sua insistência na criticidade o leva a sublinhar a insuficiência até mesmo dos grandes mestres; a escolha da epochè faz parte de uma abordagem radical que permite que resultados válidos sejam alcançados sucessivamente. De fato, a validade dos resultados é diretamente proporcional ao grau de criticidade alcançado.

A redução fenomenológica tem propriamente este sentido e se exerce em uma pluralidade de direções: coloca entre parênteses tudo o que a tradição ofereceu, não com um propósito destrutivo, iconoclasta, mas com a intenção de examinar, sempre de novo (immer wieder), a validade, como já mencionado. Além disso, a epoché é exercida em relação a tudo o que é dado ao sujeito. De fato, como pesquisador, é necessário que ele não viva mais em uma atitude natural, que na verdade significa ingênua, mas que volte sobre si mesmo a investigação como ponto de referência irreprimível para a própria pesquisa: quem pergunta e por que pergunta? De onde vem a vontade de investigar? Certamente das coisas entendidas como Sachen, isto é, como eventos, fatos e questões que levantam interrogações e não dão trégua, mas a quem eles não dão trégua? O pensamento ocidental não pode escapar dessa questão.

O exercício da redução em sua radicalidade deixa como resíduo a consciência que nesse sentido ganha seu caráter de absoluta, como terreno último quoad nos, para nós. Husserl se pergunta se ainda faz sentido questionar o resíduo. Sua resposta é, na verdade, uma contraposição e uma saída de uma atitude que, se não tivesse os limites que ele estabelece, seria niilista; mas os limites são representados pelo fato de que o primeiro passo absolutamente necessário da redução é aquele que tende à busca da essência. Dessa forma, compreendemos também o jogo sutil na dosagem entre essência e existência. Se a existência deve ser entendida em sentido positivista como fatualidade, e este é o sentido corrente no meio filosófico frequentado por Husserl, a ela se estende a redução que tende, ao invés, reencontrar isso que é essencial; então o que permanece essencialmente após a redução da própria faticidade? Um novo terreno do ser até então não revelado em sua característica, ou seja, a consciência com suas vivências, experiências, apreendidas em sua essência. Assim, surge novamente uma dimensão transcendental que, segundo Husserl, manifesta uma estrutura muito diferente daquela identificada por Kant.

Mas o que é consciência, o que são experiências vivenciadas? Ao nomeá-la insistentemente, Husserl quase parece coisificá-la. Porém, o sentido dessa região do ser é posto em destaque por sua discípula Edith Stein que identifica a consciência originária como uma luz interior que ilumina o fluxo do viver e no próprio fluir o ilumina para o eu vivente sem que isso seja direto. Só posteriormente se estabelece um ato reflexivo que permite o conhecimento da consciência. E o fluxo é justamente o fluir dos atos que são vivenciados pelo sujeito, para dizer, sinteticamente, das vivências, identificáveis em suas conotações essenciais; algumas delas podem ser nomeadas, por exemplo, perceber, lembrar, imaginar, pensar, refletir e assim por diante.

Segundo Husserl, a análise que examina os fenômenos relativos à região da consciência constitui uma ciência no sentido etimológico de scire, conhecimento, de um novo gênero que se configura como uma filosofia primeira. É uma ciência maximamente concreta que contrapõe às pretensões de absolutismo das ciências tal como se configuram na tradição cultural e entre estas também a filosofia tomada em sua determinação histórica. Nesse sentido, todas as disciplinas devem ser consideradas abstratas e a Matemática é uma delas. Isso se aplica às ciências naturais e às ciências espirituais, mas também aos vários ramos da filosofia. No entanto, as ciências abstratas não devem ser eliminadas, mas seus conceitos fundamentais obtêm clareza apenas no terreno indicado pela análise fenomenológica. E isso também acontece para a Antropologia Filosófica. Sem uma investigação séria, que parta da dimensão das vivências, não é possível justificar a complexidade do ser humano. Isso não significa que não deva ser considerado como composto de alma e corpo, conforme nos ensina a tradição filosófica e religiosa e não apenas a ocidental, mas devemos nos perguntar se alma e corpo não são rótulos para regiões que devem ser descritas fenomenologicamente.

Após a digressão sobre a relação antropologia-fenomenologia, é possível tratar com mais clareza a questão da corporalidade, à qual é dada atenção específica no livro.

Para Husserl, o corpo constitui um rótulo sob o qual se incluem fenômenos que são investigados a partir da dimensão da consciência. O segundo livro do Idee per una fenomenologia pura e una filosofia fenomenologica contém, talvez, a síntese mais clara de sua posição sobre o assunto, mas não devemos subestimar o fato de que o tema da corporeidade se encontra nas análises husserlianas entrelaçado com o da empatia desde os escritos da primeira década do século XX, conforme destacado nas análises realizadas nesse livro. Nele focamos a conhecida diferença entre Körper e Leib, o corpo entendido em sentido puramente material e aquele entendido, ao contrário, como corpo-vivo. A descrição de ambos os momentos se dá a partir não de baixo, de um levantamento puramente empírico, ou seja, do que obviamente pareceria ser a primeira esfera dada, a da corporeidade, mas sua constituição é investigada partindo da dimensão transcendental para chegar ao delineamento da complexidade do ser humano. Por outro lado, deve-se lembrar que, para a fenomenologia, nunca se trata de deduzir, mas sim de mostrar de maneira essencial.

É do eu puro que se inicia a investigação, pois sendo o sujeito idêntico em todos os atos de um mesmo fluxo de consciência, ele é o centro de convergência de todos os atos da vida da consciência. Esse é o olhar que vive na consciência desperta e justamente por essa ligação tudo o que é vivenciado pelo sujeito pode ser compreendido graças à atitude reflexiva própria ao eu.

Esse nível, que aqui não pode ser mais investigado, é aquele em que se reflete a estrutura do ser humano, por assim dizer, sobre o qual se dá a descrição essencial da corporeidade, que pode ser de algum modo isolada, como proposto neste livro, mas não pode ser radicalmente separada da psique e do espírito, pois na consciência existem atos que possuem características diversas e que se referem a diferentes dimensões reali, como a psique e o espírito, onde o termo real tem, segundo a definição dada por Husserl, o significado de unidade de propriedade permanente. A conexão entre essas dimensões é tão forte que, embora seja possível uma distinção qualitativa, sua copresença no ser humano leva a uma interação inseparável.

Em todo caso, é possível identificar as linhas fundamentais que caracterizam a corporalidade. Na verdade, para os seres vivos animais e humanos, a noção de Leib deve ser introduzida imediatamente, e é possível começar de sua constituição como portadora de sensações localizadas, ou seja, do corpo como órgão perceptivo do sujeito da experiência. A apreensão perceptiva pressupõe os conteúdos das sensações que se localizam na correspondente parte móvel do corpo, portanto, sinteticamente pode-se dizer que o Leib se apresenta como uma totalidade livremente móvel dos órgãos dos sentidos. Por esta razão, qualquer realidade do mundo circundante do eu tem sua própria relação com o corpo-vivente.

Podemos então esboçar uma definição de Leib: é uma coisa material que, como um complexo de órgãos dos sentidos, como um elemento fenomênico e contrapartida de qualquer percepção das coisas, está fundamentalmente ligada à doação da psique e do eu. Sua pertença à natureza é, portanto, por um lado óbvia, por outro ultrapassada, é uma coisa material, porém, em contraste com as coisas materiais. De fato, o corpo-vivo que está ligado ao eu, e esse vínculo deve ser objeto de uma análise mais aprofundada, tem um lugar privilegiado em relação às coisas físicas. E aqui abordamos brevemente o segundo ponto indicado acima, o que diz respeito à relação com o mundo circundante, enquanto se encontra em uma posição particular; para o eu ele é o ponto zero de orientação do mundo circundante, perto, longe, acima, abaixo e assim por diante. Portanto, o corpo é para nós uma coisa física inacabada que, no entanto, é percebida como uma coisa real, porque age ou sofre processos cinestésicos. Mas, que não é uma coisa como as outras fica claro no próprio levantar a mão. Quando digo minha mão se mexe, nisso encontro o componente psíquico já presente. Isso me parece muito importante e significativo. Aliás, nos ensaios que compõem o livro, destaca-se a profunda ligação entre o corpo, a psique e o espírito.

O corpo se apresenta, portanto, como o momento imprescindível de início do conhecimento de si e do conhecimento intersubjetivo.

A relação com o mundo e a relação com os outros se dá por meio do corpo, mas este também é um veículo de estar ao mundo, como aponta Merleau-Ponty. Muito apropriadamente este pensador está presente, em particular, na segunda parte do livro que estou examinando.

A entonação existencialista dada por Merleau-Ponty à análise do ser humano se manifesta, em primeiro lugar, na importância atribuída à dimensão da corporeidade. Preliminarmente, cabe destacar que o pensador francês permanece na esteira das análises de Husserl: quem lê a Fenomenologia da Percepção percebe imediatamente o vínculo com Husserl também no procedimento descritivo. Isso não exclui a originalidade e, aliás, em certo sentido, o distanciamento dos textos husserlianos, que ele lê em manuscritos no Arquivo de Louvain: é o envolvimento com o mundo, termo e conceito introduzido por Husserl, que impressiona Merleau-Ponty. E a relação com o mundo passa, principalmente, pela corporreidade. Isso é demonstrado por uma investigação que se afasta, na medida do possível, da tendência solipsista cara a Husserl, para avançar em direção ao confronto contínuo com a dimensão intersubjetiva e, sobretudo, com os fenômenos patológicos. Tudo isso não era estranho ao fenomenólogo alemão, como mostram as investigações sobre a intersubjetividade. No que diz respeito aos fenômenos patológicos, apenas como exemplo, pode-se fazer referência a alguns de seus textos sobre normalidade e anormalidade, mas, certamente, sua investigação não é tão insistente quanto a de Merleau-Ponty. No entanto, compartilham a necessidade de se opor a uma descrição puramente fisiológica absolutamente insuficiente para compreender situações patológicas e igualmente a polêmica contra o reducionismo de uma interpretação puramente psicológica.

A centralidade da percepção está ligada ao ser corporeidade do ser humano, segundo Merleau-Ponty. Na percepção, o corpo interpreta a si mesmo. A relação entre dados visuais e dados táteis, já indicada por Husserl como fundamentais, é tal que todo movimento local aparece contra o pano de fundo de uma posição global, portanto, todo evento corporal aparece contra um fundo significativo para o qual há uma clara superação do corpo como objeto. Isso é bastante comparável à obra de arte. Com isso Merleau-Ponty rejeita insistentemente qualquer interpretação que ele defina como intelectualista ao mergulhar na síntese constituída pelo corpo-próprio, destacando o papel do hábito motor como extensão da existência que se prolonga no hábito perceptivo como aquisição de um mundo. Estreita correlação, portanto, entre hábito perceptivo e hábito motor como apreensão de um significado que se realiza através do corpo. Por exemplo, aprender a ver as cores significa adquirir um novo uso do esquema corporal. Neste sentido conhecer não equivale a possuir um conjunto de significados vivenciados que tendem ao equilíbrio; o corpo não é objeto de um eu penso. Sutil controvérsia com Husserl? Talvez possamos dizer que, do ponto de vista de Merleau-Ponty, se trata de ir mais longe, cavando justamente em algumas direções já indicadas pelo fenomenólogo alemão na tentativa de eliminar todas as configurações dualísticas. Merleau-Ponty lembra como nas Lezioni sulla fenomenologia della coscienza interna del tempo Husserl, após indicar a correlação apreensão-conteúdo da apreensão como fundamental, acrescenta que a dimensão do sensível estabelece uma relação, mas não é definível. Trata-se, portanto, de um pré que mais tarde será indicado pelo fenomenólogo francês como o invisível - o invisível verdadeiramente abissal - a partir do qual se suspende todo o jogo do visível-invisível mostrado no e pelo mundo.

Isso não quer dizer que o corpo não seja animado por uma consciência, pelo contrário, ele reconhece que o pudor, o desejo, o amor seriam incompreensíveis se o ser humano fosse como uma máquina regida por leis naturais. Portanto, esses sentimentos mostram que a consciência e a liberdade estão presentes.

Parece que Merleau-Ponty, por um lado, luta contra qualquer dualismo, por outro, porém, não pode deixar de reconhecer uma espécie de dualidade entre um corpo que na doença pode levar ao anonimato e à passividade e a existência, que a proposta de viver faz continuamente. Porém, o corpo nunca se dobra completamente sobre si mesmo, sempre surge alguma intenção que o abre para um além; afinal, trata-se do que Husserl e Stein chamam de conexão psicofísica: o corpo como corpo animado.

Focalizei esses dois pensadores porque eles constituem o pano de fundo sobre o qual se constrói todo o arcabouço teórico do livro. Na verdade, trata-se de enfatizar como nos ensaios que o compõem se mostra que todo o ser humano está envolvido no processo cognitivo, movendo-se do corpo, mas atingindo a psique e o espírito. Isto é evidenciado com particular insistência e clareza não só no contributo de Maria Bicudo, mas também na sua nota final que conclui de forma muito convincente a sucessão de análises.

É claro que naquela parte do vasto território da Matemática que é a Geometria, o corpo assume uma função mais explícita, justamente pela constituição do espaço, que se forma pelas experiências sensoriais da corporeidade. Porém, sabe-se que o espaço geométrico não é o espaço físico, mas, como argumenta Husserl, é resultado de um processo de idealização realizado pela atividade intelectual, entretanto a própria idealização é possível graças à formação empírica do espaço.

A descrição do papel do corpo no processo cognitivo não permanece abstrata nas contribuições presentes neste livro, mas torna-se um veículo para o desenvolvimento de estratégias didáticas; por outro lado, o objetivo final é aquele que diz respeito à Educação Matemática. Além disso, com esse objetivo, é estudada a maneira como o corpo está envolvido no caminho que leva ao trabalho com tecnologias digitais no conhecimento matemático.

Pode-se observar, conclusivamente, que este livro pode ser útil em uma pluralidade de direções concernentes à filosofia e à ciência matemática, mas, acima de tudo, surge a preocupação, nem sempre mantida em mente, da importância da Matemática, disciplina muitas vezes considerada difícil, justamente porque há uma falta de atenção de quem a ensina de informar-se sobre os processos que a constituem. De todas as finalidades indicadas até aqui, portanto, emerge a pedagógica, que certamente é primordial na formação humana. A atenção a esta dimensão constitui a mais-valia deste livro, valor que assume uma conotação de grande importância moral.

Tradução do original italiano
Prefazione, escrito pela Professora
Dra. Angela Ales Bello, realizada
pela Professora Dra. Maria Aparecida
Viggiani Bicudo.

Prefazione

Angela Ales Bello

Il titolo di questo libro dedicato al rapporto fra corpo vivente e matematica potrebbe stupire i lettori: come mettere insieme la concretezza corporea e l'astrattezza di una scienza teorica per eccellenza qual è la matematica? Sembra che fra le due realtà, empirica l'una e teorica l'altra, ci sia un abisso. Ma chi affronta la lettura del testo deve ammettere di avere di fronte a sé qualcosa di nuovo, che apre la via ad una ricerca ancora non intrapresa, ma estremamente valida. Deve ammettere, in altri termini, che non si tratta di qualcosa di stravagante, al contrario, di qualcosa che finora non era venuto in mente, ma che vale la pena esplorare. Ed è merito dei curatori del libro Maria Aparecida Viggiani Bicudo e José Milton Lopes Pinheiro aver avuto questa particolare intuizione.

Molto opportunamente il libro si apre con un'ampia introduzione, nella quale si sintetizza il contenuto, si esaminano i singoli contributi mettendo in evidenza il tema di fondo di ciascuno di essi. Essi sono raggruppati in tre parti che muovono dalla nozione di corpo vivente per passare al rapporto fra il corpo e conoscenza matematica per approdare, infine, ad una questione specifica riguardante l'ambito del digitale.

L'impostazione è prettamente fenomenologica e la prova di tale impostazione si trova attraverso uno scavo archeologico, come direbbe Husserl, che va dalla conoscenza matematica, come già costituita, alle condizioni che consentono di costituirla: la prima condizione preliminare che si incontra è proprio quella della corporeità.

Desidero soffermarmi sul tema della corporeità, che è alla base della trattazione nel libro, notando che tale tema entra potentemente nella filosofia del Novecento attraverso le analisi fenomenologiche di Edmund Husserl. Ciò non significa naturalmente che si tratta per la prima volta la questione del corpo

- presente nella filosofia occidentale fino dalle sue prime manifestazioni -, ma che si delinea nella filosofia del Novecento con una sua peculiarità e una centralità che è opportuno esaminare.

Poiché la connotazione fondamentale che caratterizza l'essere umano risiede indubbiamente nelle sue capacità intellettuali-spirituali, prevalentemente sono state queste oggetto di indagine nella tradizione filosofica e ciò ha dato luogo spesso ad una visione dualistica che vedeva contrapposti l'anima e il corpo, inteso quest'ultimo come sede di tutto ciò che è negativo. In realtà, la tradizione filosofica che si è legata alla visione antropologica cristiana ha assunto una posizione ambivalente identificando qualche volta la corporeità con il male, ma anche dando di fatto spazio ad essa, vista la centralità del tema dell'Incarnazione di Dio. Il tema della corporeità è stato, pertanto, terreno di contrapposizioni teoriche che non è il caso di esaminare in questa sede.

Il merito maggiore delle analisi fenomenologiche è quello di tentare un approfondimento della questione in modo tale da vagliare indirettamente anche i risultati ai quali era pervenuta la speculazione filosofica e non solo essa, ma anche le scienze naturali nel corso del secolo XIX.

Vorrei procedere, pertanto, attraverso due momenti: la messa in evidenza del tipo di analisi condotte dai fenomenologi citati in questo libro e la riflessione sui risultati teoretici da loro raggiunti. Sullo sfondo si delinea il rapporto fra fenomenologia e antropologia, mentre in primo piano emerge il ruolo della corporeità per la comprensione dell'essere umano; i due momenti, in realtà, sono correlativi e si illuminano reciprocamente.

È opportuno prendere in considerazione, in primo luogo, come fanno molti autori dei testi che compongono questo volume, le analisi di Edmund Husserl alle quali gli esponenti a lui successivi della scuola fenomenologica si riferiscono, assumendo un duplice atteggiamento: di prosecuzione o di contrapposizione. E fra i suoi seguaci particolarmente interessanti sono quelle condotte da Edith Stein e Merleau-Ponty per la connessione-distacco delle loro posizioni da quella del maestro sul tema in esame. Ed è proprio questo ultimo pensatore ad essere oggetto di indagine nella seconda parte del libro.

Iniziamo dallo sfondo, quindi, dal rapporto fra antropologia e fenomenologia.

La genialità di Husserl si rivela nella sua capacità di avere individuato la nozione di 'corpo vivente' o 'corpo proprio' Leib, come fondamentale per quegli esseri che manifestano caratteristiche psico-fisiche. La traduzione di Leib con 'corpo proprio' – utilizzata, ad esempio, da E. Filippini nella edizione italiana delle Idee per una fenomenologia pura e una filosofia fenomenologica (Einaudi, Torino 1965)- si riferisce ad una considerazione che si potrebbe definire 'soggettiva', cioè, è l'essere umano che constata la presenza a sé di un corpo animato; la traduzione corpo vivente indica, piuttosto, una constatazione 'oggettiva', la presenza, cioè, di una dimensione psico-fisica in alcuni esseri viventi.

Certamente non è una novità quella di fissare l'attenzione sugli aspetti psico-fisici degli esseri viventi, ma è in questione, in primo luogo, la validità di tale interpretazione duale e, in secondo luogo, proprio al fine di stabilirne la validità, la via da seguire per vagliarla.

Caratteristica del pensiero filosofico occidentale è stata sempre quella di esibire un atteggiamento critico e di non accettare passivamente la tradizione, neppure quella filosofico-scientifica. Da questo punto di vista la posizione husserliana si inserisce a pieno titolo nel solco di una criticità, non fine a se stessa, ma intesa come strumento di conquista della verità; in questo senso egli ritiene esemplare l'insegnamento dei filosofi greci e in particolare naturalmente quello di Platone e Aristotele. Ma la sua insistenza sulla criticità lo porta a sottolineare l'insufficienza anche dei grandi maestri; la scelta dell'epochè si inserisce in una radicalità che consenta di raggiungere successivamente risultati validi, infatti, la validità dei risultati è direttamente proporzionale al grado di criticità raggiunto.

La 'riduzione' fenomenologica ha propriamente questo significato e si esercita in una pluralità di direzioni: è la messa fra parentesi di tutto ciò che la tradizione ha offerto non con una finalità distruttiva, iconoclasta, ma con l'intento di saggiarne sempre di nuovo (immer wieder) la validità, come si è già detto. Inoltre, l'epochè si esercita nei confronti di tutto ciò che è dato al soggetto, infatti, in quanto ricercatore, è necessario che non viva più in un atteggiamento 'naturale', che vuol dire in verità 'ingenuo', ma che rivolga a se stesso l'indagine in quanto punto di riferimento insopprimibile della ricerca stessa: chi indaga e perché indaga? Da dove viene la spinta ad indagare? Certamente dalle cose intese come Sachen, cioè, come eventi, fatti e questioni che pongono interrogativi e non danno tregua, ma a chi non danno tregua? Il pensiero occidentale non può sfuggire a questa domanda.

L'esercizio della riduzione nella sua radicalità lascia come 'residuo' la coscienza che guadagna in questo senso la sua 'assolutezza' come terreno ultimo quoad nos, per noi. Husserl si domanda se abbia ancora senso interrogarsi sul residuo, la sua risposta è, in realtà, una contrapposizione e un'uscita da un atteggiamento che, se non avesse i limiti che egli pone, sarebbe nichilistico; ma i limiti sono rappresentati dal fatto che il primo passo assolutamente necessario della riduzione è quello che tende alla ricerca dell'essenza. Si comprende, in tal modo, anche il gioco sottile nel dosaggio fra essenza ed esistenza. Se l'esistenza è da intendersi in senso positivista come fattualità - e questo è il senso corrente nell'ambiente filosofico frequentato da Husserl - ad essa va estesa la riduzione che tende piuttosto a rintracciare ciò che è essenziale; allora, che cosa rimane essenzialmente dopo la riduzione della fattualità stessa? Un nuovo terreno dell'essere finora non rilevato nella sua caratteristica, cioè, la coscienza con le sue vivencias, vivenze, colte nella loro essenza. Si delinea, pertanto, di nuovo una dimensione trascendentale che manifesta, secondo Husserl, una struttura ben diversa da quella individuata da Kant.

Ma che cosa è la coscienza, che cosa sono le vivenze? Nel denominarla insistentemente Husserl sembra quasi 'cosalizzarla', in realtà, il senso di questa 'regione' dell'essere è messo bene in risalto dalla sua discepola Edith Stein la quale individua la coscienza originaria come una 'luce interiore' che illumina il flusso del vivere e nel defluire stesso lo rischiara per il l'io vivente senza che questo sia 'diretto', solo successivamente si instaura un atto riflessivo che consente la conoscenza della coscienza. E il fluire è, appunto, il fluire degli atti che sono vissuti dal soggetto, per dirla sinteticamente, delle vivenze, individuabili nelle loro connotazioni essenziali; se ne possono nominare alcune, ad esempio, il percepire, il ricordare, l'immaginare, il pensare, il riflettere e così via.

L'analisi che sottopone ad esame i fenomeni relativi alla regione della coscienza costituisce, secondo Husserl, una scienza nel senso etimologico di scire, sapere, di un nuovo genere che si configura come "filosofia prima". È una scienza massimamente 'concreta' che si contrappone alle pretese di assolutezza delle scienze così come si sono configurate nella tradizione culturale e fra queste anche alla filosofia presa nella sua determinazione storica. In tal senso tutte, le discipline sono da considerarsi 'astratte' e fra queste rientra la matematica.

Ciò vale per le scienze della natura e per le scienze dello spirito, ma anche per i vari rami della filosofia. Tuttavia, le scienze 'astratte' non debbano essere eliminate, ma i loro concetti fondamentali trovano una chiarificazione solo sul terreno indicato dall'analisi fenomenologica. E questo accade anche per l'antropologia filosofica. Senza una seria indagine che muova dalla dimensione delle vivenze non è possibile giustificare la complessità dell'essere umano. Ciò non significa che non debba essere ritenuto come composto di anima e corpo, secondo quanto ci insegna la tradizione filosofica e religiosa e non solo quella occidentale, piuttosto, bisogna chiedersi se anima e corpo non siano 'titoli' per regioni che debbono essere descritte fenomenologicamente.

Dopo la digressione sul rapporto antropologia-fenomenologia è possibile affrontare con maggiore chiarezza la questione della corporeità, alla quale si presta attenzione in modo specifico nel libro.

Per Husserl il corpo costituisce un 'titolo' sotto il quale sono compresi fenomeni che vengono indagati a partire dalla dimensione coscienziale. Il secondo libro delle Idee per una fenomenologia pura e una filosofia fenomenologica contiene forse la sintesi più chiara della sua posizione sull'argomento, ma non bisogna sottovalutare il fatto che il tema della corporeità si trova nelle analisi husserliane intrecciato con quello dell'empatia fin dagli scritti del primo decennio del Novecento come è messo in evidenza nelle analisi condotte in questo libro. In esso ci si sofferma sulla ben nota la differenza fra Körper e Leib, il corpo inteso in senso puramente materiale e quello inteso invece come corpo vivente. La descrizione di entrambi i momenti avviene iniziando non dal basso, da un rilevamento puramente empirico, cioè, da quella che sembrerebbe ovviamente la prima sfera data, quella della corporeità, ma se ne indaga la costituzione muovendo dalla dimensione trascendentale per giungere alla delineazione della complessità dell'essere umano, d'altra parte, è opportuno ricordare che non si tratta mai di dedurre per la fenomenologia, ma di mostrare in modo essenziale.

È dall'io puro che inizia l'indagine, perché essendo il soggetto identico in tutti gli atti di uno stesso flusso di coscienza, è il centro di convergenza di tutti gli atti della vita della coscienza. Esso è lo sguardo che vive nella coscienza desta e proprio a causa di tale connessione tutto ciò che è vissuto dal soggetto può essere compreso grazie all'atteggiamento riflessivo che fa capo all'io.

Questo livello che non può essere qui ulteriormente indagato è quello sul quale si rispecchia per così dire la struttura dell'essere umano, sul quale avviene la descrizione essenziale della corporeità che può essere in qualche modo isolata, com'è proposto in questo libro, ma non può essere radicalmente separata dalla psiche e dallo spirito, perché nella coscienza sono presenti atti che hanno caratteristiche diverse e che rimandano a dimensioni reali diverse, quali appunto la psiche e lo spirito, dove il termine reale ha, secondo la definizione data da Husserl, il significato di unità di proprietà permanenti. La connessione fra tali dimensioni è così forte che, pur essendo possibile una distinzione qualitativa, la loro compresenza nell'essere umano conduce ad una interazione inscindibile.

In ogni caso, è possibile individuare le linee fondamentali che caratterizzano la corporeità. In realtà, per gli esseri viventi animali e umani si deve subito introdurre la nozione di Leib, ed è possibile iniziare dalla sua costituzione in quanto latore delle sensazioni localizzate, cioè, dal corpo come organo percettivo del soggetto esperiente. L'apprensione percettiva presuppone i contenuti delle sensazioni che sono localizzate nella corrispondente parte mobile del corpo, quindi, sinteticamente si può dire che il Leib si presenta come totalità liberamente mobile degli organi di senso. Per tale ragione qualsiasi realtà del mondo circostante dell'io ha una propria relazione con il corpo vivente.

Si può abbozzare, allora, una definizione di Leib, esso è una cosa materiale che in quanto complesso di organi di senso, in quanto elemento fenomenico e controparte di qualsiasi percezione di cose è legato fondamentale della datità reale della psiche e dell'io. La sua appartenenza alla natura è, quindi, per un verso 'scontata', per l'altro superata, è una 'cosa materiale', tuttavia, in contrasto con le cose materiali. Infatti, il corpo vivente che è legato all'io - e questo legame deve essere oggetto di ulteriori analisi - ha un posto privilegiato rispetto alle cose fisiche - e qui affrontiamo brevemente il secondo punto sopra indicato, quello relativo al rapporto con il mondo circostante - in quanto si trova in una posizione particolare; per l'io è il punto zero dell'orientamento della vicinanza, della lontananza, del sopra, del sotto e così via. Quindi, il corpo è per noi una 'cosa' fisica incompiuta che, tuttavia, è percepita come una cosa reale, perché nei processi cinestetici agisce o subisce. Ma che non sia una cosa come le altre è chiaro nello stesso subire, infatti, quando dico "la mia mano è mossa" in questo trovo già presente la componente psichica. Questo mi sembra molto importante e significativo, infatti, nei saggi che compongono il libro si mette in evidenza il legame profondo fra il corpo, la psiche e lo spirito.

Il corpo si presenta, pertanto, come l'imprescindibile momento di avvio della conoscenza di sé e della conoscenza intersoggettiva.

Il rapporto con il mondo e il rapporto con gli altri avviene attraverso il corpo, ma questo è anche un "veicolo di essere al mondo", come sottolinea Merleau-Ponty. Molto opportunamente questo pensatore è presente, in particolare, nella seconda parte del libro che sto esaminando.

L'intonazione esistenzialista data da Merleau-Ponty all'analisi dell'essere umano si manifesta, in primo luogo, proprio nell'importanza attribuita alla dimensione della corporeità. Preliminarmente è opportuno osservare che il pensatore francese rimane più sul solco delle analisi husserliane: chi legge la Fenomenologia della percezione si rende subito conto del legame con Husserl anche nel procedimento descrittivo. Ciò non esclude l'originalità, anzi, in un certo senso, il distacco dai testi husserliani, da lui letti ancora manoscritti presso l'Archivio di Lovanio: è il coinvolgimento con il 'mondo', termine e concetto introdotto da Husserl, che colpisce Merleau-Ponty, e il rapporto con il mondo passa, in primo luogo, attraverso la corporeità. Ciò è dimostrato da un'indagine che si allontana, per quanto è possibile, dall'andamento solipsistico caro a Husserl per orientarsi verso il confronto continuo con la dimensione intersoggettiva e soprattutto con i fenomeni patologici. Tutto ciò non era estraneo al fenomenologo tedesco come dimostrano le indagini sulla intersoggettività. Riguardo ai fenomeni patologici, solo a titolo di esempio, si può fare riferimento ad alcuni suoi testi sulla 'normalità e anormalità, ma certamente la sua indagine non è così insistente come per Merleau-Ponty. Li accomuna, tuttavia, l'esigenza di contrapporsi ad una pura descrizione 'fisiologica' assolutamente insufficiente per comprendere proprio le situazioni patologiche e altrettanto la polemica contro il riduttivismo di un'interpretazione puramente psicologica.

La centralità della percezione è connessa all'essere corporeità da parte dell'essere umano, secondo Merleau-Ponty. Nella percezione il corpo interpreta se stesso. Il rapporto fra i dati visivi e i dati tattili, già indicati da Husserl come fondamentali, è tale che ogni movimento locale appare sullo sfondo di una posizione globale, quindi, ogni evento corporeo appare su uno sfondo significativo per cui si ha un netto superamento del corpo come oggetto. Esso è piuttosto paragonabile all'opera d'arte. Con questo Merleau-Ponty rifiuta insistentemente ogni interpretazione che definisce 'intellettualistica' scavando nella sintesi costituita dal corpo proprio e mettendo in evidenza il ruolo dell'abitudine motoria in quanto estensione dell'esistenza che si prolunga nell'abitudine percettiva come acquisizione di un mondo. Stretta correlazione, quindi, fra abitudine percettiva e abitudine motoria come apprensione di un significato che si effettua attraverso il corpo. Ad esempio, imparare a vedere i colori significa acquistare un nuovo uso dello schema corporeo, in questo senso conoscere non equivale a possedere un insieme di significati vissuti che tendono ad un equilibrio; il corpo non è oggetto per un 'io penso'. Sottile polemica nei confronti di Husserl? Forse si può dire che dal punto di vista di Merleau-Ponty si tratta di un 'andare oltre' scavando proprio in alcune direzioni già indicate dal fenomenologo tedesco nel tentativo di eliminare tutte le configurazioni dualistiche. Merleau-Ponty ricorda come nelle Lezioni sulla fenomenologia della coscienza interna del tempo Husserl dopo aver indicato la correlazione apprensione-contenuto dell'apprensione come fondamentale, aggiunge che la dimensione di ciò che è sensibile stabilisce una relazione, ma non è definibile. Si tratta, perciò, di un 'pre' che sarà poi indicato dal fenomenologo francese come l'invisibile - il vero abissale invisibile - a cui è sospeso tutto il gioco dei visibili-invisibili dispiegati nel e dal mondo.

Ciò non significa che il corpo non sia animato da una coscienza, al contrario, egli riconosce che il pudore, il desiderio, l'amore sarebbero incomprensibili se l'essere umano fosse come una macchina governata da leggi naturali, pertanto, tali sentimenti mostrano che sono presenti la coscienza e la libertà.

Sembra che Merleau-Ponty, da un lato, combatta qualsiasi dualismo, dall'altro, però, non possa fare a meno di riconoscere una sorta di dualità fra un corpo che nella malattia può condurre all'anonimità e alla passività e l'esistenza che mi fa continuamente la proposta di vivere. Tuttavia, il corpo non si ripiega mai totalmente su stesso, si delinea sempre qualche intenzione che lo apre ad un oltre; si tratta, in fondo, di quella che Husserl e la Stein chiamano connessione psico-fisica: il corpo come corpo animato.

Mi sono soffermata su questi due pensatori perché costituiscono lo sfondo sul quale si costruisce tutto l'impianto teorico del libro. Si tratta, infatti, di sottolineare come nei saggi che lo compongono si mostra che tutto l'essere umano è coinvolto nel processo conoscitivo, movendo dalla corporeità, ma arrivando alla psiche e allo spirito. Ciò è messo in evidenza con particolare insistenza e chiarezza non solo nel contributo di Maria Bicudo, ma anche nella sua nota finale che conclude in modo molto convincente il susseguirsi delle analisi.

È chiaro che in quella parte del vasto territorio della matematica che è la geometria il corpo assume una funzione più esplicita, appunto, attraverso la costituzione dello spazio, il quale si forma attraverso le esperienze sensoriali della corporeità. Tuttavia, è noto che lo spazio geometrico non è lo spazio fisico, ma, come sostiene Husserl, è frutto di un processo di idealizzazione compiuto dall'attività intellettuale, però, l'idealizzazione stessa è possibile grazie alla formazione empirica dello spazio.

La descrizione del ruolo del corpo nel processo conoscitivo non rimane astratta nei contributi presenti in questo libro, ma diventa un veicolo di elaborazione di strategie didattiche; d'altra parte, la finalità ultima è quella riguardante l'educazione matematica. Inoltre, con questa finalità è studiato il modo nel quale il corpo è coinvolto nel percorso che conduce all'uso delle tecnologie digitali nella conoscenza matematica.

Si può osservare conclusivamente che questo libro può essere utile in una pluralità di direzioni che riguardano la filosofia e la scienza matematica, ma, soprattutto, emerge la preoccupazione non sempre tenuta presente, dell'importanza della didattica della matematica, una disciplina spesso ritenuta "difficile" proprio perché manca l'attenzione da parte di chi la insegna di documentarsi sui processi che la costituiscono. Su tutte le finalità finora indicate emerge, quindi, quella pedagogica, che certamente è primaria nella formazione umana. L'attenzione a questa dimensione costituisce il valore aggiunto di questo libro, valore che assume una connotazione di grande importanza "morale".

Apresentação

José Milton Lopes Pinheiro

Nas últimas duas décadas, um dos focos de estudo do Grupo de Pesquisa Fenomenologia em Educação Matemática – FEM foi a percepção e o movimento do corpo-vivente ou corpo-próprio, traduções do termo Leib presente em obras de Edmund Husserl e, posteriormente, abordado em investigações de Maurice Merleau-Ponty com a denominação de corpo-próprio, para diferenciar de corpo, tradução de Körper.

Sendo a Matemática, o pensar e o fazer matemático os núcleos do trabalho realizado pelos membros desse grupo, enquanto professores e pesquisadores, suas investigações incidiram sobre os modos pelos quais o conhecimento matemático, produzido e em desenvolvimento, se constitui no corpo-vivente.

A indagação sobre esses modos é um ponto chave, que nutri a busca desses pesquisadores frente à perplexidade que se instalou ao se defrontarem, por um lado, com a Matemática, entendida como ciência do mundo ocidental e objeto de estudos nos cursos de formação de matemáticos e de professores de Matemática, bem como, enquanto disciplina constante em currículos do sistema educacional do país, portanto, como um corpo de conhecimento histórico-sócio-cultural produzido ao longo da história da civilização ocidental. Por outro lado, ao se darem conta de estudos que evidenciavam o corpo-vivente como estando sempre em movimento, fazendo o que estava sendo chamado a fazer na espacialidade por ele habitada e, no seu devir, constituindo conhecimentos.

Saber como são percebidos pelo sujeito os objetos matemáticos se tornaram uma preocupação constante do grupo, a ponto de muitos de seus componentes terem se dedicado a investigar esse assunto. À medida que muitos aspectos foram sendo esclarecidos e publicações advindas desses estudos foram geradas, constatou-se que pesquisadores de outras linhas de pensamento também têm se ocupado do corpo como gerador de conhecimento, denominado – às vezes – de conhecimento corporificado.

Entretanto, constatou-se, também, que não há uma preocupação tematizada, decorrente do questionamento: O que é o corpo? Nota-se que se falam do corpo, de forma naturalizada, sem buscar compreendê-lo em suas especificidades, ainda que haja descrições cuidadosas a respeito do seu modo de se expor e sobre explicações sobre aspectos neurofisiológicos, por exemplo.

A ideia de organizar este livro nasce dessa constatação e da suposição de que os trabalhos gerados pelo e no FEM podem contribuir com esclarecimentos a respeito da vida que flui no corpo-vivente, que o põe num movimento incessante de conhecimento, que abarca o fazer, o constituir e produzir Matemática.

Este livro foi estruturado em três partes, agrupando os assuntos focados, segundo a lógica dos organizadores.

Parte I: Corpo-vivente, Movimento e Constituição do conhecimento. Esta parte traz três capítulos que focam o corpo-vivente em termos de modalidades do movimento de conhecer e as especificidades sobre o seu modo de ser, sendo, bem como traz compreensões no âmbito da história da filosofia a respeito do movimento. O que se propõe nesta parte cumpre o importante papel de situar o leitor sobre temas estudados e perspectiva teórica assumida pelos diferentes autores.

Nos dois primeiros capítulos explicita-se o modo pelo qual entendemos corpo-vivente, bem como evidencia o rigor teórico ao focá-lo, uma vez que o corpo-vivente pode ser compreendido por perspectivas de diferentes áreas do conhecimento. O terceiro capítulo aborda e aprofunda a compreensão do que entendemos pelo movimento desse corpo, não deixando, porém, de explicitar outros entendimentos sobre o que é isso, o movimento.

Capítulo 1: *Encontrando a modalidade de conhecimento do corpo-vivente*, escrito pelo Prof. Dr. Orlando de Andrade Figueiredo, enfatiza a percepção como um tema intrínseco à pesquisa em cognição corporificada. Um ponto chave para a compreensão da percepção, segundo o pesquisador, consiste em dissociá-la e diferenciá-la do mero estímulo sensorial.

O eixo central do texto é uma apresentação da diferenciação entre o conteúdo sensório visual e a percepção visual, tomando como contrapontos duas abordagens complementares: uma argumentação lógica, com base em resultados da Psicologia discutidos pelo filósofo Maurice Merleau-Ponty e uma descrição fenomenológica introspectiva.

A diferenciação que o autor busca estabelecer, focando essas abordagens, é originalmente apresentada e funciona como variação perspectival da discussão fenomenológica sobre percepção, podendo ser entendida como material complementar, acessório, alternativo e introdutório à apresentação estabelecida na literatura da área.

Além disso, o capítulo se inicia com uma breve consideração sobre o risco de se entender a palavra *corpo-vivente*, tal como empregada pelos fenomenólogos, no sentido estritamente literal, e se encerra com uma ampliação da discussão central sobre percepção visual para o tema do movimento.

Capítulo 2: *Notas sobre intercorporeidade, intencionalidade do corpo próprio e conhecimento sensível.* Neste capítulo a Dra. Petrucia Nóbrega enfatiza que a experiência do sujeito do/com outro se realiza por meio do corpo-próprio, que possui um gradiente sensível e uma intencionalidade mediada pela presença do ser no mundo, configurando uma espacialidade de situação expressa pelo esquema corporal como síntese dinâmica das experiências vividas.

Na perspectiva fenomenológica, outrem é uma experiência de mundo, uma abertura para o encontro e o diálogo, é configuração de um intermundo, mediado pela intercorporeidade com a qual estabelecemos um pacto com o outro. Assim, pelo diálogo, de acordo com a autora, podemos construir um intermundo em que partilhamos nossas experiências e podemos criar novos horizontes de sentidos.

Para concluir, a pesquisadora traz a figura da criança, um exemplo extraído da obra de Merleau-Ponty, evidenciando possibilidades de, uma vez entendida a sensibilidade, articular esse modo de ver e de conhecer com a educação.

Capítulo 3: *Um perpasse pela filosofia do movimento*, escrito pelo Dr. Adlai Ralph Detoni. O texto traz um perpasse histórico-filosófico sobre o movimento, tema considerado de importância na filosofia ocidental para o estabelecimento de concepções ontológicas e epistemológicas, bem como, para compreender sua presença na própria filosofia, tendo em vista as questões que suscita.

Orientando-se, inicialmente, por como esse tema é tratado na fenomenologia, mas com suspensão de valores, busca, em uma gama de filósofos (e até em pensadores de outras áreas) ideias que, ao longo dos séculos, foram consideradas marcantes, notadamente por fomentarem embates entre pares. O objetivo maior do capítulo é organizar essas ideias. Entretanto, não se furta de aproximá-las criticamente e de fazer considerações que dispõem o tema para reflexões atuais.

Parte II: A espacialidade do corpo-vivente na constituição do conhecimento matemático. Nesta parte são trazidos quatro capítulos que versam sobre a especificidade do corpo-vivente (Leib), diferenciando-o de corpo (Körper), expondo a tese assumida de não ser apropriado falar tão somente em corpo, quando se busca focar os modos pelos quais o ser humano se move, conhecendo, dialogando, relacionando-se com os outros no mundo-da-vida.

Por não discutir e expor apenas aspectos gerais da Matemática e do fazer matemático, focando o corpo-vivente, este livro traz, também, compreensões sobre a espacialidade desse corpo intencionalmente voltado a temas específicos da Matemática, tais como a Geometria e o Cálculo.

Capítulo 4: *A constituição do conhecimento matemático no corpo-vivente*, escrito pela Dra. Maria Aparecida Viggiani Bicudo. Sustenta-se neste texto a tese de que não se pode falar apenas de corpo, quando se quer dizer de seres que aprendem, que dançam, que se relacionam uns com os outros, que se veem como iguais e como diferentes, que focam questões histórico-sócio-culturais, mas que é preciso explicitar de que corpo se fala, de suas características de ser corpo vivo e, mais do que isso, de ser um corpo vivo de um humano dentre e junto a outros corpos vivos e às coisas.

Para sustentar essa tese são explicitados modos de ver o corpo como "Körper" e como "Leib". Com base nessa exposição, são expressas compreensões de que a constituição de conhecimento se faz no corpo-vivente, bem como as compreensões das possibilidades de trabalhar com essas ideias em atividades de ensino e de conhecimentos concernentes ao fazer matemático. São apontados modos de o conhecimento ser compreendido em sua complexidade, tanto como constituição como quanto produção, para que também sejam evidenciados seus aspectos histórico-sócio-culturais.

Capítulo 5: *O constituir do conhecimento matemático numa perspectiva merleau-pontyana da experiência da percepção.* É escrito pela Dra. Verilda Speridião Kluth. A autora expõe que esse conhecimento é alicerçado na experiência do mundo vivenciado, cujo primado é a percepção de mundo que, ao ser elaborada no e pelo corpo próprio, traduz-se em expressões.

No texto, a autora busca elucidar o caminho investigativo construído por Merleau-Ponty. Expõe que esse filósofo, ao pôr em evidência a primordialidade de nossa experiência de mundo, toma como nuclear o conceito de corpo-próprio. Além disso, expõe que, ao desvendar algumas peculiaridades da forma de um objeto do conhecimento matemático, ele vê que são expostas por expressões linguísticas e que esta traz consigo significações linguageiras implícitas.

As significações linguageiras se constituem rudimentos para o acontecer da historicidade do percebido durante a exploração sensorial, evidenciando o movimento que leva do percebido ao expresso ou produzido pela ciência Matemática.

A autora traz ainda, neste capítulo, outro aspecto matemático que se mostra presente na experiência da percepção: a percepção da estrutura de formas simbólicas, entendidas como um ato de reconhecimento de valores expressivos e comportamentais inerentes a elas ao coexistirem estruturalmente; a estrutura é conceituada, no âmbito do pensar desse filósofo, como um objeto de consciência.

Capítulo 6: *Discutindo a geometria segundo uma visão fenomenológica e indicando contribuições possíveis para o trabalho pedagógico.* Este capítulo foi escrito pelas Dra. Marli Regina dos Santos e Dra. Rosemeire de Fatima Batistela. As autoras expõem a articulação de ideias trazidas por Edmund Husserl, quanto ao conhecimento geométrico e seus modos de doação, indicando a forte relação entre sua constituição dada na subjetividade do conhecer em meio à objetividade do conteúdo do conhecimento. Explicitam que essas discussões podem indicar contribuições ao fazer pedagógico apoiado em uma postura fenomenológica no ensino e aprendizagem da Geometria.

Capítulo 7: *Fenomenologia das vivências de uma criança ao resolver um problema geométrico de cálculo de área,* escrito pelo Dr. Tiago Emanuel Klüber. Neste capítulo o autor também tematiza a Geometria. Foca o olhar sobre os aspectos da experiência vivenciada por uma criança que precisa dar conta do que lhe é solicitado em um problema escolar. Enfatiza em seu texto que, ao assumir as vivências do espírito, da psiqué e do corpo físico, na unidade do corpo-vivente, entendido como a estrutura do sujeito do conhecimento, vai-se além dos aspectos meramente cognitivos, de visões empiricistas e racionalistas do conhecimento geométrico produzido e, também, de sua aprendizagem.

O estudo das atividades realizadas pela criança permite compreender que o espaço geométrico se constitui como vivência da espacialidade, portanto, referido ao corpo-vivente, o qual é, então, entendido como a condição de possibilidade para a inauguração da interpretação do espaço geométrico da ciência Matemática formal, assim compreendida na e pela cultura ocidental.

A descrição dos movimentos do pensar, do movimento corporal e das emoções expressas pela criança permitiu explicitar a confluência de distintas vivências em atos que fazem emergir o sentido geométrico para ela, sem uma ordenação prévia. Assim, de acordo com o autor, abre-se um caminho para a compreensão das vivências da criança em seus modos de ser com o que pensa sobre o problema geométrico.

Desse modo, para ele, das relações científicas, que envolvem formas e medidas, pode-se abarcar o fazer da criança, do humano, uma vez que a espacialidade é, antes de se objetivar em conhecimento geométrico expresso de modo predicativo na linguagem da ciência, um modo de ser do homem no mundo.

Parte III: A experiência do corpo-vivente com tecnologias digitais na constituição do conhecimento matemático. Nesta parte, traz-se três capítulos que se dedicam a focar relações científicas que envolvem formas, medidas e a espacialidade, nas quais se objetivam em conhecimento geométrico expresso de modo predicativo na linguagem da ciência, entendida como um modo de ser do homem no mundo, avançando para a realidade mundana dos dias atuais em que também estão presentes as tecnologias digitais.

Estas são compreendidas como interfaces que possibilitam a interação humana no ciberespaço, entendido aqui como modo de ser do próprio mundo-da-vida. Uma pergunta que nutre as investigações do FEM a respeito desse assunto é: De que modo o corpo-vivente se movimenta junto ao ciberespaço, constituindo conhecimento?

Capítulo 8: *Corpo-próprio, tecnologias digitais e educação matemática: percebendo-se cyborg*, escrito pelo Dr. Maurício Rosa. O capítulo tem por objetivo adentrar teoricamente em uma discussão sobre o corpo-próprio a partir das Tecnologias Digitais (uma vez que este às incorpora como veículo de seu ser no mundo).

O autor discute corpo-próprio, principalmente com base em Merleau-Ponty, avançando em termos de compreensão das Tecnologias Digitais no mundo-da-vida e exemplificando a tessitura apresentada nesse diálogo teórico por meio de exemplos de pesquisas em Educação Matemática.

Assim, coaduna a discussão levantada, conforme a perceptiva de "cyborg", de modo a nos reconhecermos como cyborgs e ampliarmos perspectivas, possibilidades e horizontes apresentados por meio da Educação Matemática, incorporando as Tecnologias Digitas na constituição do conhecimento matemático.

Capítulo 9: *O movimento na/para a constituição de conhecimento com realidade aumentada*. Escrito por Dra. Rosa Monteiro Paulo, Dra. Carolina Cordeiro Batista e Dr. Anderson Luís Pereira. O Capítulo traz compreensões sobre as possibilidades de a pessoa constituir conhecimento matemático, quando realiza explorações e se coloca em movimento com um aplicativo de Realidade Aumentada (RA), particularmente, o GeoGebra Calculadora 3D.

Assumindo uma postura fenomenológica, explicitam aspectos relativos ao modo pelo qual são realizadas explorações com RA, destacando sua relevância para a constituição de conhecimento matemático. Para dar conta de trazer o sentido da experiência vivenciada, os autores retomam compreensões oriundas de duas pesquisas, a partir delas investigam a constituição de conhecimento matemático com essa tecnologia.

Na primeira, com alunos de graduação, são exploradas tarefas que envolveram assuntos da disciplina de Cálculo Diferencial e Integral; na outra, ainda em desenvolvimento, os pesquisadores se colocam juntos a professores da Educação Básica, participantes de um processo de desenvolvimento profissional conhecido como *estudo de aula*.

Evidenciam que a constituição de conhecimento matemático se dá no movimento da pessoa que assume certo lugar para ver o que se mostra em RA. Portanto, neste capítulo, expõem o sentido do que se revelou na vivência com a RA, destacando o movimento.

Capítulo 10: *Vivências possíveis do contínuo e da continuidade: enfatizando o trabalho com geometria dinâmica* escrito pelo Dr. José Milton Lopes Pinheiro. O autor traz concepções acerca do contínuo e da continuidade e tece compreensões de como essas idealidades podem se doar em experiências vivenciadas.

Entende-se que a expressão da continuidade destaca o movimento articulado à motricidade de um sujeito, visa explicitar como se dá a percepção da continuidade na computação (que é binária), com olhar voltado ao trabalho em ambientes de Geometria Dinâmica.

Expõe-se, nesta seção, entendimentos que emergem de um estudo bibliográfico sobre a temática em textos no âmbito da Matemática, Educação Matemática, Computação e Filosofia/Fenomenologia. Dentre as compreensões articuladas no estudo, expõe que a continuidade se mostra na atualização de uma possibilidade de movimento projetada no *software* de Geometria Dinâmica.

Nesta atualização, há um fluir que abarca a programação, o sujeito que atualiza o programado, o *mouse*, a tela e a figura-em-movimento, constituindo uma unidade de ação cuja expressão avança, deixando um rastro contínuo perceptível que evidencia uma duração preenchida espacial e temporalmente. Esse rastro se expõe na máquina, em sua interface e também no corpo-vivente que, ao habitá-la, faz dela uma extensão de seu corpo e de sua intencionalidade.

Dando conta do realizado e expondo horizontes que se evidenciam: Na sequência dos capítulos a Dra. Maria Aparecida Viggiani Bicudo realiza um movimento de síntese compreensiva, explicitando que a proposta deste livro foi expor um pensar a respeito do corpo-vivente, assumido em seus modos de ser compreendido no âmbito da fenomenologia, caminhando em direção de focar a constituição e a produção do conhecimento, objeto do trabalho do professor e do pesquisador que se dedicam à Educação e, também à Educação Matemática, como ocorre com a maioria dos autores dos capítulos reunidos nesta produção. Enfatiza o movimento que entrelaça os capítulos, que diz respeito à passagem ou entrosamento articulador entre a percepção, a intuição e a teoria, cientificamente exposta e trazida na tradição do acontecer histórico da Matemática realizado pelo corpo-vivente, potencializado pelas TD.

A autora afirma a relevância deste livro pelas contribuições correlatas ao aprofundamento do pensar sobre e com temas muitas vezes discutidos superficialmente, sem a presença da postura e do questionamento filosófico. No entanto, entende que o livro é abertura, ao mostrar que ainda há o que se buscar e compreender sobre o fenômeno *corpo-vivente-movimento-conhecimento matemático*. Sempre haverá faces que se escondem atrás destas que estamos a observar. Deixando essa compreensão mais evidente, a professora retoma a indagação de Pinheiro, que "é levado, pelas suas compreensões a questionar se o movimento gera transformação em tudo que com ele está, ou se a mudança não se dá no móvel, mas apenas na duração do percurso no qual ele é visto. E então, como dar conta do movimento? Somos seres moventes. O movimento se faz conosco. E....?"

Ao assim dispor a estrutura desta obra, nas quatro partes supracitadas, objetivamos apresentar um fluxo de compreensões que se entrelaçam e que fazem deste livro um todo amplo e complexo, sobre o qual cada capítulo tem algo a dizer. Foca-se o fenômeno *corpo-vivente-movimento-conhecimento matemático*, explicitando, inicialmente, sob qual fundamentação teórica esse focar se realiza, para – então – aprofundar nas realizações e correlatos de realizações desse corpo ao estar com a matemática em diferentes espaços de constituição de conhecimento.

Terminamos o livro, tal como afirma a professora Maria Bicudo, com clarezas, incertezas e perguntas. Isso é característico do *pensar sobre*, do *pensar com*. Esta obra é mais uma das evidências, entre várias outras, de que enquanto grupo de pesquisa (FEM) estamos incessantemente nesse movimento de pensar, realizando o que Merleau-Ponty denomina por *primeiro ato filosófico*, que é retornar ao mundo vivido, para restituir à coisa sua fisionomia concreta, aos organismos sua maneira própria de tratar o mundo, à subjetividade sua inerência histórica, reencontrar os fenômenos, a camada de experiência viva através da qual primeiramente o outro e as coisas nos são dados, o sistema 'Eu-outro-as coisas' no estado nascente.

Parte I

Corpo, movimento e constituição do conhecimento

Encontrando a modalidade de conhecimento do corpo vivente[1]

Orlando de Andrade Figueiredo

Quando intentamos buscar uma compreensão ampla sobre fenômenos em Ciências Humanas — e em Educação Matemática em particular — podemos questionar o quanto aquilo que se pode conhecer reside nos domínios da subjetividade. Cada passo rumo ao cerne da subjetividade é uma incursão numa névoa cada vez mais densa de indireções, incertezas e mesmo impossibilidades. É compreensível que se evite a subjetividade. No entanto, esse reino proscrito tem seu magnetismo. Como deixar de fora o que é subjetivo quando se pretende tratar do conhecimento de uma forma ampla? É possível seguir em frente ignorando toda uma região do ser? É possível fingir que ela não existe? Contudo, algum reconhecimento se manifesta aqui e ali de que o conhecimento subjetivo importa. Expressões como *pensamento lateral*, ou *pensar com os músculos*, ou cognição corporificada, bem poderiam ser entendidas como tentativas de dizer que existem modalidades de conhecimento cuja apreensão e descrição não são triviais, especialmente para o fazer estabelecido, teórico ou prático.

O presente ensaio passa por quatro reflexões muito distintas e tenuamente conectadas, que se abrem em torno da ideia de subjetividade e da possibilidade de um conhecimento que é *do corpo*. Em primeiro lugar (Seção 2), tratamos de lembrar que o uso da expressão *do corpo* em Fenomenologia pode ser figurado, ainda que alguém a queira tomar por literal. Não que a Fenomenologia inaugure a ideia de corpo como um agente autônomo na experiência cognitiva; isso já aparece no senso comum e na Filosofia há muitos séculos. Num segundo

---

1 No presente capítulo o termo *corpo* é empregado em aproximação à noção de corpo vivente, que é discutido ao longo do livro.

momento (Seção 3), repassamos diversas factualidades das ciências psicológicas dentro de uma moldura formal de modo a enfatizar os limites da experiência meramente sensorial visual. Em seguida (Seção 4), tentamos descrever fenomenologicamente uma redução em que os limites da experiência meramente sensorial visual são desafiados, e uma abertura à experiência subjetiva se dá. Por fim (Seção 5), abordamos o movimento e a dificuldade de capturá-lo fora de certos prejuízos. O corpo compreende e exerce movimento em seus próprios termos, e, portanto, constitui um caso emblemático para discussão.

2. O termo *corpo* como recurso retórico para indicar os limites da Razão

O termo *corpo* tem uma conotação particular em Fenomenologia, especialmente quando se considera a obra de Maurice Merleau-Ponty, mas não somente. E há também a área de estudo conhecida como *cognição corporificada*[2] (VARELA et al, 1993). Uma questão que se coloca é se o termo *corpo*, nesses contextos, deve ser considerado como literal. É possível que algum leitor desavisado seja induzido, numa leitura ligeira, a considerar que o corpo tem uma agência própria nos processos cognitivos, tais a naturalidade e a frequência com que o termo é empregado na literatura dessas áreas de conhecimento. No senso comum, não é raro vivenciar o corpo como algo à parte, como um — quase que independente — componente do ser. E isso é assim graças a diversas propriedades da experiência com o corpo, a começar pelo fato de que o corpo é visível, isto é, o registro de sua presença e de seus contornos como conteúdo sensório visual é evidente. E esse corpo aparentemente *objetivo* ganha, em Fenomenologia, uma forma de autonomia, isto é, sugere-se que há uma região do ser que é de sua alçada e de ninguém mais. O corpo é *sujeito* de percepção — diz o filósofo. Há de se perguntar, a partir dessa interpretação possível, se a Fenomenologia e as Ciências Cognitivas estão a propor uma forma radical de dualismo: corpo-mente, corpo-não corpo, corpo-razão, etc. Como alternativa a essa suposta acepção literal de *corpo* em Merleau-Ponty, é possível considerar que o termo seria mais um recurso retórico adotado pelo filósofo para demarcar uma diferenciação epistêmica do que uma referência ao corpo propriamente.

2 Do inglês, *embodied cognition*.

Nesse sentido, o trajeto da reflexão proposta neste ensaio consiste em descrever uma perspectiva sobre o conhecimento que é *do corpo*.

O ponto de partida é a Razão, que domina a experiência de produção de conhecimento acadêmico, tal como se encontra, por exemplo, nos registros de ideias deste capítulo, deste livro e mesmo da literatura científica em geral. O discurso acadêmico é um exercício de argumentação, isto é, uma paisagem cognitiva repleta de enunciações de fatos, definições, hipóteses e conclusões, meticulosamente costurados através da linguagem; uma sucessão de encaixes de causas e consequências, com poder de modificar opiniões, deslocar visões de mundo e balançar posicionamentos epistêmicos e políticos. E há pontos de contato entre esse quadro e outras formas de argumentação, como a cliente que pechincha com a feirante, o rapaz que amarga o fim de um relacionamento e busca compreendê-lo, a mãe que planeja a viagem de férias da família. São situações em que a Razão se destaca com proeminência na paisagem das vivências. Uma característica de toda argumentação é que o sujeito se percebe no controle do processo. Ele considera que é ele quem escolhe quais fatos, quais definições, quais considerações trazer para o argumento. Eis o ponto: quando o filósofo alude a um conhecimento que é do corpo, ele, na verdade, quer dizer que esse conhecimento se dá além do controle da Razão. É uma forma de conhecimento que se estabelece na experiência fora da alçada do sujeito. E, em não sendo desse sujeito, é de outrem, é do corpo. Consideremos essa possibilidade: o filósofo retoricamente enfatiza os limites da Razão, ao trazer para o palco outro personagem, com agência própria, que seria a fonte daquilo pela qual a Razão não é causa, e esse personagem é o corpo. Contudo, é preciso ressaltar que: dizer que o conhecimento do corpo é apenas o conhecimento que está além do alcance da Razão é empobrecer a posição da Fenomenologia, que é ainda mais generosa. Não só o conhecimento do corpo tem um estatuto próprio, como ele é uma forma de conhecimento muito especial: é um conhecimento originário, pré-científico, pré-predicativo, estando ali antes mesmo de a Razão se colocar. É um conhecimento que subjaz outras formas de conhecimento, sustentando-as, nutrindo-as, porém, nos bastidores, e sem o devido reconhecimento e sem os devidos créditos. O propósito da reflexão filosófica, destarte, é reinstituir o papel e a importância do conhecimento que está além da Razão.

Este ensaio prossegue sua busca pelo conhecimento que é atribuído ao corpo por dois caminhos excludentes e complementares. Na próxima seção, por mais paradoxal que seja, há de se recorrer à Razão para argumentar lógica e formalmente que muitos fatos apresentados pelas Ciências Cognitivas se tornam imediatamente explicáveis assumindo a existência de um conhecimento tácito. Na seção seguinte, há de se recorrer à Fenomenologia para tornar evidente esse conhecimento na experiência, por meio da descrição de modos de visar essa mesma experiência, e mediante os quais tal evidência se estabelece.

3. Uma lacuna a ser preenchida: a necessidade de um núcleo da experiência

A psicologia moderna, especialmente a psicologia da Gestalt, teve papel preponderante na reflexão filosófica de Merleau-Ponty. De certa forma, o filósofo apresentou uma compreensão inédita que açambarcava a Gestalt, lançando novas luzes sobre os fatos e explicações trazidos por essa corrente da Psicologia. Iremos revisitar alguns casos psicológicos tratados por Merleau-Ponty, não apenas restritos à Gestalt. Esse é o fio condutor da construção de um argumento formal em favor de um conhecimento subjetivo.

Figuras multiestáveis (ou multivalentes ou ambíguas, tal como a Figura 1) são desenhos ou fotos que suscitam em muitas pessoas mais de uma possibilidade de percepção visual.

Figura 1 – Desenho ambíguo

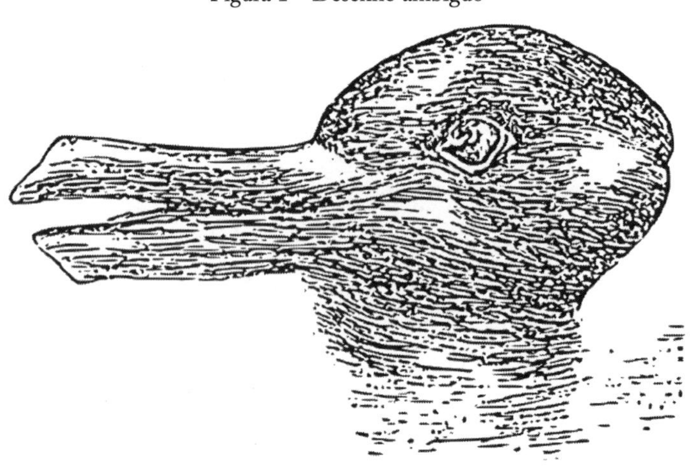

Fonte: The mind's eye. Popular Science Monthly (JASTROW, 1899, p. 299-312)

Na clássica representação do pato ou da lebre (Figura 1), o mesmo registro de conteúdo sensório visual evoca duas experiências distintas: a da cabeça de um pato de perfil, voltado para a esquerda; ou da cabeça de uma lebre, olhando para a direita. As duas experiências nunca são simultâneas. O observador aprende a comutar entre uma e outra e escolhe qual vivência deseja ter. *O fato* é que muitas pessoas dizem perceber as duas formas como relatado. Logo, a conclusão lógica é: o conteúdo sensório visual proporcionado pelo desenho no papel não é suficiente para definir a experiência perceptiva. Há algo a mais que se acopla a ele, e isso é contraintuitivo. No senso comum, o conteúdo sensório visual é a percepção: eles são idênticos, eles são uma só coisa. Quando conteúdos sensórios visuais favorecem apenas uma percepção possível, que é o caso corriqueiro, tem-se a situação em que o conteúdo sensório visual recebe todos os créditos pela vivência.

O primeiro passo da construção de um modelo formal para o vivido, portanto, é descrevê-lo como a estrutura matemática de um par ordenado com duas componentes, sendo uma delas o conteúdo sensório visual. Mas, quem seria a outra componente? Nosso objetivo é modesto: queremos apenas atestar que a existência dessa segunda componente explicaria diversos casos em Psicologia. Não se trata de saber exatamente o que essa componente seria, mas apenas tatear à sua volta. A ela, damos um nome arbitrário e genérico: núcleo da vivência (ou núcleo da experiência). Sim, porque ela tem que ser preponderante sobre o conteúdo sensório visual: o desenho integra a experiência do pato ou a experiência da lebre, mas ele não é suficiente para impor uma ou outra; o núcleo da vivência é quem o faz. Esse modelo formal poderia ser tão detalhado quanto fosse necessário, isto é, ele poderia ter dezenas de componentes, centenas, milhares, no que os matemáticos chamariam de uma *n*-upla (aí seriam incluídos conteúdos sensoriais sonoros, táteis, olfativos e gustativos e muito mais). À guisa da viabilidade de discuti-lo, vamos mantê-lo pequeno. Cabe adicionar mais uma componente: a linguagem, na forma da palavra que designa a experiência, por exemplo, *pato*, *lebre*, seja a palavra falada/ouvida/pensada, seja a palavra grafada/lida. O modelo em construção, dessa forma, tornou-se um *trio ordenado*: (conteúdo sensório visual, núcleo da experiência, palavra). Além da notação matemática convencional, que usa parênteses e vírgulas, é conveniente adotar uma convenção esquemática gráfica: cada componente é representado por um círculo (bolha) com uma descrição interna.

Figura 2 – Diagrama esquemático sobre a vivência do desenho ambíguo

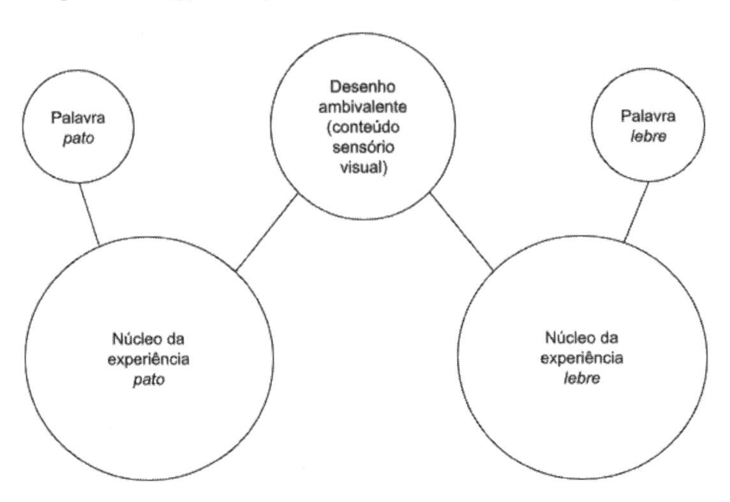

Fonte: o autor

O diagrama esquemático da Figura 2 ilustra a experiência ambígua mencionada anteriormente na forma como pode ser descrita a partir do modelo formal. Aquilo que ingenuamente era tomado como uma coisa única começa a ser — literalmente — *analisado*, isto é, *quebrado*, *separado*. O núcleo da experiência, indicado como uma bolha, é o polo que define a experiência em si a partir da presença do conteúdo sensório, igualmente denotado por uma bolha. No caso da ambiguidade, uma vez que o sujeito tenha aprendido a ir e vir entre as possíveis percepções, ele, na verdade, aprendeu a habitar um ou outro núcleo da experiência. Um elemento notável do diagrama esquemático, que não é evidente no formalismo matemático, são as *associações* ou *vínculos* entre as partes, indicados como linhas que conectam as bolhas. Uma possível chave para o reconhecimento desse *ensemble* na experiência talvez seja identificar as partes a partir dos vínculos ou vice-versa.

Nosso objetivo neste ensaio é bem modesto: é minimamente capturar experiências em que o conteúdo sensório visual seja percebido como algo destacado, à parte. Por isso mesmo, o núcleo da experiência tem sido tratado de forma vaga. Isso é deliberado, pois o esforço para tatear essa paisagem subjetiva é imenso. Seria o núcleo da experiência a *percepção*? Ou seria o *sentido*? Ou ambos? Poderia ser a *intenção*, *conteúdo fenomenológico*, ou mesmo *noema*, no jargão da Fenomenologia? Seria *intuição*? Ou, ainda, seria a *imagem* ou *a figura*? *Imagem* e *figura* têm sido propositalmente evitadas neste ensaio. Em vez delas, foram empregadas: *desenho*, *representação* e *diagrama esquemático*, à guisa de evitar contradições com a mensagem principal. Já foi dito que, na percepção visual, a experiência se confunde com o conteúdo sensório. Essa confusão é justamente evidenciada nas palavras *imagem* e *figura*. Uma vez que começamos a discernir as partes no *ensemble* da experiência, surge então a pergunta: não estariam as palavras *imagem* e *figura* mais apropriadamente designadas para indicar os núcleos de experiência do que os conteúdos sensórios? *Figura*, por exemplo, aparece em conotações que pouco têm de estritamente sensorial visual, como em *figura de linguagem*, ou *sentido figurado*, ou *configuração*. Em língua inglesa, diz-se "*she has a six-figure salary*" para indicar um salário de 6 dígitos (acima de cem mil), ou "*figure out a solution*" no sentido de *descobrir*. *Imagem*, em matemática, aparece em conceitos como *imagem de uma função*, que é o conjunto de elementos (no conjunto de contra-domínio da função) que participam da função, e tudo isso pouco remete a noções propriamente visuais. Em vez disso, a ideia de imagem de uma função traz em si muito mais uma certa noção de *efeito*. A imagem é o efeito da função, é *o que sobra*, é *o que fica*, é o *resíduo* de sua ação. Esses e outros exemplos apontam para uma desvinculação das palavras *imagem* e *figura* em relação a conteúdos sensórios estritamente visuais. De uma forma geral, tanto *núcleo da experiência* quanto *imagem* e *figura* parecem englobar toda forma de *efeito residual da experiência*, a "impressão que fica", aquilo de subjetivo que aparece mediante um esforço deliberado de observação e atenção sobre a própria experiência e a própria consciência.

Porém, o motivo da proposição de um modelo formal não é nos colocar em condição de observar diretamente isso que chamamos de núcleo da experiência, mas apenas reconhecer indícios da sua existência, com raciocínios convincentes. Trata-se, portanto, de repassar diversos fatos científicos (especialmente do ramo da Psicologia) oriundos da observação factual, e de outros relatos científicos, e concluir que não há contradição com o modelo formal que introduz o conceito de núcleo de experiência. O restante desta seção é uma enumeração desse tipo.

A distorção em fotografias panorâmicas. Um lugar familiar pode parecer desconfortavelmente estranho quando visto através das lentes de uma câmera panorâmica (Figura 3). Salta aos olhos a distorção das linhas que normalmente são percebidas como retas, agora transformadas em curvas cônicas. Paredes, corredores, ladrilhos, rodovias, trilhos de trem tornam-se esquisitos nessa nova perspectiva.

Figura 3 – Fotografia panorâmica

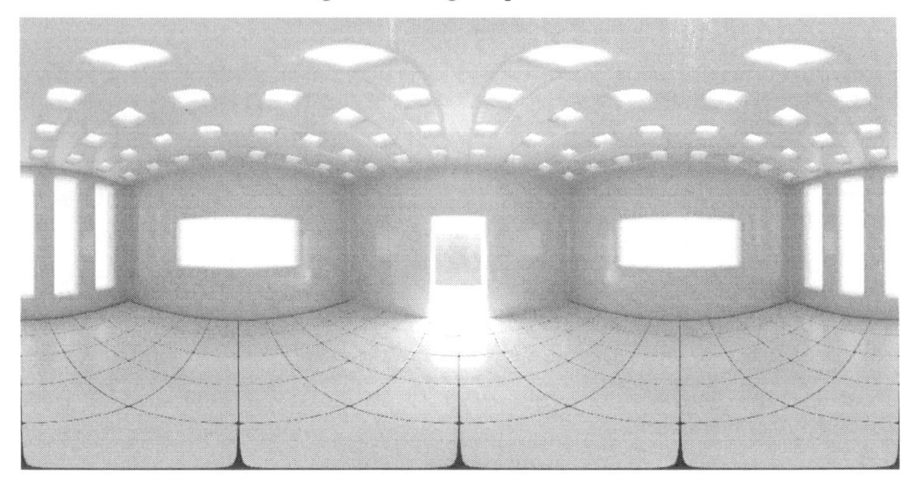

Fonte: Alamy Stock Photo

O observador desavisado precisa que fotografias como esta forcem nele uma mudança de perspectiva, isto é, uma vivência diferente daquilo que lhe era familiar e conhecido. Porém, isso não é surpresa para um observador atento: as curvas distorcidas sempre estiveram ali em sua experiência, no conteúdo sensório visual, e a fotografia panorâmica apenas ressalta essa realidade. Mas, ao mesmo tempo, estavam as linhas retilíneas e paralelas das construções humanas. O observador atento sabe escolher a perspectiva que lhe convém, assim como já fazia no caso das figuras multiestáveis. A diferenciação entre conteúdo sensório visual e núcleo da experiência explica essa vivência. De partida, é preciso frisar que as construções são efetivamente retilíneas (não no sentido matemático abstrato idealizado, mas, no sentido da Engenharia, segundo o qual as imperfeições e imprecisões inerentes à materialidade são acomodadas por aproximações toleráveis). Os arquitetos traçaram-nas com essa intenção, os pedreiros as construíram atendendo a esses projetos, valendo-se de instrumentos de medição e do conhecimento matemático formal. A partir dessa realidade dada, por conta dos efeitos de perspectiva, o conteúdo sensório visual referente a essas linhas, contudo, não se mostra literalmente retilíneo, mas deformado. Se o efeito final da vivência termina por ser retilíneo, é porque a percepção compensa todos esses efeitos e proporciona uma experiência do todo que é coerente com a noção de linearidade que está ali na realidade dada. Frente a essa *correção* da percepção, o conteúdo sensório visual *distorcido* não é *notado*. E assim evidencia-se a diferenciação entre o conteúdo sensório visual (curvo) e o núcleo da experiência (retilíneo). E, para enriquecer a análise, cabe ressaltar que, nessa vivência das linhas retas das construções, é possível, a partir do mesmo conteúdo sensório visual, focar deliberadamente em um ou outro núcleo de experiência. Mais especificamente: é possível aprender a trazer para o primeiro plano da experiência essa vivência das linhas deformadas, como num exercício de modulação da percepção, um ir e vir entre diferentes núcleos de experiência. Considere um observador em um longo corredor. Ele deve percorrer o olhar ao longo do encontro da parede com o teto imaginando uma caneta desenhando o traçado sobre uma imensa folha de papel que se interpõe entre ele e a linha visada. O traçado nessa folha imaginária não é de uma reta. Nesse exercício imaginativo, a percepção de linha reta dá lugar àquilo que reconhecemos na fotografia panorâmica. É como se a espacialidade se alterasse, deixando de ser algo com profundidade (três dimensões) para se tornar algo plano (duas dimensões). A linha traçada no papel imaginário facilmente perde suas propriedades retilíneas para se tornar uma curva. O diagrama esquemático da Figura 4 ilustra essa situação.

Figura 4 – Diagrama esquemático da vivência em um corredor longo

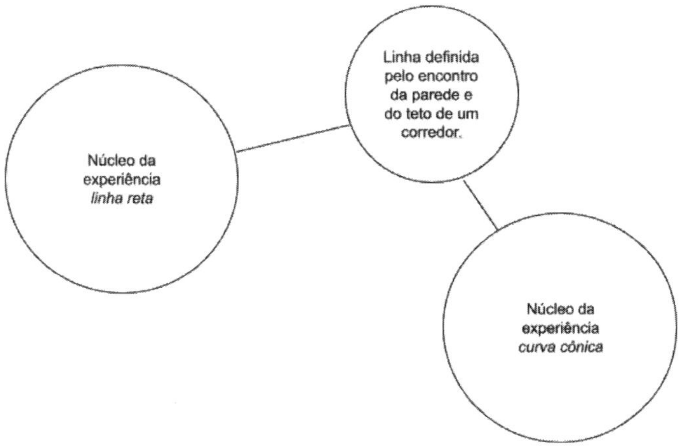

Fonte: o autor

A ilusão de que a Lua é maior quando está no horizonte e outras ilusões de ótica. As ilusões de ótica compõem uma ampla categoria de exemplos em que a percepção visual proporciona experiências de estranheza mediante certas configurações gráficas. Nesses casos, o conteúdo sensório visual possui propriedades peculiares que despertam no sistema perceptivo a ilusão. Esse distanciamento entre aquilo que é graficamente registrado, se tornando o conteúdo sensório visual da experiência, e aquilo que é percebido (o núcleo da experiência) é evidente na própria experiência. Merleau-Ponty[3] traz o exemplo da ilusão de Müller-Lyer, que consiste de segmentos de reta de mesmo tamanho, mas que não parecem ser, graças à presença de pequenos segmentos inclinados nas extremidades (Figura 5). Conforme a inclinação ocorre para um lado ou para o outro, o segmento parece maior ou menor.

Figura 5 – Ilusão de Müller-Lyer

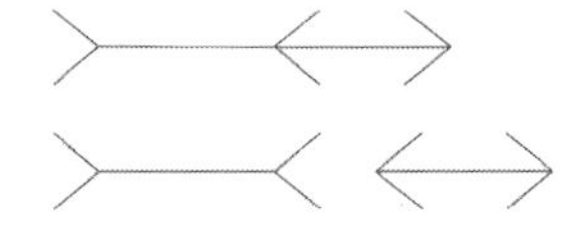

Fonte: o autor

A ilusão de que a Lua é maior quando é visada por um olhar direcionado horizontalmente é outro exemplo recuperado por Merleau-Ponty[4]. Esse fenômeno já estava bem explicado para ele e seus contemporâneos em meados do Século XX. O sistema perceptivo humano se modifica quando visa objetos na direção vertical. Dessa forma, a Lua no alto do céu parece menor, um fato que é popularmente conhecido. Mais uma vez, o mesmo conteúdo sensório visual não é suficiente para definir a experiência.

A noção de* alto *e* baixo *e o experimento dos óculos invertidos. Merleau-Ponty[5] analisa um curioso experimento da Psicologia, e o modelo formal aqui

---

3 Capítulo I da Parte de Introdução da obra *Fenomenologia da percepção* (MERLEAU-PONTY, 2011, p. 27).

4 Capítulo III da Parte de Introdução da obra *Fenomenologia da percepção* (MERLEAU-PONTY, 2011, p. 55).

5 Capítulo II da Parte II da obra *Fenomenologia da percepção* (MERLEAU-PONTY, 2011, p. 329), que trata do Experimento de Stratton.

proposto ajuda a explicitar o argumento. No experimento, pessoas começam a usar óculos com espelhos, de forma a ter a visão invertida, e continuam assim por longos períodos, de até muitas semanas. Após um período de adaptação, o sujeito experimenta alterações na experiência, como associar a noção de *alto* aos pés e *baixo* à cabeça, ou de *alto* ao chão e de baixo ao *céu*. O filósofo traz esse caso para desafiar as posições filosóficas idealistas e empiristas, usando, neste caso, as noções que ambas correntes têm sobre espacialidade. Os idealistas buscarão entender a espacialidade como uma operação do sujeito; para os empiristas, a realidade é dada e basta ao sujeito dar-se a ela. É nesse ponto que Merleau-Ponty recupera a figura de corpo como um sujeito com sua própria referência de espaço, a bússola original a partir da qual efetivamente tudo mais se define. Se o espaço fosse obra da Razão, por que as noções de *alto* e *baixo* não permanecem sendo o céu e o chão respectivamente? Diferentemente do filósofo, nosso interesse no experimento da Psicologia é mais modesto: trata-se de encontrar a noção de núcleo da experiência momentaneamente dissociada de algum conteúdo sensório visual. Nesse exemplo, vêm à tona as associações ou vínculos. *Alto* e *baixo* são dois núcleos de experiência, isto é, pontos focais da experiência-como-um-todo em que se estabelecem sentidos de alto e baixo. São nossos candidatos a exemplares do conhecimento que é do corpo. Para quem não usa os óculos invertidos, o núcleo de experiência *alto* está associado ao conteúdo sensório visual do céu, do teto, das estrelas, do alto da escada, ao passo que o núcleo de experiência *baixo* está associado aos pés, aos sapatos, ao chão, à terra, ao asfalto. Após o período de adaptação aos óculos invertidos, essas associações perdem força e novas associações se estabelecem. E aqui nosso ponto ganha destaque: a mera visão de céu e chão não define a experiência, algo a mais é requerido, que é justamente o núcleo da experiência. Os diagramas esquemáticos da Figuras 6 e 7 ilustram o antes e o depois do experimento, evidenciando as mudanças nas associações/vínculos entre núcleos de experiência e conteúdos sensoriais visuais.

Figura 6 – Diagrama esquemático da vivência corriqueira de alto e baixo

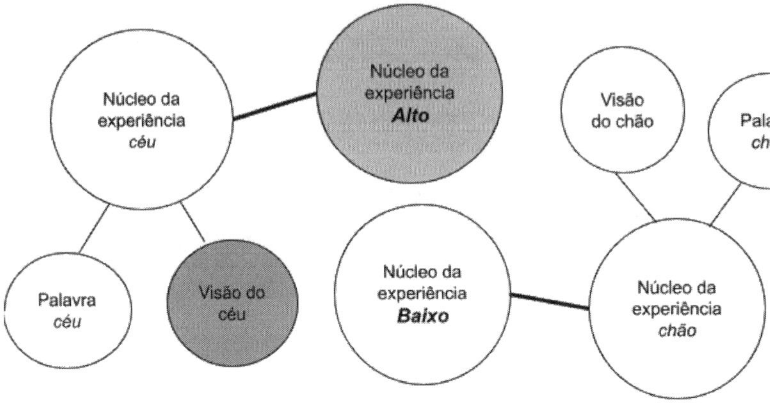

Núcleo da experiência *céu*
Núcleo da experiência ***Alto***
Visão do chão
Palavra *chão*
Palavra *céu*
Visão do céu
Núcleo da experiência ***Baixo***
Núcleo da experiência *chão*

Fonte: o autor

Figura 7 – Diagrama esquemático da vivência com óculos com espelhos

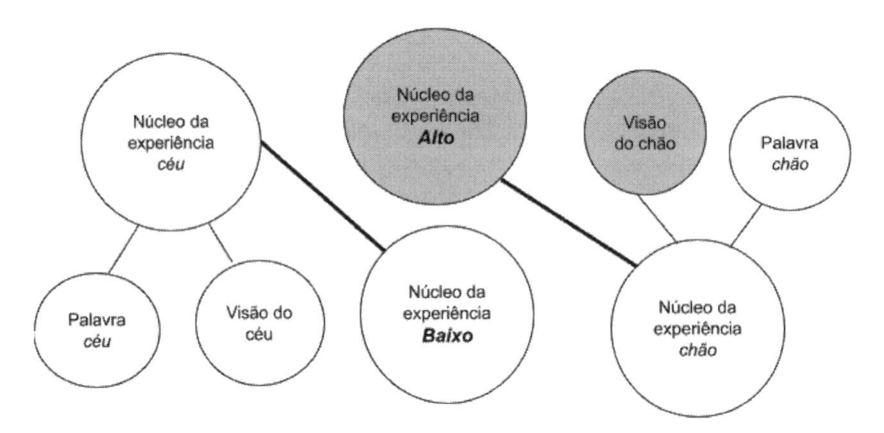

Fonte: o autor

O espelho nos ensaios de dança. Os casos finais analisados nesta seção são dedicados a um objeto particular muito relevante, que é o próprio corpo. Segundo o modelo formal proposto, há: a) o conteúdo sensorial visual do próprio corpo; b) o núcleo da experiência do próprio corpo; c) a linguagem referente ao próprio corpo. Nesse caso, como antes, conteúdo sensório visual e experiência são confundidos, e nosso ponto é trazer à tona uma distinção entre eles. O conteúdo sensório visual do próprio corpo se dá em termos das partes do corpo que facilmente vemos, como mãos, braços, tronco e pernas, e também quando nos vemos em espelhos ou fotografias. Há ainda a vasta experiência que temos olhando outras pessoas. O conteúdo sensório visual é naturalmente gráfico e geométrico. As posturas e posições podem ser apreendidas como aquém ou além de um ponto desejado pela comparação visual. Já o núcleo da experiência referente ao próprio corpo — que podemos designar como *imagem* do próprio corpo, conforme discutido nas considerações sobre a palavra *imagem* — pode ser algo bem diferente. O corpo se apresenta em seus próprios termos, como sensações de peso, conforto, alongamento, encolhimento, temperatura, textura, alcance, entre tantos. Alguns desses itens são, na verdade, conteúdos sensoriais táteis, que deveriam integrar uma componente omissa do modelo. O núcleo da experiência que temos com respeito a nosso próprio corpo não é o conteúdo sensório visual que podemos ter desse mesmo corpo. Quando uma dançarina ensaia uma coreografia e busca uma referência de seus movimentos num espelho, ela, na verdade, busca alinhar posicionalmente aquilo que ela vê com aquilo que ela sente.

> Para dançarinos, o espelho proporciona *feedback* visual imediato; dessa forma, eles podem avaliar a altura e a forma geral do movimento que executam, corrigindo, assim, o posicionamento, e fazendo uma avaliação global da postura. (RADELL, 2019, tradução nossa [6]) [7]

A simultaneidade e simetria dos gestos são apreendidas e valorizadas não somente na dança, como também em esportes (nado sincronizado, por exemplo) e artes marciais orientais. A diferença entre o que a pessoa imagina que seu corpo faz (imagem do próprio corpo) e aquilo que é percebido como posição geométrica pode ser vivenciada por qualquer um através de simples experimentos: basta cerrar os olhos e imaginar uma postura, para, em seguida, ao abrir os olhos, notar as diferenças entre o imaginado e o realizado.

---

6 No original: "*For dancers, the mirror provides immediate visual feedback; it allows them to evaluate the height and shape of their movement, to correct their placement, and to assess the line of their bodies.*"

7 Radell (2019) propõe que dançarinos podem desenvolver seu potencial sem depender tanto de espelhos, aprendendo a confiar no próprio corpo.

O caso Schneider. Em um conhecido relato da Psicologia, o soldado Schneider sofreu um acidente que lhe causou a perda de parte da massa encefálica. Merleau-Ponty[8] recupera os resultados apresentados por cientistas que conviveram e fizeram testes em Schneider. O caso chamou a atenção porque Schneider era capaz de executar ações complexas, a ponto de suas limitações passarem despercebidas a um observador que desconhecesse seu quadro. Para o filósofo, em Schneider, o fenômeno humano se manifestava em *desalinhamento*, e essa era mais uma oportunidade especial para conhecer tal fenômeno fora de sua normalidade, revelando novas perspectivas. Um dos comportamentos significativos para Merleau-Ponty com respeito ao caso consistia na incapacidade de Schneider apontar seu próprio nariz com uma régua. O caso tem sutilezas. Primeiramente, era solicitado a Schneider que tocasse o nariz, e, no meio do processo, ele era interrompido, e uma régua era posta em suas mãos, quando finalmente a solicitação era trocada para o simples apontamento do nariz. Merleau-Ponty comenta que isso mostrava uma diferença entre o *tocar* e o *mostrar*. Vamos em seguida tentar aplicar o modelo ao caso, mas essa é uma especulação incipiente. Em primeiro lugar, porque se trata da subjetividade alheia. A subjetividade do outro é inacessível. Podemos saber dela indiretamente, por meio de indícios, por aquilo que é dito, pelos gestos, por demoradas observações realizadas ao longo de uma considerável convivência etc. (o que tem pontos de contato à noção de *intersubjetividade* em Fenomenologia), mas isso ainda está longe de ser o conhecimento da subjetividade do outro. Mesmo dois irmãos que conviveram uma vida inteira conhecem menos da subjetividade um do outro do que imaginam. Existe a consideração de que nós, seres humanos, temos uma constituição física similar; de que não apenas compartilhamos uma cultura, mas que nos desenvolvemos nela; e de que nos reconhecemos, uns aos outros, profundamente em qualquer atividade e situação, sejam boas, sejam más. Por outro lado, sabemos das dificuldades de nos fazer entender com respeito a coisas simples, como explicar com palavras uma dor a um médico, ou como quando lidamos com outras pessoas com capacidades sensoriais estendidas ou limitadas em relação à nossa. Essas parecem ser situações em que o afastamento que há entre duas pessoas fica mais evidente, mas talvez ele já esteja sempre dado nas demais situações, apenas camuflado por

8 A análise de Merleau-Ponty é extremamente cuidadosa, e se estende por dezenas de páginas do Cap. III da Parte I de *Fenomenologia da Percepção* (MERLEAU-PONTY, 2011).

um relativo entendimento mútuo. Agimos e falamos, e observamos o efeito disso no outro, que responde emitindo sinais de concordância, mas isso não é tão forte quanto parece no sentido de sermos absolutamente transparentes uns para os outros. O diagrama esquemático da Figura 8 ilustra uma possível situação para Schneider. Segundo essa proposta, Schneider teria a palavra *nariz*, o conteúdo sensorial visual do *nariz*, porém, ele não teria o núcleo da experiência *nariz*.

Figura 8 – Diagrama esquemático especulativo sobre o caso Schneider

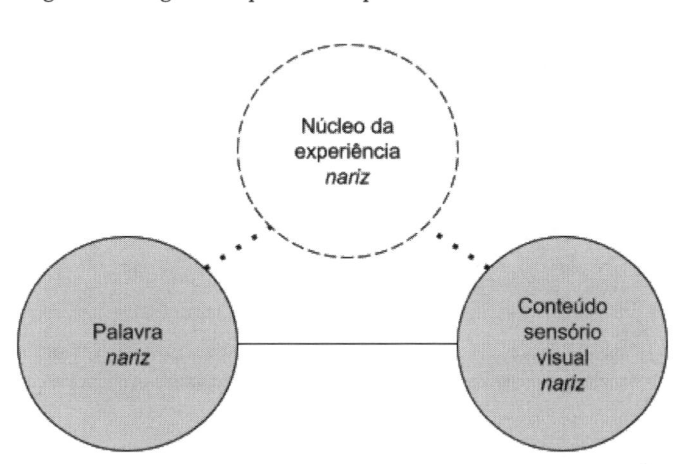

Fonte: o autor

Se essa especulação fosse possível, e não há contradição com a descrição do comportamento de Schneider, então temos um candidato ao caso em que o conteúdo sensorial visual se dá sem o percebido. Essa compreensão como um todo diz sobre o núcleo da experiência. Uma formulação criteriosa à luz dos argumentos de Merleau-Ponty talvez apontasse não para uma ausência, mas para uma precariedade do núcleo de experiência. A especulação vale apenas como ponto de partida para outras incursões no caso Schneider.

O membro fantasma. Pessoas com membros amputados relatam ter experiências vívidas com as partes do corpo que lhes foram subtraídas[9]. Eis um quadro que aponta para uma possível explicação diretamente oposta à

9 Cap. I da Parte I da obra *Fenomenologia da percepção* (MERLEAU-PONTY, 2011, p. 115).

explicação especulada para o caso Schneider: o sujeito conta, em seu fluxo de vivências, com a presença do núcleo da experiência referente ao membro amputado, embora não o veja e, de fato, não o tenha (Figura 9). Estabelece-se uma tensão na síntese de perspectivas, tendo, por um lado, o núcleo da experiência induzindo a realização das vivências daquelas partes do corpo, e, por outro lado, a informação visual e a própria Razão contribuindo para desfazê-la.

Figura 9 – Diagrama esquemático da vivência do membro fantasma

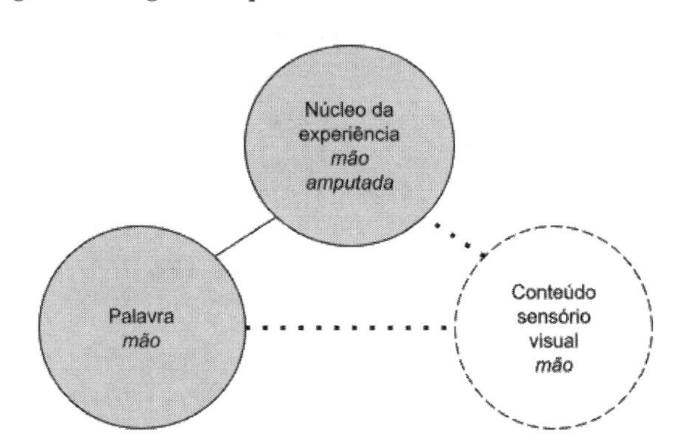

Fonte: o autor

O membro dormente. Quando alguém se deita descuidadamente sobre o braço por um período longo o bastante para reduzir a circulação de sangue, vivencia uma transformação na experiência com o próprio braço. Ele se torna algo estranho, um objeto inerte e pesado como outro qualquer. Nessa nova perspectiva, a imagem do próprio corpo não é familiar.

A visão tardia. Merleau-Ponty[10] recupera relatos de crianças nascidas com certos tipos de impedimentos visuais que podem ser removidos a partir de certa idade por meio de intervenções cirúrgicas. O neurocientista Oliver Sacks, muitas décadas depois, acompanhou um desses casos (SACKS, 2010). Os relatos são de que essas pessoas demonstram grandes dificuldades para processar a carga de informação visual que passam a ter. Antes do tratamento, e desde o começo de suas vidas, eles desenvolvem um *ensemble* de conteúdos táteis, sonoros etc. juntamente com núcleos de experiência que são funcionais e absolutos em si (o mundo da pessoa com capacidades sensoriais diferenciadas não é um

10 Cap. I da Parte II da obra *Fenomenologia da percepção* (MERLEAU-PONTY, 2011, p. 300).

mundo menor ou um mundo errado, mas, antes disso, um mundo coerente em si). Quando o conteúdo sensório visual passa a fazer parte, ele não se associa automaticamente ao *ensemble* de forma a ser semelhante ao de uma pessoa que cresceu enxergando. O estabelecimento das associações e vínculos dos conteúdos sensórios visuais ao *ensemble* anterior requer um trabalho de construção análogo ao de uma pessoa que aprende uma nova língua (novas palavras, novas regras gramaticais) e a acomoda à sua língua materna. Esse exemplo reforça o argumento de que os conteúdos sensórios visuais não definem a experiência, apenas são um gatilho poderoso para pôr em ação um conjunto muito maior de mecanismos cognitivos.

Fechamento da seção. Alguns anos após a descoberta do planeta Urano, uma série de comportamentos anômalos observados em seu movimento orbital levantaram a suspeita da existência de outro planeta causando interferências, que depois veio a se confirmar com a descoberta de Netuno. De forma análoga, nesta seção, a argumentação lógica com base num rudimentar modelo formal questiona a atitude irrefletida de atribuir a realização dos sentidos da experiência visual à mera presença dos estímulos de luz e cor em combinações específicas. Aquilo que estabelece o sentido para o conteúdo sensório visual é a percepção. O visto e o percebido estão mais que alinhados, mais que superpostos, mais que grudados. Não é trivial, portanto, apartar coisas assim tão imbricadas uma na outra.

Em todo caso, o palco que a percepção monta é o solo nutritivo e indispensável para a Razão e outras operações do sujeito se desenvolverem. Isso que vem antes da Razão e está além dela se apresenta como autônomo e independente: é um outro dentro de si mesmo. Para além desse horizonte, há alguém, um sujeito de percepção, e que seja ele, num jogo de palavras, o corpo. A percepção é a modalidade de conhecimento do corpo. Os sentidos visuais que brotam com a percepção visual são os núcleos da experiência daquilo que o conteúdo sensório visual evoca.

4. Um mergulho na subjetividade, um procedimento de introspecção, e a busca por aquilo que não tem contornos

Um modelo formal e uma linguagem visual esquemática se mostraram muito convenientes na análise do fenômeno da percepção visual, destacando, enfatizando e dando relevo aos limites do conteúdo sensório visual, mas, quando o objetivo passa a ser 'encontrar, na experiência em si, isto que está além do conteúdo sensório visual', eles se mostram de pouca valia, ou, muito pelo contrário, eles se mostram mesmo como obstáculos. O olhar atento à própria subjetividade não é propriamente caracterizado pela nitidez. Enquanto na representação gráfica, as bolhas e suas associações são bem distintas e separadas, não se pode esperar o mesmo quando se mergulha na subjetividade. Miro a figura ambígua. Já aprendi a comutar o núcleo da experiência entre uma e outra configuração. O pato está aqui e a lebre sumiu. Agora é o oposto: a lebre surgiu e o pato se foi. Como dissociar o traço do desenho da experiência como um todo? Como não acreditar que tudo o que se passa não se resume ao arranjo de linhas e curvas de tinta preta sobre o papel branco? Onde está esse algo a mais que preenche a experiência a partir da presença do arranjo de cor e luz que estimula os olhos (o núcleo da experiência)? Parte das dificuldades residem no fato de que buscamos por algo que não tem contornos. É algo que está presente, mas que não se anuncia como *qualia* visual[11].

A mera descrição de perspectivas subjetivas do fluxo de vivências é um princípio em Fenomenologia. Dois momentos da constituição de conhecimento em Fenomenologia merecem destaque: 1) a *redução*, ou o tatear da subjetividade para descobrir novas perspectivas sobre o fluxo de vivências de todo dia; 2) a *intersubjetividade*, ou o esforço em si de descrição das perspectivas reveladas. Em ambas atividades, um obstáculo comum se impõe. Não somos equipados com recursos de metacognição[12]. Nossos núcleos de experiência nos capacitam a dar conta do mundo, mas não de si mesmos. No entanto, não desistimos da missão de fazer metacognição, então o que temos são os núcleos de experiência de que dispomos para dizer das coisas do mundo, e é com eles que teremos que realizar e empreitada de dizer das coisas do conhecimento, da cognição e da experiência subjetiva. Para lidar com as coisas do mundo, há os assim chamados esquemas mentais. Alguns exemplos de esquemas são: dentro e fora (conteúdo e recipiente), acima e abaixo (superposição, camadas), antes e depois, causa e efeito, adequado e inadequado (certo e errado), apenas

11 *Qualia* é um conceito específico em Filosofia. Cf. TYE, Michael. *Qualia*. In: Edward N. Zalta (ed.) *Stanford Encyclopedia of Philosophy*.

12 A Seção 4 (*First-person knowledge*) de Figueiredo (2020, p. 183-191) traz uma apresentação complementar dessas ideias.

para dar início a uma relação deles que prosseguiria inesgotavelmente. Muito dificilmente estamos além dos esquemas que se estabelecem na experiência. Colocar-se de fora de um esquema quando se visa a experiência é *reduzi-lo*, isto é, é descobrir outra configuração (perspectiva) para a mesma situação das coisas. Essa abertura pode ser reconhecida pela estranheza. Viver uma situação familiar como se fosse algo completamente diferente pode ser um sinal de redução. No discurso do senso comum, da ciência e mesmo da filosofia, quase sempre a observação dos próprios esquemas mentais costuma ser negligenciada. Não se trata de superar esquemas ou mesmo superar a linguagem, como se fosse possível dispor deles. Essa é uma expectativa idealizada. A experiência factual é a do mero reconhecimento desses limites. Descobrir perspectivas e aprender a comutar entre elas é fazê-las aparecer na paisagem do fluxo de vivências, assim como quando alguém se lembra das lentes dos óculos. Reduzir um esquema não é anulá-lo, isso sequer é possível. Reduzir um esquema é meramente descobri-lo e reconhecê-lo, pôr-se de fora em favor de outro, e voltar. E dizer sobre essas coisas requer um grande esforço de expressão, que brota na linguagem, em todos os seus aspectos, mas especialmente na linguagem figurada, pois é um dizer indireto (por tabela). Dizer da subjetividade é reconhecer que subestimamos nossas diferenças mais profundas. Dizer de uma vivência não deveria ser apenas um dizer, mas uma enumeração de múltiplas perspectivas sobre aquilo que se quer expressar. Dizer de uma vivência não deveria ser apenas o dizer literal, pois as configurações subjetivas se fazem reconhecer sem palavras associadas, mas por situações associadas (analogia, figuração).

Voltamos à nossa busca, que é a da dissociação entre conteúdo sensório visual e percepção. Essa é uma redução na raiz da experiência, naquilo que é mais íntimo e básico na experiência do ser. Portanto, é das mais desafiadoras. Escutar música é a melhor analogia para a observação do fluxo de vivências (FIGUEIREDO, 2020). Em primeiro lugar, porque a música é uma superposição de sons. Cada instrumento musical produz uma sequência de vários sons, e o conjunto musical, por sua vez, busca produzir uma combinação coerente dos sons de diversos instrumentos musicais. A música é percebida como uma unidade. No entanto, o apreciador de música pode deliberadamente focar num ou noutro instrumento, numa ou noutra melodia, num ou noutro aspecto rítmico, numa ou noutra faixa do espectro sonoro, numa ou noutra combinação do arranjo musical. A composição musical evoluiu a partir do reconhecimento de que certas combinações de sons são mais apreciadas, e diferentes funções são exercidas por diferentes instrumentos para obter a harmonia musical. Por exemplo, melodias flutuam tendo bases rítmicas como fundo e suporte. O fluxo de vivências, por analogia, é uma superposição de: conteúdos sensoriais, percepções espaciais, percepções temporais, percepções do outro, percepções de coisas, pensamentos expressos na forma de uma fala interna, juízos, julgamentos, lembranças, projeções futuras, preocupações, objetivos etc. Tudo isso se combina num todo coerente, que é compreensível e tem sentido. Há elementos basilares que estruturam os demais, como os sentidos espaciais e temporais. Volto à figura ambígua e me pergunto: onde está a nota que estabelece o pato ou a lebre? Uma pista que já levantamos é que ela não é visual, isto é, ela não se apresenta com o *qualia* visual. Por exemplo, ela não tem a propriedade de poder ser delimitada espacialmente. Não é possível traçar contornos para ela. Esse é um aspecto em comum com o *qualia* audível, que vem nos servindo de analogia. Outra pista importante é a *evidência* de pato e a *evidência* de lebre, ou, em outras palavras, a *certeza* de pato ou *certeza* de lebre. Quando o pato se estabelece na experiência, a vivência é *preenchida* por essa evidência, essa certeza. É como se uma *atmosfera* se estabelecesse. Em parte, queremos reconhecer algo que é muito óbvio. O quadro que se monta quando vivo a experiência de entender a gravura como pato é deveras familiar e deveras óbvio. Mas essa obviedade do pato ou da lebre é justamente o mistério. Ela é quem deve ser questionada, desbanalizada, reduzida. A evidência, a certeza, a atmosfera, a obviedade, a familiaridade são uma coisa em si a ser sintonizada. Seriam esses *o que* que chamamos de núcleo da experiência?

Visamos a um procedimento de introspecção, mas não uma introspecção qualquer. Aprender a sintonizar e discernir aspectos da experiência dessa natureza (aqui evocados por meio de palavras como evidência, certeza e atmosfera) é uma capacidade que pode ser desenvolvida e aperfeiçoada mediante a prática de exercícios de observação. Para exercitar essa atenção e essa observação, as palavras são um possível ponto de partida. O caráter polissêmico das palavras possibilita a observação de vários sentidos. Cada sentido é como uma evidência, uma certeza, uma atmosfera que se faz presente na vivência. Exercitar isso com um mesmo registro gráfico ou sonoro pode ajudar a descobrir essa sintonia com algo que está além da palavra. Para começar, nomes de pessoas são recomendáveis. *Sérgio* foi um colega de escola, outro *Sérgio* trabalha na padaria. Se eu começo a lembrar das situações da escola, das brincadeiras, das disputas, e então, quando nesse fluxo a palavra *Sérgio* comparece, ela nunca está sozinha, mas em um *ensemble* que é este *Sérgio* e não aquele. No *ensemble*, memórias visuais estão presentes também, não apenas as feições, mas também os gestos, e inclusive a voz. Mas nem a palavra *Sérgio*, nem os registros visuais e sonoros das memórias são o *Sérgio*. Há algo que é a evidência, a certeza, a atmosfera, a presença deste *Sérgio*. É um registro não visual, portanto sem contornos, nem bordas. Agora, estou na padaria conversando sobre o outro *Sérgio*, que está de folga, com outro cliente. Falamos da jovialidade do personagem, da falta que faz. Nesse fluxo de vivências, de repente me dou conta que pronuncio os mesmos sons "sér-gi-o" que uso para o antigo colega, mas sequer me remeto a ele. O nome *Sérgio* nunca foi suficiente para definir a experiência. No foco de tudo, embora se possa argumentar que as memórias visuais fossem diferentes, é essa coisa que queremos aprender a sintonizar, essa evidência, esse sentido que constitui um ou outro *Sérgio*. E assim como no caso dos nomes próprios, é também com as incontáveis palavras do vernáculo. A etimologia (mesmo a criativa) ajuda a construir caminhos diferentes para sentidos diferentes de uma mesma palavra. *Fenômeno* pode ser um evento raro, como a aparição de um cometa, e *fenômeno* pode ser aquilo que se mostra, como quando observo uma chave em cima de uma mesa. Em "A erupção vulcânica foi um fenômeno" certo sentido (evidência, certeza, atmosfera) se estabelece no todo da vivência de entender a frase dita. Em "O sujeito se volta ao fenômeno", o sentido é outro. Frases que exploram a polissemia de uma palavra são muito convenientes para o exercício de repetição com alternância de sentidos, assim como no caso dos desenhos multiestáveis, quando se busca sintonizar a experiência como um todo. Em "Ela esqueceu as chaves no banco", a palavra *banco* pode se referir a um móvel, ou a uma agência bancária. No fluxo de vivências, há essas imagens (não na acepção visual) que se superpõem e se combinam no todo da experiência: o pato, a lebre, o colega de escola, o amigo da padaria, o banco de cozinha, a agência bancária, o céu, o chão. E essas imagens estão grudadas em registros sonoros, registros gráficos, memórias visuais, conteúdos visuais etc., mas não são eles. Eles são exemplares de quase que um *qualia* próprio, sem contornos, mas evidente, familiar, reconhecível. Talvez familiar demais, próximo demais, fundamental demais para ser notado. Um *qualia* das coisas, um *qualia* das pessoas, um *qualia* das situações.

Voltamos ao desenho multiestável. O pato estava aqui e já não está mais, e vem a lebre. E vice-versa. Visamos um contraste das vivências como um todo. O que muda? O que é diferente? O que é diferente, *em termos desse sentir o todo*? Viso o desenho e forço-me a lembrar: o desenho é o mesmo! Portanto, não é o desenho. O pato não é o desenho, a lebre não é o desenho. Mas eles estão aqui, cada um na sua vez. Em momentos muito breves, como lampejos, como de soslaio, acredito me descolar do desenho. Na subjetividade, tal qual na música, os *ensembles* não se mostram com nitidez na separação das partes. Elas se superpõem e se confundem (na acepção literal de *fundir-se*), e se deixam capturar em relances fugazes. Saímos dessas tentativas com muito pouco sobre aquilo que seria o núcleo da experiência apartado do conteúdo sensório visual. No máximo, aprendemos a reconhecer, mediante a observação deliberada e atenta, a aspectos não visuais que estão presentes no momento da percepção visual.

5. O movimento para além dos esquemas mentais e da linguagem

Merleau-Ponty dava destaque ao conceito de *intencionalidade motora*[13]. Por *intencionalidade*, entenda-se um horizonte de sentidos. Para o corpo em movimento, o entendimento de tudo que se passa se dá em seus próprios termos. Tudo o mais que se possa pensar ou dizer sobre o movimento são operações de segunda, terceira ou quarta ordem. A questão que se coloca é: pode o observador atento e determinado se reconectar, na paisagem da sua subjetividade, com essa experiência originária do movimento para além de prejuízos, esquemas, modelos, que ali são adicionados pela cultura, pela linguagem, pelos hábitos? Não estamos em situação melhor do que estávamos na seção anterior, ao tentar visar, em vão, certos aspectos com nitidez.

Façamos um longo e possível exercício especulativo-imaginativo. Onças pintadas são capazes de subir em altas palmeiras e saltar, pelo alto, de uma de uma palmeira para outra. Já tratamos da impossibilidade de se ter acesso direto

13 Cap. III da Parte I da obra *Fenomenologia da percepção* (MERLEAU-PONTY, 2011, p. 159).

à subjetividade de outro ser humano, e isso não poderia ser diferente no caso de um animal, senão ainda mais contrastante. A subjetividade da onça pintada que salta entre coqueiros sempre será um mistério inacessível. Porém, o fato é que conseguimos nos imaginar no lugar dela e até entendermos seus gestos em nossos termos. Em nossa subjetividade, algo se acende quando contemplamos a operação altamente complexa e bem sucedida do salto de uma onça pintada entre árvores altas. Por um breve momento, a onça titubeia, como se avaliasse a intensidade a ser empregada na ação. Ela para, por uma fração de segundo, como se calculasse algo. Ela mostra alguma tensão, sabendo quão delicada é a situação. E ela salta, atingindo o alvo com precisão, e agarrando-se rapidamente para alcançar a estabilidade na nova posição. Ao longo de todo processo, nos é plenamente possível ter empatia com o animal, entender (em nossos termos) seus gestos e ações. Avançando no exercício especulativo-imaginativo, consideremos uma pessoa comum, em plena convivência em sua sociedade, mas desconhecedora dos conteúdos escolares formais. Essa pessoa possui um amplo repertório daquilo que é mais que essencial da vida humana: ela se relaciona afetiva e profissionalmente, ela cuida de si e dos seus, ela se diverte, ela se angustia, e tudo isso permeado pelo uso intensivo e indispensável de sua língua materna. Quanto ao movimento, essa pessoa começou a vida andando, correndo, pulando, e quiçá subindo em árvores e saltando entre elas. Se nos fosse possível comparar as subjetividades de uma onça pintada e de um pleno ser humano, talvez encontrássemos nesses *ensembles* algo em comum, talvez uma *intuição* sobre as coisas do movimento e, no lado do ser humano, adicionalmente uma rede mais complexa de palavras e conceitos informais sobre movimento. Para um ser humano que faz um salto, em seu *ensemble*, é inescapável a presença da palavra *saltar* (em sua língua materna). Nós, que nos colocamos na posição de fazer considerações sobre a cognição desse ser humano, devemos ter muito cuidado para não trazer para a análise aqueles esquemas mentais familiares de sempre, além de outros prejuízos. Por exemplo, talvez seja forte em nós a tendência de ver camadas nesse *ensemble*, como se as intuições, percepções e assim chamadas sensações constituíssem uma *camada subjacente sobre a qual teriam chegado depois a linguagem e os conceitos informais*. O observador honesto dificilmente conseguirá, mais uma vez, alguma nitidez nessa visada sobre a própria subjetividade. Não há como um ser humano se colocar em uma situação *como se ele se destacasse da linguagem*. Ele até pode considerar a situação de um animal, que, sendo um ser com capacidades linguísticas patentemente limitadas em comparação com o *homo sapiens*, ainda assim parece desempenhar tantas funções similares às que uma pessoa realiza. Essa contemplação pode ser muito sedutora no sentido de sugerir a possibilidade de um acesso exclusivo a uma região da subjetividade em que *não há linguagem*. Mas, isso seria um prejuízo. Na observação atenta da subjetividade, as trombetas das palavras sempre se fazem notar. Não há a operação de *desaprender* uma palavra. Não há a operação de obliterar uma palavra. No entanto, as palavras não dão conta dos *ensembles*. Elas os compõem, e talvez elas sejam uma das faces visíveis dos *ensembles*, mas elas não são suficientes para dar conta deles. As palavras também se apresentam em *discursos*, outro polo presente e influente na paisagem da subjetividade. Assim, voltando ao objeto de nossa análise, há de se questionar o quanto é possível contemplar o fenômeno do movimento para além de esquemas, conceitos informais e hábitos presentes nos discursos, na cultura e na linguagem. Por exemplo, essa pessoa que estamos considerando, embora sem uma formação escolar formal, é plenamente capaz de entender e se intrometer em uma discussão sobre os paradoxos do movimento já conhecidos pelos gregos, que é justamente um caso emblemático de conflito entre intuições sobre o movimento e discursos sobre o movimento. O terceiro e último estágio nesse exercício especulativo-imaginativo é a consideração sobre a pessoa que teve formação escolar até pelo menos o ensino médio, e, em se tratando de movimento, está equipado com toda a sorte de modelos matemáticos e conceitos formais, como velocidade, aceleração, taxa de variação do espaço, números reais etc. Se uma pessoa como essa, com formação escolar, tivesse que saltar entre duas palmeiras, o quanto de sua subjetividade no momento do salto não estaria impregnada de formulações matemáticas? E se essa pessoa tivesse que realizar uma observação atenta de sua subjetividade a respeito do movimento, o quanto lhe seria difícil separar ou isolar todo esse repertório de núcleos de experiência? Pois, a pessoa com formação escolar entende o fenômeno do movimento em um *ensemble* tão diverso quanto esse: há ali as definições e conceitos formais, há ali a linguagem corriqueira e espontânea que mesmo as crianças entendem, e há ali um contato ingênuo com a realidade do espaço que lhe parece reconhecível já nas ações de animais. Será possível observar ali, com nitidez, que esses polos da experiência se estruturam em camadas? Bem capaz que não. Será possível observar alguma preponderância de uns tipos sobre os outros? De que seja possível separar ou isolar uns dos outros?

O ponto é: alguns tipos de polos da experiência subjetiva são mais fáceis de expressar do que outros. Conceitos, palavras, discursos manifestam-se objetivamente por diversas formas, especialmente pela linguagem falada ou escrita. Cada expressão objetiva tem seu correlato subjetivo, que, no entanto, segue misterioso. Mais que isso, cada discurso objetivo sobre o movimento carreia conexões tácitas com um *ensemble* subjetivo complexo, que envolve inclusive a percepção de espaço e movimento. O desafio, assim como na seção anterior, consiste no reconhecimento desse reino silente, especialmente em situações do fazer científico e pedagógico, assim como no desenvolvimento dessa alegada capacidade de acessar e sintonizar a própria subjetividade. O movimento se abre, nessa sinfonia, como notas, harmonias, ritmos próprios, isto é, irredutíveis a nada mais. O movimento não é uma quebra acidental da quietude da estaticidade. Aquilo que se move, enquanto se move, não se faz compreender em relação àquilo que jaz parado. Quando o físico formula o movimento como uma variação da posição, ele favorece um esquema que requer muito esforço epistemológico para ser superado.

6. Considerações finais

Uma criança brincando, jovens resolvendo equações, a menina abrindo sua lancheira, o rapaz lendo quadrinhos. A professora explicando gráficos da função quadrática, o monitor do laboratório ajudando com o aplicativo de geometria dinâmica, um professor demonstrando um teorema. Patrícia recebendo a correção da prova, e sem entender por qual motivo errou a primeira questão, Armando sem vontade de começar a resolver a lista de exercícios de matemática, Ednalva empolgada por conseguir uma solução depois de três tentativas. Cada um em seu fluxo de vivências, e todos em trocas de fatos e afetos com todos. Um discurso científico sobre tudo que se passa sempre será um recorte e uma simplificação. Há aqueles que se sentirão suficientemente informados ao afunilar a consideração dos fatos àquilo que é explicitamente expresso, seja em depoimentos e gravações, seja no registro de exercícios escritos à lápis, seja em suas correções em caneta vermelha. Há aqueles que usarão isso que está expresso como pretexto para tentar esboçar um vislumbre de algo que é um tanto mais tácito e inexprimível. Queremos acessar esses componentes mais profundos da cognição, seja em nós, seja no outro. Do aluno para o professor, do professor para o aluno. Professores entre si, alunos entre si, e os pesquisadores em Educação Matemática com todos eles. O primeiro passo é reconhecer o papel da percepção, e também todas as dificuldades associadas. Isso implica assumir uma epistemologia que abrace essa formulação. Há algo importante e significativo para além do teorético, do formal, do explicitamente observável. Alguns expressam isso dizendo que é *do corpo*.

Referências e indicações bibliográficas

FIGUEIREDO, O. A. Interactivity as a way to express and learn mathematical ideas about change, dependency, and restriction. In: BICUDO, M. A. V. **Constitution and production of mathematics in cyberspace**: a phenomenological approach. Springer, 2020.

MERLEAU-PONTY, M. **Fenomenologia da percepção.** 4.ed. Tradução de Carlos Alberto Ribeiro de Moura. São Paulo, Martins Fontes, 2011. (Biblioteca do pensamento moderno)

RADELL, S. A. **Mirrors in the dance class**: help or hindrance. International Association for Dance Medicine and Science. 2019.

SACKS, O. **The mind's eye.** Vintage, 2010.

TYE, M., Qualia, In: Edward N. Zalta (ed.) **The Stanford Encyclopedia of Philosophy**, Edição de Outono de 2021, Disponível em https://plato.stanford.edu/archives/fall2021/entries/qualia/. Acesso em Abril de 2023.

VARELA, F. J.; THOMPSON, E.; ROSCH. E. **The Embodied Mind** : Cognitive Science and Human Experience. Cambridge: MIT, 1993.

Notas sobre intercorporeidade, intencionalidade do corpo próprio e conhecimento sensível

Petrucia Nóbrega

Intercorporeidade

Fazemos a experiência do outro por meio do corpo. Esse é o argumento fenomenológico que pretendemos desenvolver nesse texto. Interrogamos o modo como se apresenta essa intencionalidade, o sentido do outro e do corpo vivo ou corpo próprio (*Leib*). Para a fenomenologia de Husserl, o sentido do outro como intencionalidade encontra-se na expressão do corpo próprio. O filósofo alemão se interroga o que faz desse corpo próprio um corpo estrangeiro e não um desdobramento do meu corpo pessoal, encontrando na intencionalidade a criação e possibilidade de novas associações. Assim, experiência estrangeira é da ordem da empatia, elucidado pela afirmação: "o mundo da experiência que, conforme a sua origem e a seu sentido, remete aos sujeitos e, generosamente, à sujeitos estrangeiros; bem como, à intencionalidade. Tais são os objetos culturais (livros, obras, etc.) que comportam por sua vez o sentido da experiência do lá para todos (a saber, para cada um dos membros da comunidade cultural correspondente)" (HUSSERL, 1931, p. 140-141).

Na experiência do mundo, experiência intencional e empática, encontra-se a alteridade que qualifica a natureza do próprio conhecimento e a percepção como modo corporal de instituir a intencionalidade. As operações intencionais são empáticas, envolvem a alteridade e uma corporeidade que não se reduz a uma espacialidade objetiva ou a uma unidade sintética separada da vida e de suas possibilidades. Assim, o conhecimento apresenta-se como interrogação dessa experiência corpórea e a possibilidade de desvelar intencionalmente os modos de sua doação de sentidos, posto que "a experiência e a consciência pessoal, e de fato, no caso da experiência humana, em geral, dizemos que o outro é ele mesmo diante de nós em carne e osso" (HUSSERL, 1931, p. 157). Porém, o outro não é diretamente acessível, senão ele e eu faríamos apenas um e o corpo seria reduzido a sua condição física (*Körper*). Entre *Leib* e *Körper* deve haver, portanto, uma mediação intencional que representa uma co-presença (eu com outro).

Merleau-Ponty irá refletir sobre o impensado de Husserl, notadamente em relação ao tema do corpo, em uma reabilitação ontológica do sensível que remete a incorporação do conhecimento segundo a qual conhecemos por meio do nosso corpo. Se por uma meditação solipsista tento eliminar qualquer relação com um nós, isto é, tudo o que me faz um ser no mundo, como resultado dessa eliminação abstrata de tudo que me é estranho, ainda tenho um sentido de pertencer a esta unidade psicofísica integrada graças ao meu próprio corpo – *Leib* (diferente de *Körper* – corpo físico) "sob meu olhar, permanece à margem de todas as minhas percepções, ele existe comigo" (MERLEAU-PONTY, 1945, p. 119).

Na quinta meditação, Husserl questiona a experiência concordante do que me é estranho de forma inédita na história da filosofia, inclusive em relação ao lugar do corpo e das sensações cinestésicas como ponto zero dessa presença no mundo e que se estende ao conhecimento. Cito: "Esses fenômenos cinestésicos dos órgãos formam um fluxo de modos de ação e se enquadram no meu "eu posso" (HUSSERL, 1931, p. 80-81). Husserl acrescenta à corporeidade uma dimensão cinestésica como potência expressiva de estar no mundo e não apenas um pensamento ou um mecanismo. O próprio corpo e suas sensações correspondem à unidade psicofísica em virtude da experiência constante dessas relações absolutamente únicas do eu e da vida com o corpo por meio de sua motricidade e suas relações com o mundo vivido (*Lebenswelt*). Ele considera um outro aspecto do Eu e da experiência, isto é – sua estranheza, sua alteridade que compõe a vida psíquica e o pensamento. Mas é preciso questionar mais de perto o pensamento do outro em Husserl, pois ele concebe a relação com os outros como uma apercepção por analogia, ou seja: vejo os outros como sujeitos porque sou eu mesmo, até mesmo um sujeito.

Merleau-Ponty problematiza esse entendimento por analogia porque o outro não é uma manifestação corporal ou psicofísica baseada em nossa "ontogenia privada". Para Merleau-Ponty, a intersubjetividade, o outro está dentro da nossa subjetividade, vejamos:

> Não conheço os outros no sentido forte como me conheço (...). [por outro lado], na minha percepção do mundo sinto um fora, sinto na superfície do meu ser visível que a minha volubilidade está amortecida e que no fim desta inércia que sou eu, há algo mais, ou melhor [há] um outro que não é uma coisa. Ele está em toda parte ao meu redor com a onipresença do corpo e dos seres míticos e oníricos (MERLEAU-PONTY, 1964b, p. 87,88).

Existe essa ubiquidade do corpo, essa capacidade de estar presente em vários lugares ao mesmo tempo através do nosso devaneio, da nossa imaginação. Também podemos perceber a dimensão do esquema corporal e da imagem corporal como processo de identificação posto que o conhecimento que tenho do meu corpo é sempre incompleto, não vejo meus olhos ou minhas costas diretamente: "essa lacuna onde estão meus olhos e minhas costas, ela é preenchida, preenchida pelo visível ainda, mas do qual eu não sou titular" (MERLEAU-PONTY, 1964b, p. 186).

Penso em Rimbaud que em uma carta a Paul Demeny escreveu: Eu sou outro... presencio o desabrochar do meu pensamento: olho-o, escuto-o... O poeta torna-se vidente através de uma longa, imensa e fundamentada disrupção de todos os sentidos: todas as formas de amor, sofrimento, loucura... Ele procura por si mesmo, chega ao desconhecido (...). Rimbaud propõe com "eu é outro" deixar o velho hábito de uma subjetividade essencializada em um eu congelado onde se repousa em uma percepção mecanicista, em uma consciência habitual de si tecida por modos de ver quem nos faz funcionários de consciência, os que se sentem mal, os que ouvem mal, os que têm deficiência visual (RIMBAUD, 2011).

"Eu é outro" convida a uma desconstrução do sujeito e da subjetividade fossilizada em um eu sem vínculos corporais. Merleau-Ponty persegue esse caminho que o separa de uma filosofia da consciência. Nesse sentido, "se a partir do corpo posso compreender a existência dos outros, se a co-presença do meu corpo e da minha "consciência" [consciência entre aspas pois Merleau-Ponty concebe o inconsciente] se prolonga na co-presença do o outro e de mim, é que o "eu posso" e "o outro existe" já pertencem ao mesmo mundo, que o próprio corpo é uma premonição do outro e da Einfülung como eco da nossa encarnação" (MERLEAU-PONTY, 1960, p. 221).

O corpo do outro suscita uma outra dimensão do eu e do meu próprio corpo, o corpo sensível.

A Intencionalidade do corpo

O corpo possui um gradiente sensível e uma intencionalidade mediada pela presença do ser no mundo, configurando uma espacialidade de situação expressa pelo esquema corporal como síntese dinâmica das experiências vividas. Podemos considerar ainda que o corpo se temporaliza na formulação de significações da memória, da história de vida (a nossa, a história das espécies, a da terra e a história das sociedades).

Nesse movimento intencional - que não se reduz a intencionalidade de uma consciência categorial, embora não a negue posto que a integra - nosso corpo, nosso movimento e de modo geral nossa existência é compreendida como projeto do mundo, abrindo o tema da intencionalidade para envolver a temporalidade, a história em sentido amplo, como temporalidade na formulação de significações (gênese do sentido); bem como para integrar nossa própria memória relacionada ao corpo, ao tempo e à historicidade da vida, da natureza, da Terra, da vida íntima e da vida social.

A intencionalidade é compreendida no contato com o mundo, quando o corpo é investido de forma subjetiva posto que não sou um sujeito sem corpo, acósmico, mas existencial. Dessa maneira, há uma camada originária do sentir que se inscreve no corpo e na historicidade. Em cada movimento meu corpo ata presente, passado, futuro. "Meu corpo toma posse do tempo, ele faz existir um passado e um futuro em um presente, ele não é uma coisa, ele faz o tempo ao invés de se submeter-se a ele" (MERLEAU-PONTY, 1945, p. 277). O corpo faz o tempo, ou seja, a temporalidade atravessa nosso corpo como podemos perceber simplesmente nas diferentes fases da nossa vida e no modo como a existência se temporaliza no nascimento, na infância, na adolescência, na vida adulta, na velhice e na morte de forma intersubjetiva.

O sensível em Merleau-Ponty aplica-se não apenas às coisas, aos objetos, às sensações entendidas como dados neurofisiológicos, mas a tudo que ali se forma e deixa seu rastro estesiológico, inclusive em relação à memória do corpo para fundar isso que ele chama sentir e de sentir com, ressaltando a dimensão da empatia. Em Merleau-Ponty, "Todo o enigma da empatia está em sua fase inicial 'estesiológica' (MERLEAU-PONTY, 1960, p. 215), concernente ao sentimento, a mediação do sensível que se dirige aos outros. "O fato é que o sensível, que se anuncia a mim na minha vida mais estritamente privada, desafia nele toda outra corporeidade" (MERLEAU-PONTY, 1960, p.215).

Assim, devemos examinar com atenção e delicadeza esse eco de nossa encarnação como uma experiência intercorpórea, ou seja, não mais a relação externa de dois corpos estranhos, mas a relação interna de dois corpos que compartilham a mesma carne – a carne do mundo e dos sensíveis. O corpo do outrem me faz sentir a unidade de suas partes, as regiões acentuadas do corpo, os pontos de tensão em minha pele, em meus músculos; os pontos de contato, os pontos tocados pela roupa ou pelo outro; a sensação da pele nua; a percepção dos espaços corporais e de seus volumes, do membro fantasma e outras percepções do corpo, pensamentos e afetos que Merleau-Ponty nunca deixou de questionar. Ele cita vários exemplos dessa intercorporeidade e de sentir com ela na experiência da guerra, na experiência da doença, na experiência do amor, na sexualidade, etc. Escolhi uma passagem que diz respeito à relação entre um adulto e um bebê que demonstra essa noção:

> Um bebê de quinze meses abre a boca se eu, de brincadeira, pego um de seus dedos entre os dentes e finjo mordê-lo. E, no entanto, ele ainda não se olhou no espelho, seus dentes não se parecem com os meus. Isso porque sua própria boca e seus dentes, como ele os sente, são para ele desde o início instrumentos para morder. E que meu maxilar, como ele o vê, é imediatamente capaz das mesmas intenções para ele. A mordida tem um significado intersubjetivo para ele. Ele percebe suas intenções em seu corpo, meu corpo com o dele e, portanto, minhas intenções em seu corpo (MERLEAU-PONTY, 1945, p. 409).

Trata-se de uma experiência estesiológica sustentada pela empatia por meio de vínculos corporais como percebemos no jogo corporal com o bebê.

Também podemos compreender esta estesiologia através da escuta sensível, pois "se estou suficientemente perto do outro que fala para ouvir a sua respiração, e sentir a sua efervescência e o seu cansaço, quase assisto, nele como em mim, ao nascimento assustador de vociferação", escreve Merleau-Ponty no visível e no invisível (MERLEAU-PONTY, 1964b, p. 188). Na experiência intercorporal forma-se um terreno comum entre eu e o outro, meus pensamentos e os deles, nossos sentimentos formam um único tecido do qual nenhum de nós é o criador. Há um ser a dois, "nossas perspectivas deslizam uma na outra, coexistimos através deste mundo" (MERLEAU-PONTY, 1945, p. 112).

Há um movimento em direção ao outro que se dá através do aperto de mão, do olhar, da pele, do ouvir, da voz, da vociferação, do silêncio, das emoções e outras aberturas para uma existência em copresença a partir do sentir como um saber que move longe de perspectivas dualistas e essencialistas. Com Merleau-Ponty, reconhecemos que sempre há lacunas entre a experiência vivida e sua narrativa. É buscando outras formas expressivas para o seu pensamento que ele se volta para a pintura, a literatura, a psicanálise (MERLEAU-PONTY, 2000).

O sensível como modo de afeto e de conhecimento

Quando se trata de pintura, Merleau-Ponty está interessado em como ver além da representação e da visibilidade. Através da pintura o filósofo descobre outra forma de praticar a fenomenologia, escapando ao espetáculo perceptivo de um sujeito que descreve um objeto para fazer a experiência ontológica a partir da adesão do corpo sensível ao mundo. Quando aprecia a obra de Cézanne, por exemplo, não busca descrever a pintura, mas entrar na obra para germinar com a paisagem e tornar-se pintura, sentir com todo o corpo e criar horizontes de significados, mundos imaginários e experiências poéticas (*poiésis*). Na condição de filósofo, Merleau-Ponty busca compreender as diferentes nuances da verdade, do pensamento, da história e do encontro com o outro tal como ele apresentou no seu *Projeto de Trabalho* para a candidatura ao *Collège de France*, em 1953 (MERLEAU-PONTY, 2000). Essa ontologia, diz Merleau-Ponty, exige uma estesiologia, ou seja, sentir com os outros e com outras corporeidades. Ele matiza as sensações em Cézanne como uma meditação estética. Nesse contexto, a cor não é uma qualidade do objeto, uma marca d'água do ser sem espessura, mas uma concretização de significados polimórficos como esta pintura sem contornos, fluida e expressiva em Cézanne.

O *Olho e o Espírito*, último escrito de Merleau-Ponty antes de sua repentina morte em maio de 1961, começa com Cézanne: "O que tento traduzir é mais misterioso, encontra-se emaranhado nas próprias raízes do ser, na fonte impalpável das sensações" (CÉZANNE apud MERLEAU-PONTY, 1964a, p. 8). Cézanne ensinou Merleau-Ponty a pensar. O filósofo se apega à percepção das cores em muitos de seus escritos, ambos obcecados pelo estudo das sensações.

Para Merleau-Ponty, em *O visível e o invisível*, a cor expressa múltiplos significados, dependendo da experiência vivida. O vermelho, por exemplo, é uma pontuação no campo das coisas vermelhas para além da sensação, entendida no sentido empirista como uma qualidade do objeto; bem como, a superação da atitude intelectualista com a primazia do conceito. O vermelho é um fóssil resgatado do fundo dos mundos imaginários, ao unir sensação e sentimento resultantes de experiências individuais e coletivas, culturais e históricas, expressas nas diferentes participações do vermelho como ser colorido e intersubjetivo como este vermelho da revolução de 1917, o vermelho em Cézanne ou o vermelho do eterno feminino. A sensação corporal chega a tocar suave ou violentamente para fazer ressoar à distância várias regiões do mundo sensível, criando uma certa diferenciação e modulações efêmeras do sentir (MERLEAU-PONTY, 1964b).

Sobre essa adesão corporal de sentido, Didi-Hubermann (2012) diz que o próprio sentido é um entrelaçamento no qual se estabelecem pelo menos três paradigmas: o semiótico, o estético, o patético. Assim, a operação sensível pode designar o sentimento (*pathos*), a sensação (*aisthesis*), a significação. Sentir sublinha lacunas em direção a uma racionalidade mais ampla que não se desvie do corpo e inclusive da memória corporal. Proust bem o sabia, como podemos ler no seu relato do sono: um homem adormecido mantém em círculo à sua volta o fio das horas, a ordem dos anos e do mundo. Ele consulta essas pistas em seu próprio corpo, ao acordar. Cito-o: "Meu corpo buscando, segundo a forma de seu cansaço, localizar a posição de seus membros para induzir e nomear a morada onde estava. A sua memória, a memória das suas costelas, dos seus joelhos, dos seus ombros, apresentou-lhe sucessivamente vários dos quartos onde dormira" (PROUST, 1988, p. 53).

"Proust descreve o ponto de junção da alma e do corpo, como na dispersão do corpo adormecido, nossos gestos ao acordar renovam um significado" (MERLEAU-PONTY, 1960, p. 292). O sensível também está presente na memória que surge neste pedacinho de *madeleine* que, no domingo de manhã, a tia lhe oferecia, mergulhada na xícara de chá. A escuta sensível dos relatos das experiências de crianças, jovens ou adultos em nossas salas de aula e em outros espaços educativos encontram-se implicadas na perspectiva da intercorporeidade, destacando-se o contato com outrem e o acolhimento da diversidade das experiências vividas, posto que envolve a alteridade, a memória e o esquecimento impressos e expressos em nossa corporeidade.

Por meio do meu corpo entro em contato com o corpo do outro que não se apresenta como um objeto diante de mim, mas como outro sujeito em sua singularidade. Entre o eu e outrem há um espaço que não se sobrepõe. Na perspectiva fenomenológica, outrem é uma experiência de mundo, uma abertura para o encontro e o diálogo e da configuração de um intermundo, mediados pela intercorporeidade por meio da qual estabelecemos um pacto com o outro. Dessa maneira, por meio do diálogo, podemos construir um intermundo no qual partilhamos nossas experiências e podemos criar novos horizontes de sentido.

> A experiência do diálogo constitui-se um terreno comum entre outrem e mim, meu pensamento e o seu formam um só tecido, meus ditos e aqueles do interlocutor são reclamados pelo estado da discussão, eles se inserem em uma operação comum da qual nenhum de nós é o criador. Existe ali um ser a dois, nós somos, um para o outro, colaboradores de uma reciprocidade perfeita, nossas perspectivas escorregam uma na outra, nós coexistimos através de um mesmo mundo (MERLEAU-PONTY, 1945, p. 412).

Essa atitude fenomenológica de escuta, acolhimento, diálogo ultrapassa o domínio das representações cognitivas para dar espaço ao sujeito do afeto e do desejo, em intencionalidades face à história pessoal, como modalidade existencial e como experiência do ser no mundo. Nesse sentido, a linguagem como potencialidade expressiva é capaz de sedimentar esse campo intersubjetivo implicado na intercorporeidade, posto que a fala, por exemplo, é uma experiência intersubjetiva inerente ao corpo como ser inteiro que nos une ao mundo e a outrem. De fato, o sensível na filosofia de Merleau-Ponty abrange a dimensão sensorial, afetiva e semântica, tenho no corpo e na operação expressiva da linguagem possibilidades de compreensão das experiências vividas. A linguagem para Merleau-Ponty nuança a relação entre sentido e significado, a fala falada e a fala falante, o mundo sensível e a racionalidade por meio de um "logos estético", eu diria, estesiológico, que une sensações, sentimentos e sentidos semânticos; bem como através da expressão do ser no mundo, de uma atitude ética que possibilita a reconversão e a metamorfose entre a palavra, o silêncio, o sentido, a significação.

Em sua filosofia, Merleau-Ponty enfatiza a maneira pela qual o corpo transcende o biológico, inventando condutas assim como inventa palavras. Desse modo, a linguagem, a fala em particular, é uma operação expressiva intersubjetiva e um horizonte para os estudos da intercorporeidade. A partir da nossa leitura da obra deste filósofo em particular compreendemos que a noção de intercorporeidade amplia a noção de corpo próprio ao considerar a perspectiva do outrem, da alteridade, da empatia e do diálogo.

Ainda com base nesta leitura, destacamos que não há uma receita ou um único modelo pedagógico para abordar a corporeidade ou a intercorporeidade na educação, posto que são noções ontológicas que configuram princípios que permitem a expressão dos sujeitos, seu movimento próprio, sua autonomia e liberdade. Tais princípios indicam o investimento na sensibilidade capaz de integrar sensações, afetos, memórias, conhecimentos. Mas, feita essa ressalva como um cuidado para não se instrumentalizar de forma mecanicista as noções fenomenológicas, ressalto que os relatos das experiências dos sujeitos por meio de falas, textos, desenhos, jogos, gestos e outras expressões apresentam-se como uma variação fenomenológica, como horizonte para a formação de professores e professoras, privilegiando a escuta sensível nas práticas educativas.

Compreendemos a relação educativa como um encontro de experiências vividas, de conceitos, de sentimentos amorosos ou conflituosos, de pensamentos e práticas capazes de construir um intermundo no qual uma educação fenomenológica ou uma fenomenologia da educação faz sentido, agrega, contribui para ser e para sentir com outrem, para criar mundos, reinventando-se a si mesmo no espaço e tempo da existência.

Para concluir este ensaio, trago a figura da criança na filosofia de Merleau-Ponty como possibilidade de fazermos relações com a educação a partir da sensibilidade.

A criança e a Dona Lógica da Razão: variações fenomenológicas

Maurice Merleau-Ponty nasceu no dia 14 de março de 1908, na França. Seu pai foi morto durante uma batalha da I Guerra mundial, em 1914. Foi educado por sua mãe, vivendo em companhia de uma irmã e um irmão mais velho. Apesar da perda do pai, Merleau-Ponty parece ter tido uma infância feliz, como observamos quando se refere a sua doce contingência natal em algumas passagens da *Fenomenologia da Percepção*. Ao escrever aquela que é considerada sua principal obra, aos trinta e sete anos, Merleau-Ponty reafirma a sua ligação com a infância, com sua história de vida, com a própria compreensão de história como uma visão sobre o tempo. Diz o filósofo:

> É no presente que compreendo os meus vinte e cinco anos primeiros como uma infância prolongada que devia ser seguida por uma servidão difícil, para chegar, enfim, à autonomia. Se me reporto a esses anos, tais como os vivi e os trago em mim, sua felicidade recusa-se a deixar-se explicar pela atmosfera protegida do ambiente familiar, é o mundo que era mais belo, as coisas que eram mais atraentes, e nunca posso estar seguro de compreender o meu passado melhor do que ele se compreende a si mesmo quando o vivi, nem fazer calar seu protesto. A interpretação que lhe dou está ligada à minha confiança na psicanálise; amanhã, com mais experiência e mais clarividência, talvez eu a compreenda de outra maneira e, consequentemente, construa de outra maneira o meu passado (MERLEAU-PONTY, 1945, p.403).

Figura 1 – Merleau-Ponty e sua filha Mariane em 1948

Fonte: Imbert (2005).

Caminhando de mãos dadas, Merleau-Ponty olha ternamente para Marianne. Ele esboça um sorriso. Ela parece escutar com atenção, olhando firme em direção ao que está à sua frente. Juntos, caminham. Mariane pousa sua mão à cintura, seu gesto sugere um ar reflexivo. Estaria o pai, filósofo, convidando-a para interrogar e repreender a ver o mundo como tarefa primeira da filosofia e mesmo da educação? Talvez sim! Mas, talvez, apenas estivessem aproveitando a caminhada nesse dia de verão no sul da França. Um ano depois, em 1949, o filósofo e professor Merleau-Ponty pronuncia vários cursos na Sorbonne, postumamente reunidos e publicados sob o título Pedagogia e Psicologia da criança. De fato, a obra de Merleau-Ponty porta esse olhar terno, essa perspectiva de cuidado, de atenção e de escuta ao outro tão necessária nas práticas educativas, na coexistência afetiva e na partilha de saberes.

Entre 1942 e 1945 publica duas importantes obras: *A Estrutura do comportamento* e *Fenomenologia da Percepção*, ambas voltadas para a reflexão sobre o corpo e a consciência, obras que marcaram sua atuação como professor. Em 1949, assume a cadeira de Psicologia e Pedagogia na *Sorbonne*, sendo substituído por Piaget, em 1952, ao assumir a Cátedra de Filosofia no *Collège de France*. Nesses cursos, Merleau-Ponty ocupa-se com questões da consciência e da linguagem infantil e com a posição da Pedagogia em relação às disciplinas científicas, em particular a Psicologia[14]. Essas experiências como professor de importantes instituições de educação e pesquisa, irão fazê-lo rever as suas teses iniciais e sua aproximação com a filosofia da consciência. Ao acompanharmos o percurso de Merleau-Ponty iremos perceber o afastamento desse projeto inicial e a indicação de novos rumos em sua filosofia, cuja intensificação da experiência corporal é emblemática e tem influenciado, desde a década de 1950, importantes e célebres pensadores.

Nesse período, destaca-se a polêmica entre os que defendiam a postura fenomenológica e os que defendiam a epistemologia genética.

> Piaget conta com humor ter lido em uma das provas, quando do primeiro exame que aplicou aos alunos de Merleau-Ponty, a seguinte frase: Piaget não entendeu nada como provou o professor Merleau-Ponty", referindo-se as críticas aos estágios do pensamento propostos por Piaget (COELHO JR.; CARMO, 1991, p.81).

Distante dessa polêmica, Merleau-Ponty preparava-se para sua eleição *no Collège de France*, ocorrida em janeiro de 1952. Nos cursos ministrados na Sorbonne, Merleau-Ponty ocupa-se, entre outras questões do debate, sobre a consciência e sobre a linguagem infantil, refletindo a respeito da posição da pedagogia em relação às disciplinas científicas, em particular com a psicologia. Nesses cursos, dialoga com vários autores, em especial com Piaget e Wallon, mas também com os estudos socioculturais de Lévi-Strauss, Margareth Mead, Marcel Mauss, com a psicanálise de Freud e de Lacan e com a fenomenologia de Husserl e de Sartre.

Merleau-Ponty apresenta uma crítica ao pensamento de Piaget e ao modo como este compreende a lógica da criança, discutindo outras possibilidades de compreensão da infância. Embora reconheça a contribuição dos estudos de Piaget, em especial sua observação das crianças, o filósofo problematiza teses da psicologia genética e sua influência na educação, destacando que nessas

14 Note-se que o momento histórico da Pedagogia, na década de 1950, é marcado pela renovação pedagógica e pedagogia ativista, pelos modelos de pedagogia marxista e pelo crescimento científico da pedagogia. É esse o contexto no qual se estabelece a crítica de Merleau-Ponty à Pedagogia em sua compreensão do pensamento e da linguagem da criança. O filósofo irá apresentar considerações de uma abordagem fenomenológica nesse campo.

áreas a criança, vista pelo adulto, transforma-se em objeto de conhecimento, havendo a necessidade de subverter essa lógica, considerando a história, os afetos, os fenômenos da linguagem e da comunicação (MERLEAU-PONTY, 2001).

Para Piaget, até cerca de sete anos, a linguagem é auto expressão e não comunicação. Isso acontece por causa da linguagem egocêntrica, sendo a ecolalia uma de suas manifestações. Como em um jogo, a criança repete as palavras e com essa repetição ela amplia sua conduta, sente prazer em exercitar a linguagem com manifestação da vida imaginária. Vale registrar que Merleau-Ponty não faz uma crítica voraz ao pensamento de Piaget, pois essa não é a sua maneira de fazer filosofia. Em seu método, as teorias, os conceitos, os autores e as experiências são consideradas segundo um modo rigoroso que permite reconhecer a lógica interna das obras e suas contribuições. Em *Psicologia e Pedagogia da Criança*, o autor problematiza bases filosóficas e científicas de uma psicologia naturalista e criticista, assimilada também pela pedagogia, cuja distância das experiências vividas transformam-nas em esquemas de pensamento, categorias lógicas do entendimento. Para a fenomenologia de Merleau-Ponty, essas experiências são compreendidas no acontecimento existencial, na experiência da intersubjetividade, da história, do imaginário, dos afetos, da expressão do corpo.

Os poemas de Manoel de Barros expressam bem essa argumentação feita por Merleau-Ponty sobre a linguagem e o pensamento da criança. Em *Poeminha em Língua de Brincar*, o poeta conta-nos a história de um menino que tinha no rosto um sonho de ave extraviada e que falava em língua de ave e de criança. O menino sentia mais prazer de brincar com as palavras do que pensar com elas. Gostava de fazer floreios com as palavras, pois aprendera no circo que a palavra tem que chegar a grau de brinquedo, para ser séria de rir. Ao brincar com as palavras, o menino criava suas histórias. Mas, certa vez, encontrou em seu caminho a Lógica, descrita pelo poeta/menino como a *Dona Lógica da Razão*. Com a palavra, o *menino/poeta*:

> Nisso que o menino contava a estória da rã na frase
> Entrou uma dona Lógica da razão.
> A Dona usava bengala e salto alto.
> De ouvir o conto da rã na frase a Dona falou:

> Isso é língua de brincar e é idiotice de criança
> Pois frases são letras sonhadas, não têm peso,
> Nem consistência de corda para aguentar uma rã em cima dela.
> Isso é língua de raiz – continuou
> É língua de faz-de-conta
> É língua de brincar! (...) (BARROS, 2007, p. 6;7)

Ao refletir sobre a criança, seu pensamento e sua linguagem, Merleau-Ponty, assim como o poeta Manoel de Barros, não separam o sensível e o inteligível, a palavra e o brinquedo, a filosofia e a arte, a educação e a cultura. Para a fenomenologia, o aspecto auto expressivo e imaginário da linguagem da criança não é um problema ou uma forma menor de expressão. Piaget considera essa fase como negativa, a ser superada por formas lógicas, não reconhecendo que o fenômeno também está presente na linguagem do adulto, na poesia, por exemplo, posto que a passagem para uma linguagem objetiva também pode ser considerada como empobrecimento.

Outra consideração feita pelo filósofo diz respeito à pedagogia e sua subordinação à psicologia e à moral, sendo necessário considerar a história, posto que a criança é o reflexo do que queremos que ela seja. "Somente a história pode fazer-nos sentir até que ponto somos os criadores da mentalidade infantil. Ela nos mostra as variações concomitantes e nos faz sentir, por exemplo, que as relações de 'repressão' com a criança, que acreditamos fundadas numa necessidade biológica, são, na realidade, expressão de uma certa concepção da intersubjetividade" (MERLEAU-PONTY, 2001, p. 91).

Aliada ao pensamento de Merleau-Ponty, compreendemos a necessidade de considerar, na Pedagogia e nas práticas educativas, as discussões da psicanálise sobre a lógica da criança e suas formas de expressão; o reconhecimento da arte e do imaginário na formação do pensamento; bem como, as questões históricas sobre a compreensão de criança e de infância (ARIÈS, 1981).

Para Merleau-Ponty "a criança não é, como pensava-se antes, um 'adulto em miniatura', com uma consciência semelhante à do adulto, porém inacabada, imperfeita - essa ideia é puramente negativa. A criança possui outro equilíbrio, e é preciso tratar a consciência infantil como um fenômeno positivo" (MERLEAU-PONTY, 2001, p.171). Nesse sentido, para além do formalismo, precisamos considerar o jogo, o sonho, a imitação, o imaginário, a afetividade nas práticas educativas. Piaget procura compreender as concepções da criança, traduzindo-as para o seu sistema de adulto, baseado na lógica formal. Para Merleau-Ponty, precisamos abster-se desse vocabulário e desses conceitos do mundo adulto; com essa intenção irá se aproximar do pensamento de Wallon, da história, da psicanálise, da arte moderna e contemporânea, entre outras referências.

Nessa mesma obra, Merleau-Ponty reflete sobre a interpretação de Luquet, o desenho infantil e suas fases: realismo fortuito, realismo intelectual, realismo visual. Há, nessa interpretação, uma contradição ao afirmar que a criança desenha segundo um modelo interior e por outro lado que seu desenho não tem esquematismo, nem idealismo. Essa descrição negativa está suspensa no postulado da constância, cujo modelo seria a fotografia, pela proximidade com o real. De acordo com Merleau-Ponty (2001), Luquet e Piaget substituem o mundo visto pela criança pelas categorias do adulto, segundo uma perspectiva realista e geométrica. O mundo da criança é afetivo, sendo o desenho expressão do seu mundo e não uma simples cópia. Para Merleau-Ponty, o jogo, a imitação e o sonho são fenômenos importantes considerados por Freud, Piaget e Sartre, e precisam ser recuperados por uma abordagem fenomenológica da infância. No entanto, as concepções atomistas dos dois precisam ser problematizadas[15].

Essas considerações sobre o processo de conhecimento das crianças são significativas para a educação, em vários sentidos, tais como: a necessidade de não se considerar a criança como um conceito universal, compreendendo sua história de vida e de sua família; a necessidade de se valorizar a lógica da criança, sem considerá-la como sendo incompleta; a necessidade de se considerar o imaginário como um fenômeno inerente ao processo de conhecimento; a necessidade de se considerar o conhecimento do corpo como condição de aprendizagem; a necessidade de se compreender e valorizar a comunicação, a fala e as demais expressões das crianças; a necessidade de se considerar a autonomia da pedagogia em relação às disciplinas científicas, ao mesmo tempo em que se coloca a necessidade de abertura da reflexão pedagógica para as

15 A concepção de corpo em Freud ainda está vinculada a dos médicos do século XIX e, como tal, é um prolongamento da filosofia mecanicista do corpo. No entanto, ao empenhar-se em demonstrar que não há um centro espiritual e uma periferia de automatismos, Freud irá mostrar o significado psicológico do corpo, a sua lógica secreta ou latente (MERLEAU-PONTY, 1960).

experiências vividas das crianças e para as dinâmicas do conhecimento contemporâneo, da vida social e da cultura. Encontrar a infância em nossas vidas pode ser um exercício de esperança para a educação, no sentido da fabricação de novos registros, novas histórias, outras potencialidades de criação de um mundo onde as palavras sejam, como no circo e na poesia, brincadeira de criança: *sérias de rir*! Outro registro com essa tonalidade encontra-se na canção *Saiba*, de Arnaldo Antunes, traduzindo esse sentimento de maneira lúdica e como uma espécie de auto ironia que nos permite rir e pensar:

> *Saiba: todo mundo foi neném/ Einstein, Freud e Platão também*
> *Hitler, Busch e Sadam Hussein/ Quem tem grana e quem não tem. Saiba: todo mundo teve infância/ Maomé já foi criança*
> *Arquimedes, Buda, Galileu/ E também você e eu (...)*

Referências

ARIES, P. **História social da criança e da família.** Tradução Dora Flaksman. Rio de Janeiro: LTC, 1981.

BARROS, M. **Poeminha em língua de brincar.** Rio de Janeiro: Record, 2007.

Coelho Jr.; N. & Carmo, P. S. **Merleau-Ponty:** filosofia como corpo e existência. São Paulo: Escuta. 1991.

HUSSERL, E. **Méditations cartésiennes.** Paris : Vrin, 1931.

IMBERT, C. **Maurice Merleau-Ponty**. Paris: ADPF, 2005.

MERLEAU-PONTY, M. **Phénoménologie de la perception**. Paris: Gallimard, 1945.

MERLEAU-PONTY, M. **Signes**. Paris: Gallimard, 1960.

MERLEAU-PONTY, M. **L'œil et l'esprit**. Paris: Gallimard, 1964a.

MERLEAU-PONTY, M. **Le visible et l'invisible**. Paris: Gallimard, 1964b.

MERLEAU-PONTY, M. **Parcours deux (1951-1961**). Paris : Verdier, 2000.

MERLEAU-PONTY, M. **Psychologie et pédagogie de l'enfant. Cours de Sorbonne 1949-1952.** Paris: Verdier, 2001.

PROUST, M. **Du côté de chez Swann**. Paris: Gallimard, 2001.

RIMBAUD, A. **Lettre du voyant**. Paris: publi.net., 2011.

Um perpasse pela filosofia do movimento

Adlai Ralph Detoni

Neste texto pretendo expor algumas reflexões filosóficas acerca do movimento. O objetivo é reunir concepções, numa organização que permita compor um quadro perspectivo contribuindo para alargar a compreensão sobre esse tema. Faço um recorte optando visar à filosofia europeia, lineando uma cronologia que também ajuda a revelar como o pensamento ocidental vai constituindo sua maturidade nessa direção temática.

O que venho reunir está disposto na história da filosofia ocidental em diferentes linhas, desde uma mais fundante ontologia até uma epistemologia quase técnico-científica. Fluxos e refluxos vão ocorrendo ao longo dos tempos, dando importância ao movimento como um tema que contribui para se fazer reflexões que extrapolam seu próprio sentido e contribuem para a estruturação mais geral da filosofia.

As descrições e conclusões que faço se dão a partir de uma pesquisa de literatura. Alguns filósofos são escolhidos e trazidos para essa reunião, seguindo um critério de relevância – no tema – que é buscado em destacados historiadores da filosofia.

Para ter uma orientação mais determinada de leituras e reflexões, busco em meus estudos anteriores da fenomenologia husserliana aspectos mais dirigidos, especialmente a ligação entre movimento e subjetividade, movimento e percepção do movimento, e movimento e corporeidade. Exponho nos dois parágrafos a seguir, brevemente e com a intenção de apenas pontuar, algumas ideias fenomenológicas acerca do movimento.

Em Sartre temos o movimento instalado em uma radical condição ontológica, do ser cujo devir se dá no heterogêneo que se processa na sua própria homogeneidade. Há um *nada*, um não-ser, essencial ao devir, pois, "se eu já não sou o que era, é necessário, contudo, que tenha de sê-lo na unidade de uma síntese nadificadora que eu mesmo sustento no ser" (SARTRE, 2007, p. 103). Essa radicalidade, oposta às ontologias que afirmam a imobilidade do ser, mostra uma dinâmica de mim para mim-mesmo.

Para Merleau-Ponty o movimento não é da simples natureza de uma ação sobre o espaço físico. Ele impregna nossa corporeidade de significações. Quando se faz um gesto em resposta a algo percebido, "não há uma percepção seguida de movimento, a percepção e o movimento formam um sistema que se modifica como um todo." (MERLEAU-PONTY, 2006, p.160).

Abrindo o agir do movimento em concreto e abstrato, este próprio da intencionalidade do ser no mundo, Merleau-Ponty diz que "o movimento [...] cava no interior do mundo pleno [...] uma zona de reflexão e de subjetividade, ele sobrepõe ao espaço físico um espaço virtual ou humano" (MERLEAU-PONTY, 2006, p. 160). Assim, o ser em movimento é uma manifestação do ser, um desdobramento do ser no mundo.

Essas anotações fenomenológicas, no entanto, são cuidadosamente suspensas quando pesquiso a literatura em geral, para que as diversas contribuições venham sem um filtro de julgamento. Começo a expor, em seguida, os apanhados na literatura que correspondem à minha intenção. Eles vão se sucedendo na cronologia do tempo, apesar de não ser a intenção aqui constituir ou seguir uma linha histórica.

Movimento na filosofia da Grécia Clássica

Em Ruggiero e Oliveira (1937), podemos ler que o movimento é um tema que ocupa significativo esforço dos filósofos clássicos gregos, dos pré-socráticos a Aristóteles, especialmente no tocante às preocupações ontológicas. Esses filósofos estão, na verdade, fundando o pensamento articulado que tanto foi importante para dar ideia política e cultural à Europa, e a discussão acerca do ser das coisas bem como do ser em geral se faz uma tarefa impreterível.

Mesmo com nuanças localizadas, podemos dizer que, basicamente, o movimento – ou mudança, ou alteração – se põe no cerne da questão da variabilidade ou imutabilidade – sinônimo de absolutismo – do ser. Como sabemos, essa é uma questão que se atualiza sempre nas ciências humanas, e na Grécia Clássica ela se presenciou tanto no estudo do *ethos* quanto da *physis*.

A percepção do movimento, e a percepção em geral, também se tematiza nesse cenário, especialmente na direção de uma teoria do conhecimento. Quais os valores epistemológicos, ou da verdade, que se podem situar na sensibilidade e quais são os da razão? Esse questionamento sobre o conhecimento da realidade inaugura um dos filões mais ricos de toda a história da filosofia ocidental, e (o papel de) o movimento é um objeto de referência para reflexões e argumentações.

Das discussões entre escolas filosóficas, a mais importante para nosso tema se deu entre os eleatas – com destaque para Parmênides e Zenão – e Heráclito. Os primeiros negavam o devir, a mudança. Claro, não negavam o movimento e a multiplicidade das coisas, mas afirmavam que isso se dá na aparência, não tendo realidade essencial. O universo, o *todo,* como pode nos garantir a razão, não muda, e é nesse todo absoluto que está a verdade, não no ser em devir. Os eleatas ainda se escoraram no pensamento dos atomistas, que afirmavam que toda matéria era formada de partículas ínfimas, e, como ela teria uma estrutura sem vazios, negava-se a possibilidade real do movimento.

Já Heráclito ficou reconhecido por argumentar em direção oposta aos eleatas, sendo famosa a imagem que criou das águas de um rio, que nunca é o mesmo em sua fluidez. Heidegger, como comentador de textos pré-socráticos, diz que essa imagem é muito mais do que uma metáfora, sendo um respaldo que a natureza dá para se pensar o vir-a-ser. Esse filósofo alemão quer caracterizar Heráclito como um seguidor de Anaximandro. Sobre este, vários comentadores de seus esparsos fragmentos que sobreviveram como registro escrito, apontam seu pensamento como um ponto de partida maduro na expressão de uma ontologia que veio a ser distinta da de Parmênides.

Anaximandro é autor de uma sentença que marcou a filosofia grega pela quantidade de comentadores que ela ganhou – contemporâneos e até no século XX. Sua tradução é, como outros textos clássicos gregos, uma profunda questão hermenêutica e sociológica. Aponho aqui uma que é considerada de excelência, de Diels: "Ora, aquilo que as coisas engendram, para lá também devem desaparecer segundo a necessidade; pois elas se pagam umas às outras castigo e expiação pela sua criminalidade segundo o tempo fixado" (Heidegger, 1978, p. 20). Aquilo que tem aparência de uma máxima moral, no entanto, tem um valor filosófico fundante, como, por exemplo, para uma dialética mais existencial, conforme comentam tanto Nietzsche quanto Heidegger (SOUZA, 1978).

Anaximandro, segundo Bittencourt (s/d), propôs como princípio do mundo o Apeiron, uma ideia metafísica que, mais que um éter, traz a ideia de ilimitado, dando abertura para o movimento, e de indeterminado, dando abertura a mudanças. Obviamente que o Apeiron traz conotações ontológicas, já que tudo no mundo está em movimento.

Em seus comentários sobre os fragmentos escritos de Anaximandro, Heidegger vê esse filósofo como representante de uma (possibilidade de) época do pensamento grego em que ainda se queria ver o sentido do ser nele mesmo, em elementos do ser ser entre mostrar-se e obscurecer-se, como o próprio Heidegger explora em seus escritos filosóficos. Por isso, a sentença acima é interpretada para além de uma máxima moral, e Bittencourt nos mostra a vertente cosmológica que ela carrega, ao expor, dentro da contumaz concepção grega dos opostos, um todo não ordenado do universo,

> "uma vez que do momento em que um elemento prevalece sobre o outro no ato de confronto ontológico dos contrários, ocorre o grande erro da existência, que exige a reparação por tal desequilíbrio. [...] Essa situação de culpabilidade [...] leva à criação do mundo através da mobilidade do devir" (BITTENCOURT, s/d, p. 3).

Entendo que essa concepção dinâmica de mundo e de ser resulta em forte consequências epistemológicas para as futuras física, ciências jurídicas, religião, entre outros ramos intelectuais. Para a filosofia de Heidegger (HEIDEGGER, 1978, p.30), "a sentença fala daquilo que avança, vindo do desvelado, e, tendo atingido o desvelado, dele se afasta, desaparecendo

Um maduro pensamento crítico sobre Anaximandro e Heráclito vem do platonismo. Nos seus diálogos socráticos, Platão empreende sua concepção idealista, em que a percepção e o percebido não merecem valor de verdade para a compreensão que o homem venha a ter do mundo. No diálogo Teeteto, um personagem com esse nome representa visões contrárias ao platonismo e serve de espelho para que essas sejam desacreditadas. O autor descreve as falas entre Sócrates – personificando Platão - e Teeteto, num método de guiar a discussão sugerindo uma confusão desconfortável. Nesse diálogo o tema principal é a episteme, basicamente levado na busca de desconsideração da percepção como valor epistemológico. Análises sobre o movimento entram no diálogo para prover Platão de horizonte de questionamentos, servindo quase que de álibi para a desconstrução das crenças que traz Teeteto.

Este interlocutor é caracterizado como um discípulo de Protágoras, filósofo que relativizou a verdade na subjetividade de cada homem ser a medida das coisas, o que choca com a visão de verdade absoluta em Platão, exposta na interlocução de Sócrates. Criticando os que creem no fluxo temporal envolvido no movimento da mudança, este questiona: "A verdade será limitada pela duração ou brevidade do tempo?" (PLATÃO, 2015, p. 218).

Ao abordarem a questão do ser nas discussões desse diálogo, Platão manifesta suas concepções ontológicas que trazem o ser ideal, perfeito além do mundo físico e até o da linguagem, um ser, portanto, não constituído em/por alterações, mudanças, enfim, não sujeito ao movimento. Para o mundo verdadeiro, então, o movimento é uma ilusão. Se há mudança – de posição, de cor, de qualidades – o ser deveria poder deixar de ser, e o não-ser passar a ser, o que seriam contradições na visão platonista.

O diálogo segue também considerando os filósofos que defendem a imutabilidade do ser, como em Parmênides, correspondendo a "que tudo é uno e subsiste em si mesmo, não tendo região para onde se mover" (PLATÃO, 2015, p. 259). Sócrates propõe aos codialogantes (o personagem Teodoro está também presente) que embrenhem entre os polos da questão: móvel ou não móvel, e propõe se perguntar aos defensores da mutabilidade do ser, afinal, o que querem dizer quando dizem que as coisas se movem. Lembra que existem, pelo menos, duas formas de movimento: deslocação (mudança de lugar) ou alteração (de alguma qualidade). Isso permite Sócrates questionar se se quer dizer que as coisas se movem dessas duas formas, observando que, se só há uma delas, a coisa é móvel, mas também imóvel. Assim, Sócrates se satisfaz em rebater os que entendem as coisas em movimento, encerrando a questão.

Esses mesmos personagens participam de um outro diálogo platônico, Sofista, em que a questão do movimento (e repouso) volta à tona. Dessa vez, Sócrates dá a palavra a um novo personagem, Estrangeiro, que se incumbe de escolher um debatedor, no caso Teeteto, a fim de desenvolver as ideias de Platão dentro do mesmo método anterior. Para esse tema, acabamos não tendo novidade em relação ao primeiro diálogo aqui exposto, mas fica mais evidenciado que a argumentação ´vitoriosa´ de Platão – de que não se pode dizer se o movimento existe, se existe o repouso – não perfaz exatamente a questão do movimento, mas, sim, a ontológica condição do ser imutável e absoluto do platonismo.

Nesse diálogo Sofista, nenhuma referência à materialidade, à espacialidade, muito menos a ideias de uma física está presente para uma filosofia do movimento.

Com Aristóteles, temos outro enfoque para a filosofia do movimento. O movimento é estudado por ele explicitamente como tendo seu princípio na natureza; as ideias correlatas a isso foram publicadas no livro Física. Tal explicitude é marcante para esse filósofo em relação aos outros na Grécia Clássica, ele que se põe, no livro citado, na difícil tarefa de mostrar as variações do ser e as correlações disso na natureza. Sobre as amarras retóricas platônicas que nos levam à imutabilidade do ser, o que Aristóteles faz é sair da armadilha da unicidade do ser.

No livro V de sua Física, iniciando a parte que trata do movimento, a primeira preocupação de Aristóteles é aceitar que ocorram independentemente vários tipos de movimentos. Assim, vai categorizando termos que dão sustento a essa variação. Por exemplo, se um barco é *movido* por uma ação *movente*, um homem parado nele se moveria *por acidente*; andando, estaria também se movendo *por si mesmo*. Essas caracterizações deixam essa Física longe da totalidade *necessária* platônica.

O movimento, para Aristóteles, está na passagem da potência para o ato, categorias filosóficas que estão em todas as direções de seu pensamento e que, também, marcam a diferença que seu pensamento apresenta em relação ao imobilismo do ser absoluto. Ele afirma que as mudanças, se ocorrem, devem ocorrer "em alguma dessas [...] maneiras: ou de uma coisa para uma coisa; ou de uma coisa para uma não-coisa, ou de uma não-coisa para uma coisa" (ARISTÓTELES, s/d, p. 173), incorporando-se, aí, movimentos propriamente ditos, alterações de qualidades físicas ou mudanças estruturais, e admitindo-se que em alguns casos a substancialidade de uma coisa se transforma radicalmente.

As reflexões aristotélicas sobre movimento enveredam-se, também, nas duas categorias que acercam a constituição das coisas naturais, conforme sua teoria do hylemorfismo: matéria e forma. As duas não devem ser vistas como estanques, uma vez que a matéria, antes que dite aquilo dos seres que é indeterminado, é aquilo determinável - pela forma-, esta que só persiste se está nessa relação. Forma e matéria se coadunam com a ideia da potência-e-ato, envolvendo também a questão da causalidade. Aristóteles traz todos esses elementos para mostrar que "o devir no mundo da natureza pode ser descrito de modo inteligível" (ANGIONI, 2009, p. 10), buscando caracterizar o papel da natureza para o movimento, inclusive discernindo o simplesmente natural daquilo que vem da manipulação, pela técnica, que seriam princípios do movimento extrínsecos. Angioni coloca em perspectiva todas essas relações:

> A matéria é a fonte dos movimentos que se seguem de acordo com a "necessidade sem mais". Já a forma está ligada à "necessidade sob hipótese", mas é importante lembrar que o real dilema não propõe forma e matéria (ou teleologia e necessidade) como alternativas excludentes. O dilema envolve, de um lado, a tese de que a combinação casual dos movimentos necessários da matéria é *suficiente* para explicar os entes naturais, e, de outro, a tese de que tais movimentos são *insuficientes* para gerar e explicar os entes naturais, devendo ser complementados por outro tipo de causalidade, que é a concatenação teleológica de séries causais sob a forma, tomada como "hipótese". (ANGIONI, 2009, p. 17-18).

Percebo, junto com essa citação, o legado que Aristóteles deixou para a posteridade ao expor a necessidade de se investigar para além de uma simplificação fisiológica e atomista, sob pena de se reduzir, desse modo, a compreensão do movimento a um âmbito materialista e aquém de uma transcendência que retira o movimento de um mundo que é físico, mas implicado de corpos viventes.

A modernidade em movimento

Na filosofia ocidental, assim como em vários temas, as reflexões acerca do movimento entram em declínio após as grandes discussões na Grécia Clássica e algumas contribuições da filosofia helênica. O mundo cristão emergente não se ocupou dessa temática, acomodando-se às ideias de Aristóteles subjacentes no tomismo medieval. Mas as transformações políticas do fim da Idade Média, que trouxeram de volta o cosmopolitismo e as diversas influências culturais e científicas, culminaram por exigir um novo tipo de conhecimento, essencialmente prático e atinente às questões mais cotidianas. É um cenário que fez emergir um novo pensamento sobre a física, aliando matemática e experimentos, numa metodologia que resultou em uma visão mecanicista sobre o mundo. Entre outros, o nome de Galileu é importante nessa virada intelectual, pelas suas próprias ideias e o apanhado que faz sobre as de seus contemporâneos.

Em sua dissertação acerca da ciência do movimento em Galileu, Ohl (2009), precisa como a teoria do movimento foi fortemente assentada na matemática, especificamente nos Elementos de Euclides, buscando nestes não só objetos geométricos, mas o estilo geométrico que permitiria lidar com intervalos de espaço e de tempo, como quando estabelece os axiomas do movimento uniforme. Esse autor observa que, junto a isso, Galileu já avança em suas definições para a questão dos intervalos infinitesimais.

Em sua obra O Ensaiador (2000), Galileu relata suas polêmicas contra a parte da comunidade científica que ainda se apegava às argumentações aristotélicas para a física e estabelece sua posição radical por uma ciência baseada em uma metodologia de investigações racionais calcadas em experimentos, sendo ele mesmo um usuário e aperfeiçoador de lunetas. Assim, respondendo a sábios que insistem em trazer modelos simplificados da tradição, ele investe na percepção do movimento exigindo que o cientista se atenha a critérios geométricos e fisiológicos: "... se não estou enganado, seu desenvolvimento seja incompleto, faltando-lhe a parte principal da tese (o que leva a um grande defeito de lógica), isto é, a disposição local, em relação ao olho, da superfície daquela matéria onde deve verificar-se a reflexão" (GALILEU, 2000, p. 142).

Miraconda (2006) ressalta o aspecto epistemológico do *como funciona* – e o correlato *como agir* frente aos fenômenos –, resultando numa pragmática em que, "para Galileu, as discussões dos físicos aristotélicos acerca das causas dos fenômenos naturais e as especulações dos filósofos das universidades acerca da essência última da Natureza parecerão desprovidas de interesse e significação" (MIRACONDA, 2006, p. 276). De fato, lendo as obras de Galileu, verificamos que, quando ele se reporta aos filósofos clássicos, como Anaxágoras e Aristóteles, a referência tem interesse puramente por uma leitura mecânica da física, em geral crítica a eles, sem nenhum interesse por uma filosofia do movimento na amplitude que os gregos auferiram.

A Idade Moderna muito se caracteriza por ser o período em que a ciência se constitui, finalmente, em um conjunto de valores tais que se pode dizer que ela atingiu uma certa autonomia, especialmente em relação à filosofia e à religião. Mas, mesmo com a indicação galilaica de uma dissociação entre fazeres e pensares, as fronteiras ainda não se impunham e, via de regra, um cientista da física ou da matemática, por exemplo, fazia filosofia. O que podemos dizer de uma filosofia do movimento nessa época é que ocorre entre uma desprestigiada metafísica e um emergente mecanicismo. A chamada Filosofia Inglesa – em contraste com a Continental do resto da Europa – em sua emergência e rápida florescência, merece um destaque em minhas intenções temáticas aqui, uma vez que a fundação da moderna nação inglesa oportunizou uma corrente de especulações filosóficas para a moral e a política – conhecida como empirismo – que reabriu caminhos para reflexões ontoepistemológicas sobre o movimento.

Dessa filosofia inglesa, trago, inicialmente, as ideias de John Locke, cuja obra mais influente mostra em seu título, Ensaio sobre o Entendimento Humano, um viés psicológico, que também anuncia para a modernidade o sentido da subjetividade do homem frente à sua compreensão de mundo, isto é, com menos inserções de cânones extra vivenciais, apesar de ainda se fazer uma referência à escatologia religiosa. Vemos, na citação abaixo, vários elementos dessa nova injunção de valores:

> Suponhamos agora que os diferentes movimentos e figuras [...], ao afetar os diversos órgãos dos nossos sentidos, produzem em nós essas diferentes sensações que nos causam as cores e os odores dos corpos; que uma violeta [...] em diferentes graus e modificações dos seus movimentos faça que as ideias da cor azul e do doce aroma dessa flor sejam produzidas na nossa mente. Porque não é mais difícil conceber que Deus tenha unido tais ideias a tais movimentos com os quais não têm nenhuma semelhança do que conceber que Ele tenha unido a ideia de dor ao movimento de um pedaço de aço que divide a nossa carne ..." (LOCKE, 1959, p 159).

Chama-me a atenção a aparição do termo 'mente' – aqui em lugar de 'espírito' ou 'alma' –, sinal do viés psicológico e da presença subjetiva no entendimento do que se vive a partir do sentir o empírico. Essas indicações são coerentes com o escopo maior do pensamento de Locke em sua teoria das *ideias*. Estas são simples formas de entendimento quando advêm da experiência sensível mais imediata, e são objetos de composições, já em experiências internas.

O movimento, para Locke, não está no ser, mas é um componente que o põe no mundo vivido e está no ato da percepção para a vitalidade da sua compreensão e funcionalidade do entendimento. O movimento é uma representação externa:

> Confesso que sou desses que têm uma alma obtusa que não se percebe a si mesma em constante contemplação de ideias, nem pode conceber que seja mais necessário à alma estar sempre a pensar do que ao corpo estar sempre em movimento. Com efeito, na minha opinião, a percepção das ideias está para a alma como o movimento para o corpo: não constitui a sua essência, mas uma das suas operações. (LOCKE, 1959, p. 112).

Na citação, vemos estágios entre a alma e o entendimento, não cabíveis, por exemplo, no pensamento ontológico da filosofia clássica. Esse filósofo condiciona ao movimento a constituição de operações psicológicas que acolhem as ideias simples e levam ao entendimento elaborado do que se sente:

> "opino que o entendimento começa a receber ideias ao mesmo tempo que começa a ter alguma sensação. Esta é uma impressão ou movimento provocado em qualquer parte do corpo de tal modo que produz alguma percepção no entendimento. É sobre estas impressões, provocadas pelos objetos exteriores nos nossos sentidos, que a mente parece primeiramente aplicar-se, nesse tipo de operações que chamamos perceber, recordar, considerar, raciocinar, etc." (LOCKE, 1959, p. 125).

A estada do ser no mundo de suas experiências é apanhada por Locke, que traz a presença do corpo, entre outros corpos, na constituição de *ideias* do entendimento, como a solidez, ainda que frisando aspectos físicos dinâmicos. O *constrangimento* desse estar no mundo se faz em movimento, ao qual o repouso é uma situação relativa:

> "A ideia de solidez recebemo-la pelo nosso sentido do tacto; surge da resistência que qualquer corpo opõe a que outro ocupe o espaço em que se encontra. [...] Quer estejamos em movimento, quer em repouso, [...] sempre sentimos algo por debaixo de nós [...] . E os corpos que manejamos [...] fazem-nos perceber que [...] impedem [...] que se aproximem as partes das nossas mãos que os apertam. Ora, o que impede desse modo a aproximação de dois corpos quando se movem um para outro, é o que eu chamo solidez (LOCKE, 1959, p. 137).

Em Berkeley temos mais um representante do empirismo inglês. Ele se destaca por fazer não somente reflexões sobre os temas da Filosofia Natural, como também por discutir a percepção humana sobre os fenômenos da natureza. Berkeley incidiu a fundo sobre a questão do movimento, quando teve como partida seu principal contendor em Aristóteles, uma vez que sua visão sobre a parte espiritual do homem, a mente e a alma, contrapõe-se a argumentos acerca das causas eficientes. Como em sua obra em geral, traz em De Motu (2006) uma tese imaterialista, em que está impressa a incogniscibilidade do mundo material, e seus destacados estudos epistemológicos acabam corroborando, entendo, para dirigir suas observações ontológicas sobre o corpo e o espaço.

Segundo Chibeni (2009), a concepção idealista de corpo humano permite a Berkeley questionar a existência de causas eficientes que ocorreriam no mundo corporal. Sua filosofia gira na cisão entre a materialidade e a capacidade da mente em compreender os dados, as informações, que vêm dela. Esse enfoque (re)abre a questão de como compreendemos o mundo no qual nós, *pressupostamente*, movemo-nos. Sobre as causas dos fenômenos, exemplifiquemos como Berkeley evita as generalidades metafísicas e expõe a relação da mente com a matéria, quando se posiciona criticamente em relação às leis newtonianas que, exatamente, introduzem fenômenos que superam a percepção direta das ações e reações, tais como o magnetismo:

> "inferimos pela razão que existe alguma causa ou princípio desses fenômenos, e esse princípio é popularmente denominado gravidade. Porém, uma vez que a causa da queda dos corpos pesados não pode ser vista nem conhecida, a gravidade não pode ser apropriadamente denominada, nesse sentido, uma qualidade sensível. Portanto, é uma qualidade oculta. [...]

> Dessa forma, os homens fariam melhor se deixassem de lado as qualidades ocultas e prestassem atenção apenas aos efeitos sensíveis. [...] a mente deveria fixar-se apenas no particular e no concreto, isto é, apenas nas próprias coisas." (BERKELEY, 2006, p. 116).

Chibeni expõe a filosofia berkeleyana para situar o corpo na transição do mundo experienciável para o mundo do conhecimento. Junto com seus contemporâneos ingleses, afirma que são as *ideias* os objetos do conhecimento. Nossos próprios corpos só o são se eles podem ser percebidos por nossa mente. "No sentido berkeleyano, os corpos são inertes, isto é, desprovidos de poder causal, visto que são compostos de ideias e estas são inertes" (CHIBENI, 2009, p. 4). Essa observação da inexistência de objetos pensados na realidade mundana é geral para Berkeley, que freia a obsessão dos pensadores da época pela perfeição do mundo geométrico, questionando linhas e ângulos que no experienciável não existem. O dualismo expresso nas argumentações de Berkeley é ratificado quando ele explicita a distinção de corpo e alma:

> "Existem duas classes supremas de coisas, corpo e alma. Pelo auxílio dos sentidos conhecemos a coisa extensa, sólida, móvel, figurada e dotada de outras qualidades que se apresentam aos sentidos, mas a coisa consciente, percipiente, pensante, nós conhecemos por uma determinada consciência interna." (BERKELEY, 2006, 120-121).

Nessa citação, podemos ver que a percepção não aparece como alguma atribuição do corpo. Berkeley afirma que o corpo, em suas qualidades de impenetrabilidade, forma e extensão, não tem poder de produzir movimento, nem de ser dele causa eficiente, pois essas qualidades são passivas. Ele elege a mente como a que pode causar movimento, pois está em seu domínio o poder de mover nossos próprios membros e músculos: "É inegável que os corpos são movidos pela vontade da mente e, portanto, a mente pode ser chamada, de modo satisfatoriamente correto, um princípio do movimento." (BERKELEY, 2006, p. 121-122).

A filosofia empirista moderna inglesa fecha um ciclo nas reflexões de Hume. Ele é tributário de seus antecessores quando afirmam o primado das sensações, e esmiúça como damos conta de compreender o mundo que é percebido, mas entendido após um processo mental complementar. O viés psicológico desde Locke ganha aprofundamento e maturidade. Hume afirma que "nossas percepções conhecem certos limites [...] que são determinados pela natureza e constituição original da mente. Nenhuma influência de objetos externos sobre os sentidos é capaz de apressar ou de retardar nosso pensamento para além desses limites" (HUME, 2000, p. 61). Fenômenos com objetos moventes, por exemplo, não são percebidos em sua totalidade original, "porque é impossível que nossas percepções se sucedam umas às outras com a mesma rapidez com que o movimento é comunicado aos objetos externos" (HUME, 2000, p. 61).

Mas a relação entre perceber e compreender é, também, da historicidade pessoal, e o conhecimento vai superando a esfera da sensibilidade:

> "Um músico que vê sua audição se tornar a cada dia mais refinada, e que corrige a si próprio pela reflexão e atenção, prolonga o mesmo ato da mente, ainda que seu objeto lhe falte. [...] um mecânico [forma a mesma ficção] a propósito do movimento; [...] a rapidez e a lentidão são imaginadas como passíveis de uma comparação e uma igualdade exatas e para além do julgamento dos sentidos" (HUME, 2000, p. 76).

Hume é um crítico ao cartesianismo que afirma elementos espaciais puros e que põe a extensão como uma dimensão abstrata preexistente na mente humana. O filósofo inglês, para tal crítica, investe também na fisiologia, trazendo para o caso do corpo humano as descobertas óticas modernas, desdobrando a percepção do movimento exterior para movimentos que são respostas motoras. Diz que na percepção de objetos materiais em movimento reside a constituição da ideia de extensão: "os ângulos que os raios de luz emanados desses objetos formam entre si; o movimento necessário ao olho para passar de um a outro; [...] - isso é o que produz as únicas percepções que nos permitem julgar acerca da distância" (HUME, 2000, p. 85). Reforçando as visões empiristas, ele afirma que "*a ideia de espaço ou extensão não é senão a ideia de pontos visíveis ou tangíveis distribuídos segundo uma certa ordem*" (HUME, 2000, p. 81, frisos do autor).

Hume lembra que a sensação do movimento – em seus termos – também pode ocorrer em objetos imóveis, se nossa mão toca um após outro, num intervalo temporal que causa essa sensação, o que também faz constituir a ideia de distância.

As análises humenianas da visão e do tato só o fazem se afastar dos cartesianos, para quem "a matéria é em si mesma inteiramente inativa e desprovida de qualquer poder pelo qual pudesse produzir, continuar ou comunicar movimento" (HUME, 2000, p.192), e, num momento importante para a modernidade, ele ironiza, quando eles, para justificar como nossos corpos sentem os fenômenos, afirmam que o poder do movimento é uma força divina, um primeiro motor, que se vê impregnado na natureza.

Hume ratifica o movimento como (qualidade material e ideia) no mundo de quem o vive e percebe, e expõe a impregnância contextual do mundo material em sua manifestação:

> "É evidente que [o movimento] é uma qualidade que não pode de modo algum ser concebida isoladamente, sem referência a algum outro objeto. A ideia de movimento supõe necessariamente a de um corpo que se move. Ora, o que é nossa ideia do corpo que se move, sem a qual o movimento é incompreensível? Ela deve se reduzir à ideia de extensão ou de solidez; consequentemente, a realidade do movimento depende da realidade dessas outras qualidades." (HUME, 2000, p. 260).

Sobre as relações de causa e efeito que ocorrem entre objetos, Hume vai dizer que é uma questão que supera a dependência entre alma e corpo. O movimento que vem dessa ocorrência "pode, e de fato é, a causa do pensamento e da percepção" (HUME, 2000, p. 279-280). O que se tem de levar em consideração é que as ideias de movimento, de pensamento e de causa e efeito são ideias experimentadas, "e que é apenas por nossa experiência de sua conjunção constante que podemos alcançar um conhecimento dessa relação" (HUME, 2000, p. 279-280). Entendo que Hume está, aqui, afastando-se de argumentações metafísicas que tiravam conclusões alheias ao mundo sensivelmente experimentado, resultando que o pensamento é isento dele. Contra isso, Hume afirma (HUME, 2000, p. 282) que as reflexões sobre fatos extensos e inextensos permitem dizer que a matéria e o movimento podem causar o pensamento.

Hume deixa um legado ocidental ao ratificar a possibilidade de se pensar temas filosóficos ao largo da metafísica, abrindo caminho para um pensamento crítico e valorizador da subjetividade humana. A filosofia de Immanuel Kant vem nessa esteira, e, ainda que este filósofo alemão tente refundamentar o espírito metafísico e situe o sujeito numa universalidade ideal, seu pensamento sistemático é marca do fim da modernidade.

Kant abre sua discussão acerca do movimento categorizando-o em quatro naturezas, sendo que três delas são aproximadas de estudos em Física. Para a quarta categoria, justamente chamada *Fenomenologia*, "o movimento ou repouso da matéria é determinado unicamente por referência ao modo de representação, ou modalidade, isto é, como uma aparição dos sentidos externos." (Apud ROUANET, 2010, p. 2)

Em Crítica da Razão Pura, Kant esboça sua filosofia da subjetividade transcendental, na qual, já preparado pela crítica que Hume fez aos dogmatismos metafísicos, o espaço e o tempo são intuições intelectuais, formas que estão aquém da experiência sensível. Mas essas formas serão vazias se não se debruçam sobre o mundo sensível, fonte de representações dos objetos, que são recebidas pela sensibilidade:

> "Não resta dúvida de que todo o nosso conhecimento começa pela experiência; efetivamente, que outra coisa poderia despertar e pôr em ação a nossa capacidade de conhecer senão os objetos que afetam os sentidos e que, por um lado, originam por si mesmos as representações e, por outro lado, põem em movimento a nossa faculdade intelectual [...]?" (Kant, 2001, p. 62).

Kant deixa entender, no entanto, que há duas *representações*, já que a razão, formatando espacial e temporalmente a experiência, produz representações que preparam, enfim, o conhecimento, a compreensão do mundo. Mas, apesar de não se referir a um sujeito singular presente corporalmente no ato da experiência, o filósofo afirma essa inalienável partida do mundo sensível, e o movimento é capital nessa relação. Kant diz que "o movimento é a característica da matéria a qual uma doutrina metafísica da substância corporal deve ter seu ponto de partida" (PALTER, 1973, p. 95), e, "desde que a matéria é antes de tudo um objeto do sentido externo, e desde que este sentido pode somente ser afetado pelo movimento, segue, argumenta Kant, que a determinação fundamental da matéria deve ser o movimento" (PALTER, 1973, p. 95).

Esse autor afirma que Kant é um pensador atento à fisiologia da percepção sensorial e à psicologia, e sustenta que a mobilidade dos corpos é um conceito empírico porque pressupõe a percepção de algo móvel. No entanto, Palter, trazendo concepções contemporâneas da espaço-temporalidade, questiona o estatuto de conceito que Kant quer dar à percepção do movimento, porque o movimento é menos a priori que a localização no espaço: "A mobilidade dos corpos não parece decorrer, entretanto, quase imediatamente do mero fato de que eles existem no espaço e no tempo, pois o movimento não é simplesmente a mudança de lugar de um corpo com o passar do tempo?" (PALTER, 1973, p. 96).

Contemporaneidade

O legado kantiano é o de um sistematizador da filosofia, em que todos os grandes temas são tratados com uma metódica coerência. É um divisor de águas, uma vez que, ao mesmo tempo em que Kant recolhe todas as tendências ocidentais mais maduras, na psicologia, na epistemologia, na afirmação da subjetividade, sua filosofia se vê às margens de revoluções em estudos científicos, nas ciências humanas da História e da Linguagem, bem como da Física e Matemática, que, de certa forma, puseram os escritos dele sob suspeição. Depois de Kant, a Europa desenvolve algumas linhas de pensamento divergentes a ele, notadamente o Positivismo e sua pregnância ao cientificismo mais radical. Espaço e tempo, nessas linhas, ganham majoritariamente tratamento científico, e o movimento deixa de ser um tema interessante para a Filosofia.

Mas o Positivismo também produziu seus dogmas, especialmente em sua consideração sobre uma neutralidade necessária do sujeito na compreensão dos fatos e eventos ocorrentes no mundo. Sua forte metodologia sugeria um apego a atitudes quantitativas, propondo reduzir as ciências, as humanas inclusive, ao crivo matemático e estatístico. Mas a própria Matemática e a Física mostraram caminhos possíveis ao largo dessas reduções.

Creio ser pertinente trazer aqui o pensamento filosófico de Henri Poincaré, especialmente o epistemológico, porque ele é um cientista típico da entrada do século XX, quando as ciências atingiam sua primeira maturidade e já causavam um susto pela grandeza intelectual que delas advinha, resultando em uma crença – social - arraigada em seus valores. Esse momento histórico oportuniza uma confluência de cientistas - da Física e da Matemática, notadamente - que perguntavam por uma natureza qualitativa que, apontavam, estava se perdendo nas pesquisas. Esse questionamento se tornou efetivo, uma vez que vários ramos dessas ciências emergiram com o olhar qualitativo que, principalmente, retomava um certo cuidado ontológico sobre fenômenos. A relatividade e a discussão acerca da dimensionalidade do mundo material atualizam vários temas, entre eles o movimento.

Em suas publicações epistemológicas, Poincaré se mostra um interessante precursor de várias tendências que foram se desenvolvendo adiante dele. Ele supera aspectos platonistas de colegas da comunidade matemática contemporâneos que iam na direção da dissociação dos objetos matemáticos dos eventos mundanos; afirma, a partir da consideração de uma intuição não logiscista, a importância da estada do nosso corpo entre os objetos e relações no mundo material. Neste, está a privilegiada ocorrência da mobilidade, chegando este matemático filósofo a afirmar que não teríamos uma geometria se não houvesse movimento.

Em O Valor da Ciência, Poincaré retira o sistema de eixos que os cartesianos consideravam pressupostos na mente racional para a captação da objetividade do mundo espacial, e o vê em nosso corpo, que caminha no mundo e ali efetua sua objetivação. Mas a compreensão não se limita simplesmente à captação de posições espaciais que se possa representar num absoluto, uma vez que a dimensionalidade do mundo da experiência não é da ordem da dimensionalidade geométrica:

> É impossível representar o espaço absoluto; quando quero representar simultaneamente objetos e a minha própria pessoa em movimento no espaço absoluto, na realidade me represento a mim mesmo imóvel e vejo moverem-se à minha volta diversos objetos e um homem que é exterior a mim, mas que convenciono chamar de eu (POINCARÉ, 1995, p. 51).

É interessante observar que Poincaré não está partindo de explicações científicas, mas situando a problemática da representação - a dificuldade oriunda da complexa conjunção de movimentos – nas múltiplas dimensionalidades que emergem de respostas musculares, inclusive dos olhos, empreendidas por nosso corpo, ao vivenciar o espetáculo em movimento. Ele ratifica esse apontamento: não se trata de representar os próprios movimentos no espaço, mas unicamente de representar as sensações musculares que acompanham esses movimentos, as quais não supõem a preexistência da noção de espaço (POINCARÉ, 1995, p. 52).

Atribuo uma importância filosófica a Poincaré por ele indicar um caminho de pensamento que faz aliar as então recentes discussões científicas da espaçotemporalidade, que equacionaram até algebricamente a n-dimensionalidade, a um aporte da fisiologia, trazendo a motricidade humana para a compreensão do que são espaço e movimento. Para um ser imóvel, diz ele – e eu vejo aí nesse ser aquele do mundo absoluto como em Parmênides -, os deslocamentos de objetos exteriores não seriam atribuídos como mudanças de posição, e, sim, de estado. Diz que, na verdade, desse modo as mudanças seriam indiscerníveis. A compreensão dos movimentos acontece para quem os tem vivenciados propriamente, pois "os movimentos que imprimimos aos nossos membros têm como efeito fazer variar as impressões produzidas sobre nossos sentidos pelos objetos exteriores; [...] somos levados a distinguir as mudanças produzidas por nossos próprios movimentos". (POINCARÉ, 1995, p. 52-53).

Poincaré perpassa pela experiência motora vivenciada sem, no entanto, entrar por análises existencialistas. Mesmo assim, indica a ação de uma consciência que não está presa em uma objetividade geométrica, e sim constitui um espaço representativo a partir de sensações táteis e motoras, donde emerge o sentido da relatividade, conforme expõe Del Vecchio Junior (2005), conotando que, em Poincaré, a experiência de cada um é mais constituinte do que um sentido comum de espaço e geometria.

O início do século XX é uma confluência de pensadores, filósofos, cientistas, estetas, entre outros, que emergem num turbilhão de novas tendências que já se avistavam desde o final do século anterior, com crises em fundamentos científicos, morais e políticos. A Física instiga novos pensares acerca da espaçotemporalidade e seus desdobramentos em relação ao movimento. Para a filosofia, Bergson é um marco em repensar o homem, agora circundado por compreensões atualizadas da psicologia, da fisiologia e da própria história. Com ele, termino esta trajetória de perpasse histórico da filosofia do movimento.

Bergson é comumente visto como um filósofo atuante nesse século que busca reconduzir valores metafísicos. Na verdade, o que ele pretende é, criticamente, questionar a razão que vai se perdendo por ser tão abstrata e vasta. É embalado pela percepção da época de que vários construtos históricos precisam ser refundamentados. Um exemplo é a ideia do tempo real, este que "escapa às matemáticas" (BERGSON, 1984, p. 101).

Esse filósofo empreende ideias que buscam elos entre o pensamento e o mundo imediato, enxergando uma consciência imediata. Diz que a inteligência, retirada de seu puro racional, é levada à espacialização, onde se põe num fluxo qualitativo e encontra-se com a pura duração temporal – não prioritariamente quantitativa. Afirma que "esta duração, que a ciência elimina, que é difícil de conceber e de exprimir, nós a sentimos e vivemos" (BERGSON, 1984, p.102).

Bergson manifesta uma fórmula que o põe atento ao existencial: "mudar-se é tornar-se" (PESSANHA, 1984, p. X), consoante com sua direção crítica ao excesso de determinismo científico e em prol da recuperação do estatuto e das experiências do humano como papel da filosofia. Para compreender o movimento, propõe dar um passo atrás nos conceitos que o reduzem ao espaço e à trajetória, e atentar-se ao papel criador da intuição, que recuperaria o dinamismo real (PESSANHA, 1984, p. XI).

Criticando os filósofos que abordaram o *entendimento humano* que fez juntar o senso comum ao da ciência, e que acabaram por prender todo o pensamento em sua linguagem técnica, Bergson lê que, ao fim, mascarou-se a duração, presente no movimento e na mudança. "Trata-se do movimento?" pergunta esse filósofo (BERGSON, 1984, p. 103), respondendo ele mesmo para abrir questionamento sobre como a ciência lida com a transição entre os momentos isolados, sempre de imobilidades, que a inteligência consegue reter.

> "Abandonemos esta representação intelectual do movimento. [...] Vamos direto a ele, [...] sem conceitos interpostos: nós os vemos simples e unos. [...] façamos com que ele coincida com [...] movimentos [...] reais, absolutos, que nós mesmos produzimos." (BERGSON, 1984, p. 103-104).

Bergson diz que vivenciamos o espaço em nossa experiência, que traz a essência da mobilidade, e nossa inteligência racional *aplica* à ele o movimento, fixando sempre pontos de passagem, numa recomposição artificial do real. Nossa linguagem cria exigências em vista de cálculos, mas o "tempo e o movimento são outra coisa" (BERGSON, 1984, p. 104). A mudança, como o movimento, tem sua própria essência, e não deveria ser percebida a partir de dois eventos sequentes.

Bergson lembra que as contradições do pensamento sobre os fenômenos da duração foram apontadas, desde Zenão, nas representações que deles se fazem, o que exigiu que se buscasse – a metafísica, notadamente – a "realidade das coisas acima do tempo, além do que se move, do que muda" (BERGSON, 1984, p. 105), desconsiderando os sentidos e nossa consciência perceptiva. Contra isso, esse filósofo contemporâneo propõe considerar a percepção em sua capacidade de apreensão global. Ele quer contemplar, junto a todos os outros dados que emergem da experiência do movimento, os dados vivenciais de quem é agente no movimento: o que se estará pensando, o que estará sentindo. Como experiência vivida, a ação empreendida se incorpora ao ser agente, permitindo outros pensamentos e sentimentos. Os sistemas materiais que compõem, também, a experiência espacial, ganham do ser agente uma significação de duração emprestada, pois "sobre [eles] o tempo apenas desliza" (BERGSON, 1984, p. 106).

Considerações

"Por que, no início da tradição filosófica decisiva para nós – explicitamente desde Parmênides – passou-se por cima do fenômeno do mundo?" (HEIDEGGER, 1999, p. 147). Ao revisitar os pré-socráticos, Heidegger mostra como a filosofia deixa em aberto seus temas, sempre que alguma descoberta – nela ou em outro campo do fazer humano – exige, ou pelo menos permite, que o mundo, sua realidade e sua compreensão seja de novo um incômodo intelectual. Nessa citação, especialmente, ele questiona de seu lugar filosófico, o de um mundo fenomênico para o qual as reflexões articuladas tendem a recortar o contínuo do vivido e fixar categorias, como notadamente fazem as ciências.

O tema do movimento nos traz uma trajetória histórica característica dessa abertura, denotando a sempre incompletude das reflexões filosóficas, mesmo as mais sistematizadas. Ele aparece e reaparece sempre como objeto de especulações para a constituição de ontologias, desde as mais fundantes, como para os gregos pensarem sua cosmologia. Mas sua tematização também emerge quando a ocidentalidade o põe como objeto de um mundo mecanicista e quantitativo, e os valores epistemológicos carecem ainda de questionar o que é isto, o movimento.

Vimos, aqui neste texto, que o tema movimento está abraçado a várias tendências filosóficas, da ética à física, da política à religião, como um componente estruturante de explicações do humano em suas relações imediatas e de compreensão com o mundo. O apanhado de pensadores me fez notar que com as filosofias da subjetividade o movimento ganha um estatuto mais consistente de constituição do homem em sua mundaneidade, quando sua motricidade e a espacialidade que ela abarca vão sendo vistas como elementos antropológicos.

Compreendi que, depois de um momento de cisão operado com a visão mecanicista, quando o tema do movimento se quis exclusivo da ciência quantitativa, sobrevieram correntes filosóficas que veem a pertinência de retomar compreensões mais globais do entendimento sobre o mundo. Isso ocorre, constato, seja por interseção de valores psicológicos, que humanizam e tornam contínuo o espaço entre a razão e a materialidade, ou por valores epistemológicos, como os trabalhados na física e matemática da relatividade e da complementaridade.

Esses caminhos, entendo, desaguam compreensivamente em correntes filosóficas do século XX, norteando estudos culturais em geral e, também, especificamente para a fenomenologia, indicando possibilidades de reflexão de o movimento constituir fundo para análises existenciais da presença do homem junto aos outros.

Não foi anunciado neste texto, e não foi feito, tecnicamente, filosofia acerca do movimento. O que está escrito é a busca de um panorama organizado para permitir, em sua leitura, confronto de ideias e pontos de partida para outras pesquisas.

Referências bibliográficas

ANGIONI, L. **Aristóteles: Física I e II.** Campinas: Editora da Unicamp. 2009.

ARISTÓTELES. Física. Disponível em https://drive.google.com/file/d/0BxAbmxL88uaJV2dLTVVVWnFSTTQ/edit. s/d. Acesso em 20/12/22.

BERGSON, H. O Pensamento e o Movente. In: SILVA, F. L. (Seleção de textos). **Bergson** (col. Os Pensadores). São Paulo: Abril Cultural. 1984.

BERKELEY, G. De Motu. In: Scientiæ Studia. São Paulo, v. 4, n. 1, p. 115-37. 2006.

BITTENCOURT, R. N. Um dilema pré-socrático: a natureza do tempo em Anaximandro e Heráclito. **Revista Eletrônica de Antiguidades**. Disponível em: www.neauerj.com/nearco-antiga/arquivos/numero7/9.pdf. s/d. Acesso em 8/02/23.

CHIBENI, S. S. Berkeley: Uma física sem causas eficientes. Texto apresentado no Workshop George Berkeley. Unicamp, 9 e 10/9/2008. Versão11/3/2009. Disponível em: https://www.unicamp.br/~chibeni/public/berkeley-fisica.pdf. Acesso em 20/12/2023.

GALILEI, G. O Ensaiador. In: PESSANHA, J. A. M. (Consultor). **Galileu** (col. Os Pensadores). São Paulo: Nova Cultural. 2000.

HEIDEGGER, M. A sentença de Anaximandro. In: SOUZA, J. C. (ORG). **Os Pré-Socráticos: fragmentos, doxografia e comentários**. (col Os Pensadores). São Paulo: Abril Cultural. 1978.

______. **Ser e Tempo**. Parte I. Petrópolis: Vozes. 1999.

HUME, D. **Tratado de Natureza Humana**. São Paulo: Editora Unesp. 2000.

KANT, I. **Crítica da Razão Pura**. Lisboa: Fundação Calouste Gulberkian. 2001.

LOCKE, J. **Ensaio sobre o entendimento humano**. New York: Dover Publications, 1959.

MERLEAU-PONTY, M. **Fenomenologia da Percepção**. São Paulo: Martins Fontes. 2006.

MIRACONDA, P. R. Galileu e a ciência moderna. In: **Cadernos de Ciências Humanas**. v. 9, n.16, jul./dez., 2006. Ilhéus, Editora UESC. Disponível em: https://silo.tips/download/issn-cadernos-de-ciencias-humanas-especiaria. Acesso em 10/02/2023.

MORA, J. F. **Dicionário de Filosofia**. Buenos Aires: Editorial Sudamericana, 1969.

OHL, W. J. **Uma análise da cinemática da ciência do movimento de Galileo Galilei**. Dissertação (Mestrado em Ensino, Filosofia e História das Ciências) - Instituto de Física, Universidade Federal da Bahia e Universidade Estadual de Feira de Santana. 2009.

PALTER, R. Kant´s formulation of the laws of motion. In: SUPPES, P. (Editor). **Space, time and geometry.** Boston: D. Reidel Publishing Co. 1973. p. 94-114.

PESSANHA. J. A. M. Bergson: Vida e Obra. In: SILVA, F. L. (Seleção de textos). **Bergson** (col. Os Pensadores). São Paulo: Abril Cultural. 1984.

PLATÃO. **Teeteto**. Lisboa: Editora da Fundação Calouste Gulbenkian. 2015.

______. **O Sofista**. Disponível em https://www.baixelivros.com.br/ciencias-humanas-e-sociais/filosofia/o-sofista. s/d. Acesso em: 23/12/2022.

ROUANET, L. P. A filosofia da natureza de Kant. In: **Kant e-Prints**. Campinas, v. 5, n. 1, p. 1-13, jan.-jun., 2010 Disponível em: https://www.academia.edu/68988390. Acessado em 08/02/2023.

RUGGIERO, G. e OLIVEIRA, P. M. **História da Filosofia**. São Paulo: Athena. 1937.

SARTRE, J. P. **O Ser e o Nada**. Petrópolis: Vozes. 2007.

SOUZA, J. C. (ORG). Os Pré-Socráticos: fragmentos, doxografia e comentários. *In:* **Os Pensadores**. São Paulo: Abril Cultural. 1978.

Parte II

A espacialidade do corpo-vivente na constituição de conhecimentos matemáticos

A constituição do conhecimento matemático no corpo-vivente

Maria Aparecida Viggiani Bicudo

O título deste livro, "O corpo-vivente (Leib) e a constituição do conhecimento matemático", já nos encaminha a olhar para um tema específico, qual seja, a constituição do conhecimento matemático e o corpo-vivente. Vou desfocar um pouco a figura proposta e focar "a constituição do conhecimento matemático no corpo-vivente". É preciso que esse reenquadramento da figura seja processado, para que eu possa evidenciar o que destacarei: a própria constituição do conhecimento que se dá na dinamicidade da vida que flui, organicamente, no corpo-vivente.

Esse é o tema do tratado neste capítulo. Para dele dar conta, algumas exigências se impõem por questão de clareza do dito no texto. As palavras dizem de ideias que se entrelaçam. Entendo que elas devem ser explicitadas, tanto quanto possível for para quem as está pronunciando, evitando que o escritor e o leitor fiquem reféns de sentidos e significados que se misturam, obscurecendo o trazido em conceitos. Sendo assim, destaco: corpo; corpo-vivente; constituição do conhecimento, produção do conhecimento.

De um ponto de vista filosófico, indaga-se: o que significa ser um vivente. Edmund Husserl se indagou essa pergunta e avançou em direção a uma investigação fenomenológica, buscando compreender quais são as estratificações do viver e, trazendo as palavras de Manganaro "leggere il legame del Leib a un principio vitale che chiamiamo io, consapevole di sé e degli altri?" (MANGANARO, 2021, p.10)[16], entendo que a pergunta do filósofo tinha essa intenção. Dando-me conta da relevância dessa pergunta e respectiva

16 Como "ler a ligação do Leib a um princípio vital que chamamos, eu, conhecedor de si e dos outros?" (Tradução própria)

interrogação, tomo, para diálogo esclarecedor, o texto "Idee per uma fenomenologia pura e per una filosofia fenomenologica II", de Edmund Husserl (2002; 2005), em que esse autor se dedica a expor uma fenomenologia do Leib[17]. Não tenho esse texto como paradigma de uma verdade a ser seguida, porém como propulsor de um pensar analítico e reflexivo sobre o tema tratado. Entendo que a obra toda desse autor irradiou ideias que se encontram no centro de importantes textos de autores renomados, muito estudados e referenciados nas últimas décadas e também em nossos dias, como Maurice Merleu-Ponty e Paul Sartre. O primeiro se refere ao "corp-propre" (1945) e o segundo tece longas análises e discussões a respeito de "la chair" (2011).

O tema "corpo-vivente", denominado como "Leib" por Husserl, está presente na longa trajetória desse filósofo que já traz essa ideia em seus primeiros trabalhos, ainda, que não, especificamente, tematizada no início. Isso porque ele sempre se reporta à intuição como princípio de um conhecimento válido. Para esclarecer essa afirmação, valho-me de um excerto, tirado do livro de Ales Bello, "A Fenomenologia do Ser Humano" (2000), ao se referir ao "princípio dos princípios". À página 39 desse livro, a autora citada afirma:

> "O princípio essencial, a ser entendido neste caso como início de um conhecimento essencial e, portanto, como fundamentação, mas somente no sentido do começo válido, poder ser expresso mediante a fórmula, já famosa, do 'princípio dos princípios', segundo a qual 'toda visão originalmente oferente é uma fonte legítima de conhecimento, isto é, daquilo que se apresenta originalmente na intuição (digamos assim, em carne e osso)..." (BELLO, 2000, p. 39).

Intuir é um ato que traz ao corpo-vivente a visão da essência, como entendida por Husserl na dimensão da fenomenologia eidética. Abre à consciência a visão do que é, na imediaticidade do visto e do percebido, donde ser

17 Esse termo tem sido traduzido como corpo-vivo e, também, como corpo-vivente, pois se trata do corpo que vive. Maurice Merleau-Ponty, em sua obra, "Phenomenologie de la Perception", (1945), fala em "corp-propre", traduzido para o inglês como living-body (1962) e para o português como o meu corpo vivo, corpo-próprio e, algumas vezes, como corpo-encarnado (1994). Essas denominações de Merleu-Ponty têm sido muito citadas por autores brasileiros. Na versão para o italiano, do "Idee per una Fenomenologia pura e per uma filosofia fenomenológica II (2002), o tradutor fala "corpo-vivente". Eu, particularmente, gosto desse modo de dizer, pois explicita a ideia do corpo que vive ou corpo vivendo.

um começo válido para o deslanchar do movimento de o sujeito conhecer o mundo. Leib é por ele tratado, em outras obras, como, por exemplo, no Idee, vol. I (HUSSERL, 1931) e nas Meditações Cartesianas, Quinta Meditação (HUSSERL, 1977). Contudo, a ideia de Leib, como mencionado acima, está presente ao longo de sua trajetória profissional[18], e foi tematizado como objeto de análise fenomenológica em torno de 1913. Como prática de trabalho, Husserl escrevia notas, de modo taquigrafado, sendo organizadas por seus assistentes e, após muitas revisões discutidas com o mestre, podiam ser publicadas. A primeira versão dessa obra foi organizada por Edith Stein, aluna de Husserl a partir de 1913, quando, de acordo com Biemel (HUSSERL, 2002, p.XIV), parece ter recebido do mestre manuscritos de 1912. Ela elaborou uma transcrição das notas taquigrafadas, publicada, provavelmente, em 1916. Em 1918, ela preparou uma segunda elaboração do segundo livro. Como Husserl, trabalha nesse tema até por volta de 1928, refazendo constantemente temas ali tratados, em 1924, Ludwig Landgrebe, que havia se tornado um assistente de Husserl, elaborou uma transcrição dos Idee II e III, que serviu de base para a edição dessa obra, publicada na língua italiana (HUSSERL, 2002), ainda, conforme Biemel (HUSSERL, 2002, p. XV).

Neste texto, farei um exercício para expor o modo pelo qual o corpo-vivente, tal como compreendo das leituras e dos estudos que venho realizando, está sendo compreendido no âmbito da fenomenologia husserliana, enfatizando aspectos importantes para a constituição do conhecimento matemático. Insisto contrariamente a muitos autores, como, por exemplo, Freita e Sinclair (2014), que não se trata, simplesmente, de falar de corpo, bem como não se trata de olhar para modos de o corpo-vivente se tornar presente em situações diversas da realidade humana, como, por exemplo, de carência social, tema do livro de Daniel Santos de Souza (2016), que evidencia realidades vivenciadas por pessoas, entendidas como oprimidas, ou, ainda, com escolhas de gênero específicas, como mencionado por Alia Al-Saji, Bodies and sensings: On the uses of Husserlian phenomenology for feminist theory (2010). Porém, é uma questão de se ir além das diversidades passíveis de serem vivenciadas por humanos, em busca de entender as estratificações do viver, de seus entrelaçamentos e de suas manifestações.

---

18 Sua vida acadêmico-profissional se inicia nos anos de 1880, em Viena e perdura até o seu falecimento em 1937, em Friburg, na Alemanha.

É na análise aprofundada do que se revela nessa investigação fenomenológica sobre nuanças de modos de o viver fluir na totalidade orgânica de um corpo e de seus entrelaçamentos que a constituição do conhecimento se dá na dimensão da subjetividade de um sujeito. Aqui me valho do dito por Merleau-Ponty, pois é de uma clareza sábia, sobre compreender, ato que está no cerne da constituição apontada. "To understand is to experience the Harmony between the intention and the performance – and body is our anchorage in a world"[19]. (1962, p. 144). Compreender é movimento que busca a harmonia e que se dá no corpo que vive. Isso não significa que o conhecimento histórico-sócio-cultural seja gerado e materializado nessa dimensão corpórea. Também não quer dizer que a constituição do conhecimento seja uma atividade eminentemente solipsista, encerrada na subjetividade de um sujeito que cria o conhecimento do mundo, separado do mundo. Na dimensão histórico-sócio-cultural, entendo, já adentrando por modos fenomenológicos de explicitar compreensões sobre esse assunto, que o conhecimento se instaura como uma produção que abrange tanto a compreensão do sujeito, quanto todos os modos pelos quais essa compreensão é expressa pela linguagem e por respectivas possibilidades de inscrevê-la em materialidades disponíveis no mundo, passando por filtros de compreensões intersubjetivas acordadas por culturas. Por isso, temos falado em constituição e produção do conhecimento nos trabalhos que estamos publicando (BICUDO, 2020).

Tendo em vista explicitar o trazido nesta Introdução, exporei, de início, as ideias que se entrelaçam, quando se fala em "corpo" e em "corpo-vivente".

Corpo (Körper) e Corpo-vivente (Leib)

Ao realizar sua análise fenomenológica, buscando compreender corpo, Husserl realiza uma descrição do que primeiro chega ao olhar, quando foca um corpo. De modo detalhado, descreve isso que chega de imediato. Um corpo humano entre corpos, quaisquer que sejam. Destaca, entre os corpos, o corpo

19 "Compreender é experienciar a harmonia entre a intenção e a realização – o corpo é nossa ancoragem no mundo" (tradução livre da autora). Vali-me da tradução para o inglês, pois na que tenho em mãos está "Compreender é experimentar o acordo entre aquilo que visamos e aquilo que é dado entre a intenção e a efetuação – e o corpo é nosso ancoradouro em um mundo" (1994, p. 200). O termo "experimentar" não diz da ideia do autor, pois remete à experiência empiricamente realizada, na visão em que sujeito e objeto são separados.

vivo e o descreve na dimensão do somático. Nessa visada, o corpo é tomado como objeto da natureza, como um Körper. Note-se que é assim visto e estudado no âmbito das Ciências Físicas e Naturais. Essa análise, explicitada pelo filósofo (HUSSERL, 2002), é motivo de críticas de diferentes teores: por ele ser afeto ao positivismo e por ser uma análise tão somente solipsista. No primeiro caso, por descrever o visto na exterioridade do corpo, evidenciando que pode ser estudado como "coisa extensa" e visto como uma coisa entre coisas, sendo dado a análises postas em termos de causalidade, por exemplo. No segundo caso, pois caminha para além do visto na exterioridade, expondo o que se evidencia enquanto respostas às sensações localizadas e que já se revelam como primárias para a constituição do corpo que vive. Aponta um aspecto importante, que denota uma estratificação do viver: o corpo que, certamente, pode ser visto como qualquer outro corpo se torna corpo apenas com a presença das sensações.

> El cuerpo, naturalmente, también es visto como cualquier outra cosa, pero solamente se convierte em cuerpo mediante la introducción de las sensaciones [...] y así surge la idea de uma cosa sensitiva, que "tiene" y puede tener em ciertas circunstancias cierta sensaciones (sensaciones de tacto, de presión, de calor, de frio, de dolor, etc.) y justamente como localizadas en ella primaria y propriamente; esto es, ato seguido, precondición para la existência de todas las sensaciones (y apariciones) em general, incluso las visuales y las acústicas, que no tienen em ella, sin embargo, una localización primaria (HUSSERL, 2005, p;191)[20].

Toma as sensações como foco. Destaca os órgãos dos sentidos: tato, audição, visão, olfato, paladar e movimento (kinestesia), buscando descrever as sensações específicas de cada um. Todas as sensações são primordiais e podem ser pontuais. Entretanto, pela própria característica do organismo, que é uma totalidade viva e, como tal, que se mantém em funcionamento, elas têm uma durabilidade (temporalidade) e extensão. Não são, porém, uma extensão ao

20 O corpo-vivo também é visto, naturalmente, como toda outra coisa, mas se torna corpo-vivo apenas por meio da introdução das sensações [...]; e assim surge a ideia de uma coisa sensitiva, que "tem" e pode ter, em certas circunstâncias, certas sensações (sensação de tato, de pressão, de calor, de frio, de dor etc.) e justamente como localizadas nela primária e propriamente; isto é, ato seguido, pré-condição para a existência de todas as sensações (e aparições) em geral; inclusive, as visuais e as acústicas, que não trazem nelas, sem dúvida, uma localização primária.

modo da "res-extensa" que, na visão cartesiana, ocupa um espaço. Expande-se, funcionalmente, entrelaçando-se na dinamicidade orgânica, uma vez que um som ouvido em uma determinada situação se entrelaça a um odor que, por sua vez, reúne-se a um gosto específico de um alimento que, no fluxo de protensões e retensões, conduz a uma reação positiva, de gostar ou, negativa, de não gostar. Essa complexidade denota a vida do corpo que já está se tornando vivente, diferenciando-se de corpo. Corpo que vive e que, nessas sensações primordiais, são geradas possibilidades psíquicas e valorativas. E, então, esse corpo, agora vivente, já não se permite ser estudado como um corpo qualquer, mas impõe sua especificidade. Observo que as sensações primordiais já indicam que o que está em constituição no corpo vivo não prescinde do mundo externo onde ele se encontra, explicitando que não se trata tão somente de ocorrências que se dão na interioridade do organismo.

Dentre os órgãos do sentido, Husserl destaca dois: o tato e a cinestesia (kinestesia), dada a complexidade das sensações que geram. O tato dispara um sentir ativo e reflexivo concomitantemente. Pelo toque de minha mão, sinto a pele áspera do meu braço e me sinto sentindo a pele áspera do meu braço; sinto a frialdade do gelo e sinto essa frialdade, gelando o meu dedo. É verdade que a pele reveste todo o corpo e quase que delineia uma linha limite entre o interior e o exterior do corpo, motivo pelo qual ela tem sido definida, no âmbito da Anatomia, como o maior e o mais pesado órgão do corpo humano. Entendo que, um tanto apressadamente, tem sido vista como:

> um órgão sensorial, constituindo o sentido do tato. Ela apresenta numerosas terminações nervosas, algumas livres, outras com comunicação com órgãos sensoriais especializados, como células de Merckel, folículos pilosos. A pele tem capacidade de detectar sinais que criam as percepções da temperatura, movimento, pressão e dor. É um órgão importante na função sexual. (WIKIPÉDIA. 20-4-22).

Argumento que sim, a pele é sensível, permite-se ser sentida e acolhe sensações. Entretanto estas são geradas pelos órgãos dos sentidos. Para além das explicações da Anatomia e de disciplinas afins, é preciso estudar a pele, em sua funcionalidade com os demais órgãos do sentido e descrever as sensações pontuais e as complexidades funcionais. Colocá-la como órgão sensório que absorve a funcionalidade de outros órgãos sensoriais é tão somente tentar explicar, de modo simplório, uma enorme complexidade ainda não descrita em linguagem científico-filosófica, porém passível de ser explicitada poeticamente. Esse é o caso do nome do filme de Almodovar, "A pele que habito" (2011), quando o cineasta narra todo o drama de vida de uma pessoa que vivencia ações intensas, conforme explicitado no artigo de Bicudo e Azevedo (2018). As cenas trazidas, nesse filme, mostram o tato de um organismo (pessoa no caso do filme), sentindo a maciez da pele do outro e, reflexivamente, acolhendo essa sensação que se entrelaça com as sensações dos demais órgãos e sentidos e respectivas funcionalidades. Como Husserl explicita, as sensações, decorrentes do toque, deixam de ser localizadas apenas. Essa fluidez do sentir, que penetra pela carnalidade do corpo, enlaça atos que vão além das sensações, como é o caso da valoração e do desejo, por exemplo.

A cinestesia (com "c", pois advém da palavra kinestesia) traz a sensação do movimento do corpo, que não é estático e que se sente movendo, indo de um lugar a outro por si mesmo, por sua força. "Esse sentido, o sexto, acrescido dos cinco comumente apontados como tato, audição, visão, olfato e paladar, está na base de o corpo se portar como um objeto livre e imediatamente móvel" (BICUDO, 2022, p.129). Tem-se, portanto, que o corpo vivo independe de outro objeto que o mova; é livre para ir e vir. Move-se e não apenas se move, mas se sente movendo e se dá conta de que está se movimentando.

Procurei até aqui focar o corpo, entendido como corpo entre corpos. Entretanto, pelas estratificações da vida do corpo vivo, já se evidenciaram aspectos que o diferenciam dos corpos, caracterizando-o como corpo-vivente. Outras estratificações são descritas, revelando-o como psíquicas, já conotando complexidades que se avolumam, à medida que nuanças são focadas e fortalecendo minha afirmação inicial de que não basta falar em Körper, mas é preciso denotá-lo como Leib, ao nos referirmos à pessoa e, mais ainda, ao ser que constitui conhecimento.

O movimento de tornar-se corpo-vivente não é linear; enlaça aspectos psíquicos e de percepção de si. Na constituição da realidade psíquica, encontram-se as sensações localizadas (Empfindnisse), não superpostas e reunidas em uma soma, mas entrelaçadas em sua funcionalidade orgânica. O ato de sentir as próprias sensações preenche a dimensão psíquica e irradia modos de sentir anímica e valorativamente, advindos do polo primordial de sensações que expressam o gostar e o não gostar.

O movimento de advir, de 'vir-a-ser' ou de "tornar-se", é caracterizado pelo seu aspecto dinâmico; ao atualizar-se, carrega a complexidade de o organismo dar-se conta de estar, reflexivamente, sentindo as sensações que nele fluem. Essa afirmação é entendida com os dizeres de Husserl "[...] per ogni uommo, competono in modo immediatamente intuitivo al suo corpo vivo in quanto suo corpo vivo, come um oggetività soggetiva che si distingue dalla cosa meramente materiale corpo vivo attraverso questo strato di sensazioni localizzate" (HUSSERL, 2002, p. 155)[21]. Sentir as sensações e dar-se conta de que as está sentindo, explicita a concepção de vivência (Erlebniss). Há aqui um entrelaçamento entre os sentidos hiléticos, evidenciados pelas características materiais, presentes nas sensações primordiais e na reflexibilidade do sentir as sensações na própria carnalidade, e os sentidos noéticos, que trazem os aspectos da compreensão que vai se fazendo no interior do organismo.

No sentir as sensações, o próprio corpo se dá conta de ser vivente; nesse sentir, são postos em movimento os gérmens de constituição da vida valorativa e da vida espiritual e dá-se a intuição primeira de uma subjetividade, ou seja, da vida de si próprio.

O corpo-vivente se mostra característico, quando olhado entre os corpos. É uma totalidade sensual que sente as sensações de modo a já ir se configurando como psíquico ao mesmo tempo que físico. Ele se move por si, sem que haja necessidade de uma força externa que o impulsione ou anime. Cada movimento é animado por uma intenção de realizar algo, respondendo como que a um chamado do que há que fazer na espacialidade que habita. Corpos-vivos também são aqueles de animais, objeto de estudos fenomenológicos específicos por parte de assistentes de Husserl, já na década de 1910 – 1920, dentre os quais se destaca Conrad Martius, conforme menciona Ales Bello (2000). Na dimensão do humano, entretanto, é importante evidenciar a característica desse núcleo que se constitui de modo entrelaçado entre o físico, o psíquico e um polo que nucleia a liberdade, primordialmente, presente no movimento cinestésico e sempre intencional, dirigido a um alvo, portanto nunca caótico.

---

21 [...] para todo homem cabe um modo, imediatamente, intuitivo ao seu corpo vivo enquanto seu corpo vivo, como uma objetividade subjetiva que se distingue da coisa, meramente, material corpo vivo por meio deste estrato de sensações localizadas (tradução livre da autora).

Esse polo vai se constituindo como o espiritual, conforme a denominação a ele atribuída por Husserl. Diz da dimensão dos julgamentos.

Entendo que essas estratificações, não rígidas, mas que dinâmica e fluidamente se entrelaçam, mostram ser preciso falar de corpo-vivente e não apenas corpo. No que tange à questão da constituição do conhecimento e, em específico, do conhecimento matemático, é o assunto do próximo subtema.

Constituindo o conhecimento matemático no corpo-vivente

No movimento dessa constituição, entendo como sendo de grande importância o sentido cinestésico. Explico. O corpo-vivente se movimenta e se percebe movimentando-se. Movimenta-se de modo independente e livre de outro corpo que gere energia para que possa se locomover. Independência e liberdade estão, portanto, nas camadas constitutivas de vida. "A vontade pertence à liberdade e está inerentemente ligada ao corpo-vivo enquanto campo de localização de suas sensações e que, por ser livremente móvel, tem a capacidade do posso me mover daqui para ali, da direita para a esquerda. Essa orientação de lugar está em sintonia com a localização do corpo-vivo e das materialidades do mundo físico que o cercam [...]", (BICUDO, 2022, p.130). Entretanto, não é um movimentar-se caótico, sem direção, porém sempre se locomove em direção a algo que intende fazer: pegar um inseto; obter calor e luz, por exemplo. No caso do corpo-vivente humano, ao ir ao encontro do objeto, de modo articulado, posiciona-se em relação aos outros corpos que estão no seu entorno; à medida que se movimenta, as coisas aparecem situadas e em movimento para ele. Por ser livremente móvel, tem a capacidade do posso me mover daqui para ali, da direita para a esquerda.

> El movimento del cuerpo propio influye de manera directa en el modo como las cosas aparecen. Como órgano de la voluntad y portador de movimiento, el cuerpo vivo se convierte en el medio para realizar cualquier otra actividad en el mundo; con el movimiento del cuerpo se modifica imediatamente la percepción del entorno cósico, posibilita que las cosas muestren aspectos o escorzos que una perspectiva anterior no me daba. El cuerpo de presenta como contramiembro de la naturaleza a través de un yo que

ejecuta actos libres. (SÁNCHEZ MUÑOZ; DELGADILLO, 2018, p. 10)[22]

Nessa citação, a "liberdade" se evidencia, irremediavelmente, ligada à carnalidade do corpo-vivente, uma vez que esse é uma totalidade funcional em que todos os órgãos estão articuladamente entrelaçados, possibilitando tanto sensações pontuais como a fluidez do sentido "no" e "pelo" organismo, quando diferentes sensações se interpenetram. Evidencia-se, ainda, a percepção do entorno das coisas, a qual abre possibilidades de o corpo-vivo se sintonizar, pelas sensações, com a materialidade do mundo físico. Os outros corpos também não se mostram caoticamente, porém em seus modos específicos de ser no âmbito dos seus domínios. Aparecem ao corpo-vivo nesta ou naquela posição geoespacial: acima; abaixo, deste lado; daquele lado, mais próxima, mais distante. Em termos da percepção do próprio corpo e das ações que realiza, sentindo outros corpos e, notadamente, ao se movimentar, localizando-se, bem como localizando os outros corpos, vivos ou não, entende-se a afirmação husserliana (HUSSERL, 2002), assumida e repetida por Merleu-Ponty (1962), de que o corpo-vivo é o ponto zero de orientação.

O descrito no parágrafo anterior traz o núcleo do estabelecimento de relações nexo-causais entre corpo-vivo e corpos presentes no mundo físico. Aí se encontram os gérmens do conhecimento que se tem do mundo em termos de causa e efeito, de cálculos aproximativos e suposições de acontecimentos.

Entendo que nisso está a sustentação, para que sejam propostas atividades de ensino, principalmente de ciências, visando a que as pessoas trabalhem com sensações, sentidos e intuições que constituem princípios válidos de conhecimento para o sujeito. Essa afirmação diz dos núcleos de sentidos que as pessoas buscam para afirmações que fazem ou que ouvem. Não diz de significados e do conhecimento produzido histórico-sócio-culturalmente, quer seja o científico ou de outra região de inquérito. Diz, outrossim, do conhecimento do mundo que ocorre de modo natural, em que a fisicalidade das coisas e das

---

22 O movimento do corpo próprio influi de maneira direta no modo como as coisas aparecem. Como órgão da vontade e portador de movimento, o corpo se converte no meio para realizar qualquer outra atividade no mundo; como o movimento do corpo se modifica imediatamente, a percepção do entorno de coisas possibilita que as coisas mostrem aspectos ou previdências que de uma perspectiva anterior não me dava. O corpo é apresentado como um contra membro da natureza através de um eu que realiza atos livres. (tradução livre da autora).

explicações que se busca dar sobre elas e de como estão dispostas no espaço umas em relação às outras, ainda, olhando-se na dimensão da subjetividade de um sujeito, mantém-se com a certeza permitida pelas experiências realizadas e vivenciadas no cotidiano.

Visando explicitar a constituição de alguns conceitos importantes e que se encontram no âmago da constituição e de produção da ciência da civilização europeia (HUSSERL, 2008), cujas intuições primeiras se dão na dimensão do corpo-vivente, destaco: lógica; causalidade e indução[23]. Eles podem preencher as atividades de ensino de ciências da Natureza e da Matemática com vistas a um posterior passo em direção à compreensão dessas ciências. Entretanto, como o objetivo desse texto é dar conta da constituição do conhecimento da Matemática no e pelo corpo-vivente, abordarei a questão do conhecimento natural ou pré-categorial do mundo. [24]

Foquemos a constituição das ideias que estão, no núcleo da produção da Lógica, como disciplina e como ferramental da "démarche" da ciência do mundo ocidental e respectivos desdobramentos. A compreensão do movimento dessa constituição solicita que se a olhe da perspectiva da ontologia, uma vez que o corpo-vivente está no seu aqui e agora, sentindo as coisas que estão à sua volta no mundo e sentindo-se, sentindo-as. "As coisas do mundo intuível (tomadas sempre tal como existem aí intuitivamente para nós, na quotidianeidade da vida, e que para nós valem como efetividades) têm, por assim dizer, os seus 'hábitos', comportam-se como semelhantes em situações tipicamente semelhantes" (HUSSERL, 2008, p. 45). De imediato, a realidade desse mundo não é posta sob suspeita, bem como, a vida no e do corpo que sente não é questionada. As sensações geradas pela conexão do organismo com as coisas do mundo, notadamente as decorrentes do sentido do movimento, ou seja, da cinestesia, evidenciam indícios de organicidade no próprio mundo, posta em termos de uma unidade, uma vez que as coisas que nele se encontram dispostas, não estão, conforme se revelam nessas sensações, caóticas, porém relacionadas espaço-temporalmente. Explicações, ainda não tematizadas, a respeito

23 Entendo que essa ciência precisa ser compreendida por professores que ensinam matemática e ciências, quaisquer que sejam, uma vez que tem sido trabalhada há séculos no currículo das escolas do mundo ocidental e, mais do que isso, dá suporte à lógica da pesquisa das diferentes áreas.

24 Encaminho o leitor interessado no assunto ao artigo "A matematização da Física e demais ciências da natureza", (BICUDO, 2021).

do modo de as coisas estarem dispostas e acontecerem estão embasadas nessas sensações que, quando já articuladas na complexidade do corpo-vivente, avançam em percepção do visto e do experienciado. Uma lógica a respeito das conexões entre as coisas dispostas na espacialidade e na temporalidade vai sendo constituída. Ela advém da convicção embasada no ver direto, intuitivo do percebido no mundo circundante e coexistente ao corpo-vivente. O mundo se revela como tendo um estilo, ou seja, um modo próprio de ser. Ele é tomado como um a priori da compreensão do "é assim", como um conhecimento pré-categorial.

> Esse é um conceito natural de mundo que se impõe à vida quotidiana. Revela, mediante uma análise que indaga pela sua lógica, tratar-se de um a priori, de uma aceitação pré-categorial que, embora não seja fruto de um pensar esquematizado, no sentido de trazer economia ao movimento do pensar, ou de transformações históricas, tem uma invariância. Isso não significa que esteja sendo afirmado que a ciência seja absoluta, porém que nela são encontrados aspectos invariantes que se revelam como próprios à sua estrutura. (BICUDO, 2021, p.13-14).

A lógica, aqui tratada, delineia-se pelo entrelaçamento em uma unidade de sentido do todo do mundo que envolve: a analogia, a antecipação, a associação; o mecanismo da convicção fundamentada no ver direto, intuitivo da percepção do ambiente próximo circundante e coexistente; o mecanismo da convicção do espaço real e do temporal; o mecanismo da indução de acontecimentos possíveis, assim entendidos com base na mesma empiricidade vivenciada e respectivos preenchimentos dados pelas sensações, pontuais ou não, mediante analogias, associações e antecipações; o mecanismo da causalidade fundados na constatação da repetição entre o esperado e o que ocorre.

As articulações, embasadas na indução e na causalidade, estão no âmago dessa lógica. Ambas se sustentam, de modo imediato, no fazer empírico que se dá no fazer quotidiano.

O modo de a indução ser constituída é passível de ser compreendido na análise da percepção, a qual conduz ao processo de retenção e de protenção de conteúdos vivenciados na percepção de sensações no corpo-vivente. "Se la ritenzione ha un contenuto 'vissuto', è spinta verso la protensione, si manifesta l'attesa di un riempimento analogo e quindi si anticipano le possibili realizzazioni per mezzo di associazioni" (ALES BELLO, 1986, p. 149)[25]. O corpo--vivente retém no fluxo da temporalidade da lembrança encarnada vivências, sensações e percepções sentidas. No movimento do entrelaçamento das sensações e das vivências, há, como que se fosse um "link", expandindo para o que pode ocorrer, caso as experiências a serem realizadas se mostrem semelhantes. Conduz à indução que será do mesmo modo.

Nesse ato de indução, sustentam-se ideias de causalidade e de exatidão. De causalidade, uma vez que permite a conexão "(Se) experimento a frialdade desta pedra de gelo, (então) se tocar aquela pedra de gelo também sentirei frialdade". Passo seguinte: se tocar aquela pedra de gelo, a frialdade sentida é igual à sensação da frialdade sentida, tocando esta pedra de gelo? Quão igual? Os gérmens da exatidão estão postos. Importante destacar-se que, no âmbito da lógica concernente a um modo pré-categorial de conhecer o mundo, esses raciocínios, mesmo quando mais desdobrados, são aproximativos.

Articuladamente, os sentidos do tato e o cinestésico, lançam à frente, "pro-jetam", o corpo-vivente para além da esfera supostamente solipsista, uma vez que o sentido do tato é reversível: sinto o que toco e me sinto tocando isso que toco. Sendo assim, o que está fora do estrito "pseudo" limite do corpo advém, pela sensação, para o interno do corpo que vai se tornando vivente, como explicitado já no início deste texto. Pela cinestesia, o corpo-vivente se posiciona em relação ao que está à sua volta, na fisicalidade do mundo.

Juntamente com os outros órgãos dos sentidos, esses dois desdobram--se na percepção do outro corpo e dentre os corpos (Körper) que circundam o corpo-vivente, ele vê que há corpos que vivem (Leib), pois se locomovem por si e evidenciam indícios pela indução de serem semelhantes. Estes são os gérmens da constituição da intersubjetividade, a qual se realiza com o ato da intropatia ou empatia. [26]

---

25 "Se a retenção tem um conteúdo 'vivido', é empurrada para a protenção, manifesta-se na expectativa de um preenchimento semelhante e, portanto, as realizações são antecipadas por meio de associações" (tradução livre da autora).

26 Ao leitor que se interesse por esse tema, as obras de Husserl, *Ideas. General Introduction to Pure Phenomenology* (1972); *Cartesian Meditations:* An Introduction to Phenomenology (1977); *A Crise das Ciências Europeias e a Fenomenologia Transcendental:* Uma Introdução à Filosofia Fenomenológica (2008) podem auxiliar a compreensão desse assunto.

> La scoberta dell'empatia come via d'accesso alla realtà umana si deve a Husserl, il quale, esaminando l'essere umano come fenômeno che se presenta e si mostra a noi stessi, individua la nostra straordinaria capacita di esaminari noi stessi, scindendoci , paradossalmente, in soggetti e oggetti dell'analise, grazie alle nostre possibilita riflessive, testemoniate, appunto, dalla presenza di atti della reflessione, che costituicono uma sorta di coscienza di secondo grado.[27] (ALES BELLO, 2012, p. 219).

Na espacialidade em que se localiza, como afirmado, o corpo-vivente se relaciona com outros corpos, dentre os quais está o outro que, como ele, também se move de modo autônomo e livre e cujos modos de se doar se revelam diferentes daqueles dos corpos físicos que não se movem por si. "El domínio de lo que está apresentado com el cuerpo visto compreende también los sistemas de apariciones em los cuales les está dado a estos sujetos um mundo externo"[28] (HUSSERL, 2005, p. 209). Dentre os corpos vivos, há os que se diferenciam por evidenciar aspectos que encontram correspondência aos que percebe em si.

O tratado nesses dois subitens diz da constituição do conhecimento que se dá no âmbito do corpo-vivente, mediante entrelaçamentos de elementos hilético-material, provenientes das sensações localizadas com os noético-intencionais, ou seja, os caracterizados pela busca de compreensão do mundo. As retenções e as protenções das sensações preenchem de sentido ações, palavras, discursos proferidos, atividades religiosas, científicas, filosóficas, artísticas; enfim, as que são atualizadas no mundo histórico-sócio-cultural, sejam elas remotas ou presenciais em sua fisicalidade. É importante que o leitor fique atento à dimensão do movimento dessa constituição, bem como de sua importância no fazimento de sentido que o mundo possa vir a fazer para o sujeito. Não se trata do conhecimento humano, passível de ser compreendido em suas muitas dimensões, dentre as quais destaco a histórico-sócio-cultural que se revela no conhecimento de disciplinas científicas e de outras possibilidades de

---

27 A descoberta da empatia, como via de acesso à realidade humana, deve-se a Husserl, que, examinando o ser humano como fenômeno que se apresenta e se mostra a nós mesmos, individua a nossa extraordinária capacidade de examinarmo-nos, dividindo-nos, paradoxalmente, em sujeito e objeto da análise, graças às nossas possibilidades reflexivas, testemunhadas, destaco, da presença dos atos da reflexão que constituem um tipo de consciência de segundo grau. (tradução livre da autora)

28 O domínio do que está apresentado no corpo visto, compreende também os sistemas de aparições, nos quais está dado a esses sujeitos um mundo externo. (tradução livre da autora)

o ser humano conhecer e falar do mundo, como as concernentes à religião, do cultural-antropológico, por exemplo. Eu tenho me referido à dimensão da "produção"[29] do conhecimento, para tratar do movimento que subjaz ao conhecimento visto em seus muitos aspectos histórico-sócio-culturais.

A constituição do conhecimento expõe bem o movimento que ocorre no corpo-vivente e enfatiza a relevância dos sentidos. Entretanto, se não houvesse um ir além dessa dimensão o conhecimento do mundo constituído "pelo" e "no" corpo-vivente se consumaria em cada um, tomado individualmente e, com ele, morreria, quando sua vida se extinguisse. O que do mundo externo chega a cada corpo-vivo, mediante as sensações originárias e as conexões de grupos e de sistemas de sensações, é relativo a ele, ou seja, são subjetivas. Entretanto, o mundo-da-vida, realidade em que estamos e em que somos existencialmente, já está aprioristicamente sendo em seu movimento de ser quando nele somos lançados; ele nos acolhe e nos nutre, quando somos pro-jetados e continua a ser quando, em nossa individualidade, aqui não estivermos; ao mesmo tempo em que somos por ele alimentados, nós também o nutrimos por nossas ações. O mundo-da-vida, referido como Lebenswelt, nos textos originais de Husserl, escritos em alemão, é caracterizado por sua historicidade, carregando as ocorrências tanto do mundo da natureza quanto aquelas histórico-sócio-culturais que, no movimento do devir, foram se entrelaçando e se revelando como uma objetividade apriorística. Porém não uma objetividade fixa, mas viva, porque alimentada pela vida. O a priori histórico do mundo-da-vida é uma questão complexa. Bicudo (2020, p.415) explicita questionamentos levantados e encaminhamentos que o próprio Husserl apresenta em seus textos a esse respeito.

Indo além da constituição do conhecimento e adentrando a produção do conhecimento

Todas as coisas fenomênicas do mundo externo vêm ao corpo-vivente pelas sensações e pelas percepções enquanto correlatos noemáticos das vivências.

---

29 O termo "produção" tem sido o que melhor diz para mim, até o momento, das ideias que me proponho expor. É difícil encontrar uma palavra que diga dessas ideias. Para exemplificar essa dificuldade, trago "Construção" do conhecimento que foi evitada por já trazer conotações de teorias desenvolvidas pela Psicologia da Cognição, as quais não tematizam o corpo-vivente e suas características.

Segundo Husserl, elas existem relativamente: a saber, existem somente se o sujeito existe. (HUSSERL, 2005, p.212).

> Pode ser afirmado, indubitavelmente, dessa perspectiva, que existem tantos mundos subjetivos quantos indivíduos. Porém, cada indivíduo também compartilha de uma comunidade comunicativa, cujo domínio é do espírito comum. No núcleo da constituição desse domínio está a intropatia. É pelo ato perceptivo da intropatia que se abre a possibilidade da constituição de um mundo intersubjetivo (BICUDO, 2022, p.131-132).

Entendo, então, acolhendo explicitações de Husserl e de seus seguidores sobre a intersubjetividade, que esta se dá, primordialmente, pela extensão do corpo para além de si por meio dos fios dos órgãos dos sentidos que o plugam ao que está ao seu entorno, trazendo o fenomênico à vida que nele flui, articulando, funcionalmente, as diferentes sensações e delineando perfis do que se doou de modo correlato, ou seja, da coisa, para ser sentido. Na complexidade do corpo-vivente que se pode sentir, sentindo, e que pelo tato, visão, olfato, paladar, audição, cinestesia percebe o outro corpo-vivente como semelhante a ele, primordialmente, na dimensão de ser movente e, também, que pode percebê-lo, posicionando-se espaço-temporalmente, há um ato que o singulariza, diferenciando essa percepção, qual seja o da empatia ou intropatia, traduzida do termo Einfühlung. Esse ato diz da vivência de perceber o outro corpo--vivente como também vivenciando sentimentos de natureza psíquica, como gostar, rejeitar, sentir medo, alegria, etc. Esse ato possibilita que se reconheça a humanidade presente em nós e nos outros, de maneira que podemos ficar à escuta do outro. O homem se constitui, assim, como uma "objetividade intersubjetiva". Objetividade, na medida em que vê e sente o corpo do outro como Körper, passível de ser tomado nessa dimensão para estudos e para atitudes de relacionamentos, advindas de desdobramentos dessa visada. Intersubjetiva, porque se constitui com o "alter".

O Leib expressa o que compreende em sua carnalidade pelas suas ações; estas, olhadas em sua geração, podem ser entendidas como se expressando pelos gestos e evidência de ânimo, ou seja, de modo de estar, emocionalmente, vivenciando a experiência em curso. A emissão de sons que acompanha os gestos é um fundante da linguagem, entendida aqui na dimensão da expressão da subjetividade. Porém, pela intropatia, os sons podem ser percebidos pelo alter, difundindo e mantendo-se também na espacialidade intersubjetiva.

> Secondo Husserl, ciò che si dice si costruisce sul senso del vissuto, che lo precede: la fenomenologia opera a un diverso livello strategico rispetto all'analisi del linguaggio, anzi lo fonda, perché è sempre possibile esplicitare il senso di un Erlebnis con il contenuto oggettivo cui esso intenzionalmente mira. Non che Husserl ignori l'ambiguità e i fraintendimenti del linguaggio, ma questi gli appaiono meno temibili del difetto di chiarezza, proprio del come del dato. Le cose si danno secondo gradi di prossimità e di distanza, che concernono i modi della manifestazione: in questo senso, egli concepisce la riduzione fenomenologica quale metodo di chiarificazione "analitica". Se si dà discorso del vissuto, se vi è descrizione essenziale, se si può dire ciò che la coscienza vive e come vive, è perché si può cogliere ciò che essa intenziona. (MANGANARO, 2021, p.33-34)[30]

A linguagem está presente no horizonte da humanidade. É nuclear à historicidade do mundo-da-vida. Na comunidade comunicante, as produções se propagam na dimensão da intersubjetividade tanto nos movimentos de relações entre pessoas como no da produção da objetividade. Esta produção carece da durabilidade a qual é possibilitada pela constituição e pela produção de idealidades. A explicitação desse movimento requer outra investigação e abre campo para outra discussão, ambos passíveis de serem realizados em estudos de textos de obras de Edmund Husserl, dentre as quais, saliento: A Crise das Ciências Europeias e a Fenomenologia Transcendental: Uma Introdução à Filosofia Fenomenológica (2008) e as de Ales Bello, dentre as quais, destaco: "Husserl e as Ciências" (2022).

30 Segundo Husserl, o que se diz é construído sobre o sentido da experiência, que a precede: a fenomenologia opera a um nível estratégico diferente no que diz respeito à análise da linguagem; ela a fundamenta, porque é sempre possível explicitar o sentido de um Erlebnis com o conteúdo objetivo a que intencionalmente visa. Não é que Husserl ignore a ambiguidade e os mal-entendidos da linguagem, mas estes parecem-lhe ser menos assustadores do que a falta de clareza que é própria da forma como o dado é doado. As coisas são dadas de acordo com os graus de proximidade e distância, que dizem respeito aos modos de manifestação: neste sentido, concebe a redução fenomenológica como um método de clarificação analítica. Se há discurso sobre a experiência, se há descrição essencial, se é possível dizer o que a consciência vive e como vive, é porque é possível compreender o que pretende. (tradução livre da autora)

Dando conta do tratado neste texto

"A constituição do conhecimento matemático no corpo-vivente" é o título deste capítulo. A tese que sustentou a narrativa tecida como argumentação do texto, aqui trazido, é que não se pode falar apenas de corpo, quando se quer dizer de seres que aprendem, que dançam, que se relacionam uns com os outros, que se veem como iguais e como diferentes, que focam questões histórico-sócio-culturais, mas que é preciso explicitar de que corpo se fala, de suas características de ser corpo vivo e, mais do isso, de ser um corpo vivo de um humano dentre e junto a outros corpos vivos e corpos. Sustentando essa tese, explicitei modos de ver o corpo como "Körper" e como "Leib", avancei, explicitando como compreendo que a constituição do conhecimento se faz no corpo-vivente e, também, como visualizo as possibilidades de trabalhar com essas ideias em atividades de ensino de ideias concernentes ao fazer matemático.

Almejando não deixar que o leitor possa entender que falo do conhecimento, de uma perspectiva fenomenológica, apenas como constituição, afirmando que todo conhecimento tratado em termos filosóficos, científicos, culturais se dá tão somente na dimensão do corpo-vivente, exponho os aspectos do que tenho denominado "produção" do conhecimento, evidenciando os atos que projetam o corpo-vivente para a esfera da intersubjetividade.

Referências

AL-SAJI, A. Bodies and sensings: On the uses of Husserlian phenomenology for feminist theory. **Cont Philos Rev.**, local de publicação, volume do exemplar, n. 43, p. 13–37, 2010.

ALES BELLO, A. **A fenomenologia do ser humano**. Bauru: Edusc. 2000.

ALES BELLO, A. **Husserl e as ciências.** São Paulo: Livraria da Física. 2022.

A PELE QUE HABITO (La piel que habito). (2011). Atores principais: Antonio Banderas, Elena Anaya e Jan Cornet. Diretor: Pedro Almodóvar. Roteiro: Pedro Almodóvar e Agustín Almodóvar. Espanha. Produtora, 2011. (115 minutos).

BICUDO, M.A.V; AZEVEDO, D.C. "Um estudo fenomenológico sobre o filme 'a pele que habito'". **Revista Pesquisa Qualitativa**. São Paulo (SP), v.6, n.11, p. 280-327, ago. 2018.

BICUDO, M.A.V. Constituting Mathematical Knowledge Being-with-Media in Cyberspace. In BICUDO, M. A. V. (Ed.), **Constitution and Production of Mathematics in the Cyberspace**. Springer. 2019, p. 67 – 86.

BICUDO, M.A.V. "The origin of number and the origin of geometry: issues raised and conceptions assumed by Edmund Husserl". **Qualitative Research Journal**. São Paulo (SP), v.8, n.18, p. 387-418, ed. especial. 2020 (Special Edition: Philosophy of Mathematics)

BICUDO, M.A.V. **A matematização da física e demais ciências da natureza**. PHILÓSOPHOS, Goiânia, v. 26, n. 2, p.1-32, jul./dez. 2021.

BICUDO, M.A.V. O corpo-vivente: centro de orientação eu-mundo-outro. **MEDICA Review**, 10(2), pp. 119-135, 2022

BIEMEL, MARLY. Introduzione del curatore dell'edizione originale in HUSSERL, E. **Idee per una Fenomenologia pura e per uma filosofia fenomenológica**. (E. Filippini, Trad). Volume II. Einaudi. 2002.

FREITAS, E.; SINCLAIR, N. **Mathematics and the Body**. Material Entanglements in the classroom. Cambridge Press. 2014.

HUSSERL, E. **A Crise das Ciências Europeias e a Fenomenologia Transcendental**: Uma Introdução à Filosofia Fenomenológica. (D. F. Ferrer, Trad). Pahinomenon e Centro de Filosofia da Universidade de Lisboa. 2008.

HUSSERL, E. **Cartesian Meditations: An Introduction to Phenomenology**. Martinus Nijhoff. 1977.

HUSSERL, E. **Ideas**. General Introduction to Pure Phenomenology. (Fourth printing). Collier Macmilan Ltd. 1972. (First published to English, 1931).

HUSSERL, E. **Idee per una Fenomenologia pura e per uma filosofia fenomenológica**. (E. Filippini, Trad). Volume II. Einaudi. 2002.

HUSSERL, E. **Ideas relativas a uma Fenomenología pura y uma filosofia fenomenológica. Libro segundo. Investigaciones fenemenológicas sobre la constituición**. (A. Zirión Q., Trad). México: Fondo de Cultura Económica. 2005.

MORAN, D. Revisiting Sartre's Ontology of Embodiment in Being and Nothingness. In J-P., Boule & B. O'Donohoe (Eds.), **Jean-Paul Sartre: Mind and Body, Word and Deed** (s.p). Cambridge Scholars Publishing. 2011.

MERLEAU-PONTY, M. **Phénoménologie de la Perception**. Paris: Éditions Gallimard. 1945.

MERLEAU-PONTY, M. **Phenomenology of Perception.** New Jersey: The Humanities Press, Routledge & Kegan Paul. 1962

MERLEU-PONTY, M. **Fenomenologia da Percepção**. São Paulo: Martins Fontes. 1994

SOUZA, D. S. **Filosofia & corporeidade. Ensaios críticos no terreno da Educação popular.** Porto Alegre: Editora fi. 2016.

WIKIPÉDIA. **Pele.** Disponível em: https://bit.ly/3UWvvvI. Acesso em: 20 abr. 2022.

O constituir do conhecimento matemático numa perspectiva merleau-pontyana da experiência da percepção

Verilda Speridião Kluth

O constituir do conhecimento matemático numa perspectiva merleau--pontyana da experiência da percepção está alicerçado na experiência do mundo vivido, cujo primado é a percepção de mundo que, ao ser elaborada no e pelo corpo próprio, traduz-se em expressões. Nas palavras do autor:

> Tudo que sei do mundo, mesmo por ciência, eu o sei a partir de uma visão minha ou de uma experiência do mundo sem a qual os símbolos da ciência não poderiam dizer nada. Todo o universo da ciência é construído sobre o mundo vivido, /../. (Merleau-Ponty, 1994, p. 3)

A partir dessa premissa conceitual, o trabalho de Merleau-Ponty, segundo Müller (2001), busca compreender a experiência do mundo vivido, tecendo um pensamento crítico, tomado aqui como *um "tipo ideal" de reflexão compartilhado por uma vasta tradição de pensadores a partir de Descartes" (p. 47)*. Esse movimento reflexivo leva Merleau-Ponty a censurar os teóricos, estudados por ele, pela cobrança da conformidade de nossa experiência e das teorias a certas condições lógico-epistêmicas que fazem com que a primordialidade de nossa experiência de mundo não seja contemplada em suas reflexões. A busca dessa primordialidade torna-se o principal intento do autor, tendo como nuclear o conceito de corpo próprio.

É preciso deixar registrado que a direção tomada por Merleau-Ponty para elucidar a primordialidade da nossa experiência a partir da percepção já havia sido delineada nos trabalhos anteriores de Husserl (2012, 1980), em seus estudos sobre signos e explicitação dos fundamentos fenomenológicos. D'Angelo (WS 2014-2015) analisa obras de Husserl e esclarece que no horizonte dos signos é que estão as estruturas semióticas na fenomenologia husserliana da percepção.

> O signo como indício dinâmico tem, portanto, a estrutura de intenções de realização, estrutura esta que é decisiva para a compreensão husserliana da intencionalidade da consciência em geral. É precisamente a estrutura descrita do signo que permite que o signo desempenhe um papel na experiência fenomenológica e, mais precisamente, na percepção fenomenologicamente descrita. (pág. 60, tradução nossa)[31].

Considerando as afirmações, entendemos que os dois pensadores fenomenológicos consideravam a percepção como um primado do conhecimento, cada qual partindo de uma perspectiva: Husserl busca nos signos a expressão e a apreensão do conhecimento e Merleau Ponty busca a experiência vivida e a sua expressão. Os dois caminhos investigativos têm a linguagem como articuladora e fundamento.

Tendo essa visão panorâmica do trabalho de Merleau-Ponty em conexão com a fenomenologia husserliana, nossa intenção neste capítulo é explicitar conceitos essenciais contemplados em sua teoria da percepção sobre o solo da constituição do conhecimento em geral, os quais vão contribuindo com a compreensão do constituir do conhecimento matemático a partir da experiência vivida, que é corpórea. Ou seja, não pretendemos esgotar toda as facetas e riqueza trazidas pelos pensamentos merleau-pontyanos a respeito do mundo vivido que podem contribuir para com a educação em geral, nos restringiremos, neste capítulo, ao domínio da educação matemática no que se refere ao construir o conhecimento matemático.

---

31 Das Zeichen als dynamisher Hinweise hat somit die struktur der Intetionen auf Erfüllung, eine Strukture, die massgeblich für Husserl Verständnis der Intentionalität des Bewustsstsein überhaupt ist. Gerade die bechreibenes Struktur des Zeichens macht es möglich, dass Zeichen auch in der phänomenologischen Erfahrung und näher in der phänomenologisch beschriebenen Warhnehmung eine Rolle speilen kann. (p. 60)

No entanto é preciso registar algumas particularidades do legado de Merleau-Ponty.

Segundo Müller (2001), Merleau-Ponty propôs uma nova ontologia ao descrever, o que chamou, de *natureza enigmática do corpo próprio* (ou, simplesmente, expressividade), "anunciada como o *mistério da expressão* como algo imanente de nossas experiências corpóreas quer sejam elas perceptivas ou simbólicas. (p.13)"

> Ora, "expressão" é o nome que Merleau-Ponty dá a essa capacidade de transcendência inerente a cada um dos meus dispositivos corporais, e por cujo meio alcanço, para além dos dados que cada dispositivo pode encerrar, a totalidade que esses dados integram. (MÜLLEr, 2001, p. 151)

Esse é um dos resultados da crítica tecida por Merleau-Ponty aos pensadores que o antecederam na elaboração de uma explicitação do constituir do conhecimento alicerçado na ideia de representação. Merleau-Ponty inaugura assim um novo pensar sobre a percepção, fundamentado no conceito de *fundação* (Fundierung), tratado por Husserl em Investigações Lógicas ao discorrer sobre o "todo e as partes", onde apresenta duas concepções distintas de "todo".

Conforme Müller (2001), a primeira concepção trata o todo no *sentido inautêntico*. Nele, o todo é uma unidade composta por partes independentes entre si. A relação entre elas é um constructo resultante da intervenção de um elemento exterior que as agregue. Já na segunda concepção, o todo é uma unidade que não precisa de nenhum aporte exterior. "Nele, cada parte guarda uma relação de não independência em relação às demais, o que faz com que se exijam mutuamente." (p. 152). Na segunda concepção, o todo é tratado no *sentido rigoroso*, no qual a fenomenologia da percepção merleau-pontyana se sustenta para descrever a sensação. Voltaremos a esse assunto no decorrer deste capítulo.

Agora faz-se necessário voltarmo-nos às razões que subjazem às intenções primeiras de Merleau-Ponty de explicitar a experiência da percepção contemplando sua primordialidade.

O caminho investigativo de Merleau-Ponty para explicitar a experiência da percepção

A análise da abordagem empirista da percepção, que a decompõe em impressões e qualidades e que faz a distinção entre ¨sensível¨ e o ¨efeito¨, leva Merleau-Ponty, segundo Müller (2001), a afirmar que para além disso: ¨/.../ há todo o testemunho de nossa experiência, que não se define pelo ato de representação do texto do mundo, mas pelo ato de incorporar-se tal texto, transportando para ele prerrogativas que são nossas." (PhP,16)[32]. (p.58) Explica Müller (2001) que nos enveredamos em nossos pensamentos, resultados de nossos atos, e passamos a acreditar no percebido, como se ele prescindisse da nossa ação perceptiva, passando a interpretar o mundo da percepção a partir desses pensamentos, provendo a ilusão de que a *associação* dos mesmos geraria o sentido do todo como representação e não o contrário, que é o todo, manifesto na presença de mundo, que daria origem às sensações. Um todo visto no *sentido rigoroso* da descrição fenomenológica da relação todo e partes.

Já, a abordagem intelectualista da percepção se pergunta sobre as condições subjetivas a partir das quais o mundo pode ser representado. De acordo com Müller (2001), a análise merleau-pontyana dessa abordagem propõe-se a investigar os conceitos de atenção e de juízo, tecendo familiaridades entre as duas abordagens: empirismo e intelectualismo. Porém para

> Aquém das representações do mundo engendradas por intelectualistas e empiristas, acredita Merleau-Ponty, há uma significação do percebido que não tem equivalência no universo do entendimento, um meio perceptivo que ainda não é o mundo objetivo, um ser perceptivo que ainda não é o ser determinado, mas um valor expressivo, um objeto iminente. (PhP, 58). O primeiro ato filosófico seria então retomar a esse meio perceptivo originário, que Merleau-Ponty chama de mundo vivido. (MÜLLER, 2001, p. 91)

O caminho traçado por Merleau-Ponty para compreender a primordialidade da nossa experiência de mundo perpassa a compreensão de que:

32 PHP é a abreviatura utilizado por Müller (2001) para designar Phénoménologie de la perception [Paris:Gallimard, 1945]

> Se é verdade que nossos pensamentos podem ¨determinar¨ nossas experiências, sedimentando-as em arranjos simbólicos que resistem à finitude do acontecimento que as originou, é também verdade que os próprios arranjos são tributários de uma experiência, sem a qual não se conservam. (MÜLLER, 2001, p. 91-92)

Todas essas compreensões advindas da análise merleau-pontyana colocam a experiência perceptiva no foco de sua investigação na intenção de redefinir o sentir, o ver e o ouvir. Segundo Müller (2001), para atingir tal intento, Merleau-Ponty não pretende estabelecer um retorno ao imediato, ele pretende descrever a experiência perceptiva, pois só assim ele poderia evitar os preconceitos já instituídos em torno da concepção de percepção. Ele depara com a problemática da expressão linguística e "/.../ precisa caracterizar o ponto de tangência entre linguagem e experiência perceptiva." (p. 134)

Merleau-Ponty critica a afirmação de a linguagem ser somente um veículo de nossos pensamentos, ou seja, que as palavras somente explicariam a outrem os nossos pensamentos. Essas afirmações podem nos parecer plausíveis, uma vez que vivemos em um mundo no qual a fala já está instituída. Com isso, não nos damos conta do quão difícil seria expressar nossos pensamentos sem as palavras ou não percebemos a dificuldade de expressar algo inédito. Müller (2001) enfatiza que Merleau-Ponty identifica, nessas ocorrências, a pertinência de uma fala primordial e criativa, que não só reproduz pensamentos, mas o produz pela primeira vez. Nessa fala, os pensamentos não são anteriores, mas se formam junto com as palavras de maneira inédita. Ou seja, as palavras não só reproduzem pensamentos, mas também os inauguram. Ficam assim delineadas duas distintas utilizações da fala: uma utilização secundária e uma utilização originária das palavras. Denominadas por Merleau-Ponty de *fala falada* e *fala falante*, respectivamente. A *fala falada* já se encontra comprometida com uma certa intenção significativa transmitida pela sua organização. O foco da atenção está nos pensamentos que ela procura transmitir e nas intenções significativas que ela veicula. A fala falada possui uma significação conceitual ou pensamentos já elaborados.

> A fala falante, em contrapartida, é aquela em que tanto minha intenção significativa quanto a intenção significativa do outrem encontram-se para

> mim em estado nascente, portanto, não formulado (PhP, 229). Quero construir e partilhar com o outro, ou reconhecer em sua fala e escrita, uma novidade em que me polarizo, mas nada a designa de imediato. (MÜLLER, 2001, p. 140)

A *fala falante* e o ouvinte não podem desprezar as palavras em benefício aos pensamentos, pois estes vão se construindo junto à organização criativa das palavras. Para Müller (2001), é na *fala falante* que Merleau-Ponty encontra um tipo de discurso para descrever o mundo da percepção, uma vez que a fala não é somente uma experiência da formulação de pensamentos prontos.

Mais do que isso, os arranjos da *fala falante* são realizações, em miniatura, de um estilo que posso perceber em outras falas, em outros comportamentos do falante. Eles são, por conseguinte, a revelação da maneira peculiar segundo o falante existe, do modo como ele está inserido no mundo da percepção.

Para Merleau-Ponty, na *fala falante*, as significações são o rudimento de nossos pensamentos, de tal sorte que as palavras surpreendem o falante e lhe ensinam seus pensamentos. São as chamadas por Merleau-Ponty de *significações linguageiras* que denotam nossa experiência no mundo da percepção. A *fala falante* são gestos verbais. É um comportamento indissociável dos dispositivos anatômicos, de que somos constituídos, capazes de significar o que não está dado empiricamente nesses dispositivos. Investidos, portanto, de poder de transcendência. A essa capacidade de transcendência, Merleau-Ponty chama de *expressão*.

Para Müller (2001), a expressão, na perspectiva merleau-pontyana, é uma relação de fundação (Fundierung) que se dá na forma de transcendência experimentada pelos nossos dispositivos anatômicos. Ela é o nascimento de uma totalidade indissociável e irredutível aos dispositivos anatômicos envolvidos.

> Para Merleau-Ponty, nossas intenções significativas precisam das palavras, sem o que jamais se tornariam uma significação conceitual. /.../ O ato de expressão, essa junção, pela transcendência, do sentido linguístico da palavra e da significação por ela veiculada, não é, para nós, sujeitos falantes, uma operação segunda a que recorremos somente apenas para comunicar a

> outrem nossos pensamentos, mas é a tomada de posse das significações por nós, sua aquisição (S. 112-3)[33]. (MÜLLER, 2001, p. 159-160)

No caso das *significações conceituais,* ocorre o mesmo. Elas são gestos verbais que esclarecem como uma *significação linguageira* inédita pode suscitar pensamento já instituído, que por sua vez pode remeter-se a outras *significações linguageiras,* deflagrando novos pensamentos ou novas *significações conceituais.*

Consoante Müller (2001), a noção de expressão, tal qual descrita em Merleau-Ponty, quando empregada em um sentido genérico, designa a potência irracional que cria significações e que as comunica. A fala é apenas um caso particular. Sejam os gestos verbais fenômenos orais, visuais ou gráficos ou anagliptográficos, eles realizam as intenções comunicativas do falante, pois constituem um comportamento que o interlocutor pode retomar. Müller (2001) explicita, no entanto, que nesse processo, os desdobramentos verbais originários não precisam ser necessariamente contemplados no decorrer do processo. Somente quando os desdobramentos verbais originários forem contemplados é que o comportamento passa a contar como valor intersubjetivo.

Uma outra característica bastante importante apontada nessa abordagem é que a significação existente na fala depende de um desempenho corporal, sem o qual não poderia ser aprendida como valor cultural, porém "a significação dos signos é primeiramente sua configuração no uso, o estilo de relação inter-humanas que dele emana..." (PM, 52).[34] (MÜLLER, 2001, p. 241) Ou seja, as operações expressivas do simbolismo não verbal (dança, pintura etc.) só podem exprimir aquilo que nossos gestos criam e recriam de modo singular em nosso momento presente.

Entendemos que esses esclarecimentos sobre a *expressão* como gesto verbal são importantes para o intento deste capítulo, pois estes, para além da premissa de a percepção de mundo ser o primado do conhecimento matemático, deixam à mostra que a expressão primeira está sujeita ao processo expressivo de transcendência e implicitamente sujeita a *significações linguageiras* e conceituais ao serem expressas por palavras, gráficos e signos que engendram *significações existenciais.* O interlocutor, ao retomar corporalmente esses gestos, pode reviver o mundo percebido à maneira de outrem como compreensão e

---

33 S é a abreviatura utilizada por Müller (2001) para designar Signes [Paris: Gallimard, 1960]

34 PM é a abreviação que Müller utiliza para designar La prose du mondle. [Paris: Gillmard, 1969]

não como representação, como propunha o empirismo e o intelectualismo. A síntese e o vocabulário são a própria presença do outro e sua intenção comunicativa por meio do corpo.

Desta forma:

> No âmbito de nossas experiências culturais, a noção de expressão designa a operação primeira, por cujo meio nosso corpo instaura os signos em signos, infunde-lhes o expresso pela simples eloquência de seu arranjo e sua configuração, implanta um sentido no que dele carecia e, longe de se esgotar no instante em que acontece, inaugura uma ordem, funda uma instituição ou uma sequência ... (PM, 110-1). (MÜLLER, 2001, p. 165)

Abarcando as ideias sintetizadas até aqui, Merleau-Ponty descreve o mundo da percepção como mundo vivido, onde a percepção

> /.../ não é um ato pessoal pelo qual eu mesmo daria sentido novo à vida. Aquele que, na exploração sensorial, atribui um passado ao presente e o orienta para o futuro não sou eu enquanto sujeito autônomo, sou eu enquanto tenho um corpo e enquanto sei "olhar". (MERLEAU-PONTY, 1994, p. 322)

Segundo Kluth (1997), isto quer dizer que o momento da percepção é o primado, a camada primeira do construir do conhecimento no âmbito da subjetividade, uma origem primordial de uma idealização que será desenvolvida pela ciência. "Aquele que atribui um passado ao presente, quer dizer, aquele que encontra o signo é aquele que tem o sentido do passado e pode interligá-lo ao presente e orientá-lo para o futuro. É aquele que sente e que realiza a síntese temporal. É, portanto, um **EU corpóreo.**" (p. 138)

Um eu entrelaçado a um corpo que possui órgãos de sentido, que interrogam o percebido à sua maneira e realizam uma síntese própria expressiva que transcende aquilo que cada órgão do sentido, como parte de um todo percebido, pôde assegurar, pois: "Os sentidos traduzem-se uns nos outros sem precisar de um intérprete, compreendem-se uns aos outros sem precisar passar pela ideia." (MERLEAU-PONTY, 1994, p. 315) .

Na noção do esquema corporal, posto dessa forma, tanto a unidade do corpo como a unidade dos sentidos e a unidade do objeto são descritas de maneira nova. "Meu corpo é o lugar, ou antes a própria atualidade do fenômeno da expressão (Ausdruck)". (MERLEAU-PONTY, 1994, p. 315)

A experiência da audição e a visual, por exemplo, dizem do todo do percebido e, portanto, essas são pregnantes uma da outra, ou ainda são não independentes uma da outra. Desta forma, o valor expressivo do corpo dado na vivência da elaboração da *unidade do sujeito* e da *unidade intersensorial* do percebido "funda a unidade antepredicativa do mundo percebido e, através dela, a expressão verbal (Darstelung) e a significação intelectual (Bedeutung)." (MERLEAU-PONTY, 1994, p. 315). Merleau-Ponty denomina esse movimento corpóreo de *exploração sensorial.* Concluí ainda Merleau-Ponty:

> Em suma, meu corpo não é apenas um objeto entre todos os objetos, um complexo de qualidades entre outras, ele é um objeto sensível a todos os outros, que ressoa para todos os sons, vibra para todas as cores, e que fornece às palavras a sua significação primordial através da maneira pela qual ele as acolhe. (MERLEAU-PONTY, 1994, p. 317)

Compreendemos dessas considerações merleau-pontyanas que o corpo é um horizonte de compreensão, que amalgama nosso conhecimento de mundo a partir da significação primordial das palavras ou gestões verbais, sejam elas significações linguageiras ou conceituais, a novas significações advindas de novas vivências.

O construir do conhecimento matemático na abordagem merlau-pontyana de percepção

O construir do conhecimento matemático na abordagem aqui tratada não poderia deixar de se referir a um conhecimento que se inaugura também na percepção. Na investigação da experiência do mundo da percepção, ao se perguntar *o que acontece no encontro sujeito-matemática,* Kluth (1997) apresenta compreensões sobre o construir do conhecimento matemático e sobre o modo como a percepção da Matemática é compreendida por aquele que a vivencia. Passaremos a discorrer sobre alguns desses resultados.

O corpo próprio pensado como uma estrutura objeto-horizonte, ou seja, como o horizonte que assegura a identidade do percebido efetivado na percepção, no decorrer da exploração sensorial, torna-se uma perspectiva do *saber ver*. "Olhar um objeto é vir habitá-lo e dali apreender toda as coisas segundo a face que elas voltam para ele." (Merleau-Ponty, 1994, p. 105). Cada momento temporal do ver é testemunho de todos os outros momentos passados, tornando-se ponto fixo e identificável como tempo objetivo, pleno de historicidade, pois o corpo próprio é o campo perceptivo e prático. É o nosso ponto de vista de mundo; é o lugar onde vemos o mundo e onde o mundo se faz presente para nós. O corpo próprio pode ser entendido como um campo de apreensão e meio para compreender o ser matemática em seu estado nascente, ser do e no mundo perceptivo, pois:

> É preciso reconhecer, antes dos ¨atos de significação¨ (bedeutungsgebende Akten) do pensamento teórico e tético, as ¨experiências expressivas¨ (ausdruckserlebinisse); antes do sentido-significado (Zeichen-Sinn), o sentido expressivo (Ausdrucks-sinn); antes da subsunção do conteúdo à forma, a "pregnância" simbólica da forma no conteúdo. ¨ (MERLEAU-PONTY, 1994, p. 391)

Na experiência da percepção da Matemática, vemo-nos frente à forma, entendida na abordagem Merleau-Pony como "/.../ uma configuração visual, sonora, ou mesmo anterior à distinção dos sentidos, onde o valor sensorial de cada elemento é determinado por sua função no conjunto e varia com ela. /.../ Essa mesma noção de forma permitirá descrevermos o modo de existência dos objetos primitivos da percepção." (MERLEAU-PONTY, 1975, p. 203). Afirma ainda o autor que a "forma é a própria aparição do mundo e não sua condição de possibilidade, é o nascimento de uma norma" (MERLEAU-PONTY, 1994, p. 95). Ela, enquanto um objeto primitivo da percepção, quando pensado no âmbito da expressão linguística, constitui as significações linguageiras, que são rudimentos para o desenrolar da historicidade do percebido durante a *exploração sensorial*, que nos leva do percebido ao expresso ou produzido pela ciência matemática.

O traço circular desenhado no papel não é um círculo, tal qual descrito pelo geômetra. Porém nele residem as *significações linguareiras* que põem a mostra a presença do círculo como possibilidade; deste fazer-se presente em seus invariantes em ato de percepção, fundam-se a idealização e a expressão do círculo do geômetra. Ao habitar este traço, percebo nele possíveis invariantes que sugerem e sustentam a idealização do círculo.

Na descrição de experiências perceptivas de figuras geométricas vivenciadas por movimento corpóreo combinado à fala ou à produção de desenhos, a noção de forma dada na percepção, chamada por Kluth (1997) de *forma originária*, transforma-se em *forma sentida*, pondo à mostra a qualidade rítmica e a constância dos elementos que a compõem nas transformações que despontam durante a ação realizada.

Segundo Bicudo;Kluth (2010, p. 141), na descrição merleau-pontyana da percepção, "recupera-se a camada originária do sentir sob a condição de coincidir com o ato de percepção em que se vive a unidade do sujeito e a unidade intersensorial do percebido¨, pois a percepção é analisada como um ato de um eu corpóreo na condição/situação de presença de mundo.

Na investigação sobre o que acontece no encontro sujeito-matemática, a *forma sentida* na dimensão da temporalidade mostra um comportamento *rítmico* que proporciona um comportamento de *integração*. Na dimensão da espacialidade, a *forma sentida* mostra um comportamento *criador*, *prazeroso* e *revelador*. Os aspectos temporais e espaciais, quando analisados conjuntamente, nos levam a afirmar que a *fisionomia da forma sentida* tem aspectos rítmicos, criador, prazeroso, revelador, de equilíbrio, métrico e imaginativo.

Um outro aspecto matemático que se mostra presente na experiência da percepção é a percepção da estrutura de *formas simbólicas* como um ato de reconhecimento de valores expressivos e comportamentais inerentes a elas que participam de uma mesma estrutura. Estamos aqui nos referindo aos signos como signo verdadeiro, ou seja, aquele que expõe o "/.../ significado não apenas segundo uma associação empírica, mas enquanto sua relação aos outros signos, é a mesma que a relação do objeto significado por ele aos outros objetos" (MERLEAU-PONTY, 1975, p. 157). O signo verdadeiro carrega a coerência das relações dos elementos de uma linguagem, por exemplo: o sistema de numeração decimal ou os elementos da linguagem musical. Embora os signos das linguagens numérica e musical sejam diferentes, eles coexistem estruturalmente. Uma coexistência que é garantida pelas *significações linguageiras*. Uma coexistência que brota "da cadência e da regularidade, que brota do ritmo e que mostra que o signo carrega a relação dos objetos musicais e dos objetos matemáticos." (KLUTH, 1997, p. 128) No entanto, pelo fato de que a Matemática e a música possam realizar uma ação em conjunto posta na coexistência de suas estruturas, não podemos afirmar que as leis que regem a música sejam as mesmas que as leis que regem a Matemática, pois, para Merleau-Ponty, "a lei só se revela no interior de uma estrutura de fato" (MERLEAU-PONTY, 1975, p. 176) como, por exemplo, na estrutura numérica onde , onde é um número natural. Ou seja, a lei da sucessão numérica dos naturais não traduz a lei de composição musical. Afirma ainda o último autor citado: "De fato e de direito, a lei é um instrumento de conhecimento e a estrutura, um objeto de consciência." (Merleau-Ponty, 1975, 181). Podemos afirmar que a lei posta em uma linguagem é uma expressão de uma *significação conceitual* expressa naquela linguagem, um fruto de nossos pensamentos, enquanto a percepção de coexistência de estruturas é um objeto da consciência.

Estamos aqui falando da *forma produzida*, como por exemplo: de formas geométricas, seus arranjos, suas teorias, de números, do sistema de numeração que são expressos em signos como uma expressão que carrega as relações originárias como coisa percebida em ato de percepção.

A vivência de *formas produzidas* em seus cálculos e composição de formas nos levam a firmar que a *fisionomia da forma produzida* tem aspectos como: ser favorável a abdução, de desafio e imaginação cinética. Ela habita a *forma sentida* e a *forma percebida* como possibilidade.

Vale salientar que a forma numérica produzida - o número "/.../ nunca é um conceito puro /.../ é uma estrutura de consciência que comporta o mais e o menos." (MERLEAU-PONTY, 1994, p. 187) O autor ainda acrescenta que aquilo que é chamado de número puro é um prolongamento por recorrência do movimento da percepção.

> O número, como uma estrutura de consciência que comporta as operações de adição e subtração, pressupõe um sujeito, que é um corpo próprio e que sabe ¨olhar, e que atribui um passado ao presente e orienta o presente para o futuro formando uma conexão viva, com movimento e com ritmo. Os números sugerem uma fisionomia rítmica. (KLUTH, 1997, p. 145)

A expressão numérica posta nos signos da linguagem matemática – os sistemas de numerações, na perspectiva da experiência da percepção, comporta a natureza do número como uma estrutura de consciência, portadora de *significações linguageiras* e conceituais que dão sentido aos números, não por uma associação empírica, como por exemplo, aquelas contextualizações que não expõem coexistências estruturais do contexto abordado e os números, e que fazem uso da linguagem e de suas possibilidades operacionais de forma inautêntica e arquitetada por um elemento externo, mas porque o signo "/.../ carrega a coerência das relações daquilo que apresenta e é nele que as estruturas conceituais e linguísticas se fazem presentes para os sujeitos, aqui pensados como seres capazes de atos que fazem do signo sinais de plena significação." (BARRETO; KLUTH, 2013, p. 132).

Em decorrência disto, o sistema de numeração decimal como *fala falante* tem uma relação isomorfa ao sistema conceitual numérico, por apresentar o número e suas relações em suas *significações linguageiras e conceituais.*

Ele expressa o número em uma totalidade que é histórica e que é vivenciada, "mas que se abre aos horizontes numéricos ainda por serem conquistados." (BARRETO; KLUTH, 2015, p. 183).

O algoritmo de uma operação numérica é um apogeu da compreensão e do conhecimento numérico. Ele é o fruto de um "olhar" posterior sobre o conhecimento numérico que revela invariantes estruturais do próprio sistema. Em decorrência dessa compreensão, Barreto; Kluth (2015) alertam que o algoritmo de uma operação não deveria ser o fio condutor no processo de aprendizado dos números.

Considerações finais

O construir do conhecimento matemático sob o foco da experiência da percepção descrita por Merleau-Ponty desvela a Matemática enquanto ciência de mundo encarnada no sentido de que tudo que dela se sabe é de alguma forma engendrada pelo e no corpo próprio ao se estar na presença de mundo. Um construir que abarca o momento originário de construção, o âmbito do subjetivo, o âmbito do intersubjetivo, ao poder ser retomada por outros sujeitos mediados pela expressão e o âmbito do objetivo impregnado de certa maneira pelas significações primeiras advindas das palavras e signos ou mesmo antes, como a noção de formas adormecidas na linguagem matemática, e pelas significações conceituais ou de pensamentos instituídos.

Dessa forma, o construir do conhecimento matemático com sentido e significado constitui-se de sínteses de transição elaboradas nos âmbitos do indivíduo e do coletivo, tendo todas elas como pano de fundo o mundo da percepção.

Na análise fenomenológica, o foco está não no resultado científico matemático, mas sim no movimento que o constituiu desde o momento onde o mundo se faz presente ao sujeito e a todos os outros momentos de sua construção, constituindo a historicidade do modo científico matemático de perceber, sentir e conhecer o mundo.

A Fenomenologia merleau-pontyana foca a origem de possibilidades, o mundo vivido, onde os perfis originários da Matemática, prenhes de sentido de mundo, se fazem presentes no ato da percepção, que ao serem elaborados na *exploração sensorial* em seu poder de expressão abrem caminhos de compreensão e sustentam a Matemática hoje conhecida.

Os perfis, originários ou elaborados com autoctonia ao objeto de percepção, são um sentido de mundo, antes da atribuição de significado pelo sujeito ou pelo grupo de cientistas, antes da nomeação, mesmo que, para comunicá-los, estejamos dependentes de palavras, signos como gestos verbais e da articulação dos mesmos para expressar o vivido enquanto percebido, intuído, expresso, pensado e transmitido.

A Matemática compreendida na trama que contempla suas características epistemológicas, e as existenciais e corpóreas do ser humano na abordagem merleau-pontyana mostra-se como uma fagulha na elaboração de uma *pedagogia fenomenológica da Matemática*, pois sem dúvida seus perfis originários também estão presentes no nosso cotidiano e podem ser resgatados nos processos de ensino e aprendizagem da Matemática, quando se tem em mente uma educação matemática focada no pensar matemático, no como a Matemática coexiste estruturalmente com o mundo e no desenvolvimento de indivíduos que se formam, humanizando-se ao se perceberem sendo coautores do legado matemático construído culturalmente em momentos de escuta e fala do outro sobre Matemática em genuíno ato de comunicação.

Referências Bibliográficas

BARRETO, Maria de Fátima Teixeira; KLUTH, Verilda Speridião. O número: compreensões no mundo-vida. In: Maia de Fátima Teixeira Barreto; Carlos Caedoso Silva (Orgs). Goiânia: Canone. **Fenomenologia Escola e Conhecimento**. 2013. p. 125-144.

BARRETO, Maria de Fátima Teixeira; TEIXEIRA, Ricardo Antonio Gonçalvez; KLUTH, Verilda Speridião. *Sistema de numeração decimal e operações em perfis*. In: Carlos Cardoso Silva; Sandra Valéria Limonta Rosa (orgs). **Anos iniciais do ensino fundamental - política, Gestão, Formação de Professores e Ensino.** Campinas: Mercado das letras, 2015. p. 259-303.

BICUDO, Maria Aparecida Viggiani; KLUTH, Verilda Speridião. Geometria e Fenomenologia. In: Maria Aparecida Viggiani Bicudo (0rg.). **Filosofia da Educação Matemática - fenomenologia, concepção, possibilidades didático-pedagógicas**. São Paulo: unesp, 2010. p. 131- 147.

D´ANGELO. Diego. **Zeichenhorizonte. semiotische Structuren in husserls Phänomenologie der Wahrnehmung**. Inaugural-Dissertacion ur Erlangung der Doktorwürde der Philosophischen Fakultätder Albert-Ludwigs-Universität. Friburg i. Br. (WS 2014-2015)

Ideeen zu einer reinen Phänomenologie und phänomenologischen Philosophie. Max Niemeyer Verlag Tübingen. 1980

HUSSERL, Edmund. **Investigações Lógicas - Segundo volume, parte I.** Trad. Pedro M. S. Alves; Carlos Aurélio Morujão. Rio de Janeiro: Gen/Forense. 2012.

KLUTH, Verilda Speridião. **O que acontece no encontro sujeito-matemática?** 1997. Dissertação (Mestrado em Educação Matemática) - Instituto de Geociências e Ciências Exatas, Universiadde Estadual Paulista, Rio Claro, 1997.

MERLEAU-PONTY, Maurice. **A estrutura do Comportamento**. Trad. José de Anchieta Corrêa. Belo Horizonte: interlivros. 1975.

MERLEAU-PONTY, Maurice. **Fenomenologia da Percepção**. Trad. Carlos Alberto Ribeiro de Moura. São Paulo: Martins Fontes. 1994

MÜLLER, Marcos José. **Merleau-Ponty - acerca da expressão**. Porto Alegre: EDIPUCRS. 2001.

Discutindo a Geometria segundo uma visão fenomenológica e indicando contribuições possíveis para o trabalho pedagógico

Marli Regina dos Santos
Rosemeire de Fatima Batistela

Ao buscar compreender a Geometria, questões se colocam previamente à essa tentativa de compreensão: Quais são os seus objetos? Como os conhecemos? Quais são as suas aplicações no âmbito da Matemática, como ciência da civilização ocidental ou no cotidiano? Qual o papel da experiência, da tradição e da linguagem na sua produção? Ao abordarmos essas questões podemos ser conduzidos por diferentes concepções e posturas diante desse conhecimento e de sua história e dos protagonistas dessa construção – as culturas e suas práticas de medição, os matemáticos consagrados em livros de história, aquelas pessoas que buscam compreender ou ensinar a Geometria.

Nesse sentido, adentramos pelas diferentes formas de se olhar, compreender e interpretar esse conhecimento, seja considerando sua constituição para um sujeito do conhecimento ou sua produção no âmbito de uma determinada civilização, o que nos leva em direção a aspectos humanos, históricos, ontológicos e epistemológicos envolvidos.

Em um aspecto mais amplo, a concepção de Matemática ainda muito presente no senso comum é a de que ela é um corpo de conhecimento pronto e inequívoco. A ideologia da certeza Matemática e de sua validade universal revela-se enfaticamente nas atividades cotidianas, na escola e em outros ambientes de ensino, e, de certa forma, é corroborada por aqueles que se envolvem com tal conhecimento. Skovsmose (2007), ao discorrer sobre suas experiências no âmbito da Educação Matemática, destaca a função de estratificação derivada da Matemática, que separa os estudantes entre aqueles que têm acesso a ela e os que não têm. A exatidão da Matemática representa um elemento dogmático que de certa forma é alimentado por algumas modalidades de educação (SKOVSMOSE, 2007, p. 81), podendo levar à ausência de perspectiva global sobre o processo de sua aprendizagem.

Um breve olhar para a História da Matemática nos revela que a certeza Matemática não é tão implacável assim. Os caminhos percorridos no processo de produção desse conhecimento vão se organizando de forma a dar destaque para algumas construções em detrimentos de outras: a estrutura que apresenta certo sucesso em seus procedimentos e produtos acaba por, paulatinamente, estabelecer-se. Por exemplo, a matemática árabe e seu sistema de numeração, pela sua aplicabilidade e avanços permitidos, sustentaram-se em relação ao próprio sistema de numeração grego. Mas isso não aconteceu sem tensionamentos, havendo uma resistência da cultura europeia (STRUIK, 1997). Esse processo, portanto, inclui contribuições, interesses e motivações (de várias ordens), de tal modo que só é possível compreender sua complexidade ao voltar-nos para a sua história.

Também a Geometria grega e sua sistematização em um modelo axiomático dedutivo se estabeleceram como um exemplo a ser seguido por todas as Ciências, seja pelo seu rigor e formalismo, seja pelas consequências possibilitadas em termos de inferências lógicas (DA SILVA, 2004).

Na outra mão do processo de estabelecimento de determinados conhecimentos, podemos refletir sobre a importância daqueles que foram colocados "de lado" em detrimento de outros, visto que, mesmo os que não se mantiveram, tiveram aplicações e trouxeram contribuições para o avanço da Ciência e da sociedade em geral (DA SILVA, 2007). Poderíamos nos perguntar por que a Matemática ou o modo de matematizar de uma determinada cultura indígena não se sustentou em uma sociedade "europeizada". Apesar de ser suficiente para tal cultura, o conhecimento produzido por ela não transpõe seus limites culturais e, assim, mesmo sendo útil para o grupo específico, ele não é assumido pelo outro – pela civilização ocidental, neste caso. Muitas vezes, conhecimentos podem inclusive vir a se extinguir em detrimento de outros.

A análise dessa questão é complexa e não a temos como foco neste texto, mas é importante destacar que não se trata de considerar os conhecimentos de diferentes grupos como passíveis de serem epistemologicamente hierarquizáveis. Eles estão sempre em relação com as necessidades sentidas e evidenciadas pelo próprio grupo, sua dinâmica cultural e o contexto histórico considerado. Há também razões políticas e relações de poder envolvidas que influenciam no processo de socialização e legitimação de certos conhecimentos, em detrimento de outros. Certos empreendimentos são "retirados" do processo, relativamente a outros, levando-se em conta contextos históricos, políticos, sociais e culturais, e aqueles que se sustentam são mantidos e reconfigurados por novas aquisições.

Estabelecem-se formas de ação, meios de produção e produtos deles derivados e quem consegue ter acesso e "dominá-los" ocupa um lugar de destaque. Por exemplo, pensemos em um algoritmo matemático: na medida em que ele auxilia nas ações e pode possibilitar novas produções, vai se fixando como útil e necessário, e aquele sujeito que consegue compreendê-lo e manipulá-lo tem a possibilidade de obter êxito em sua iniciativa, seja ela a de aprender na disciplina, avançar em uma teoria Matemática ou mesmo aplicar tal algoritmo – mesmo que mecanicamente, mas de modo correto – em situações cotidianas, como no comércio, por exemplo.

Isso, de certo modo, fomenta a manutenção da mencionada certeza Matemática (SKOVSMOSE, 2007), que ganha força e se conserva. A partir do momento em que a Matemática e seus produtos se tornam bem-sucedidos (mesmo que apenas no âmbito de um grupo específico, como o de matemáticos), resultados e procedimentos são compartilhados e aceitos sem maiores reflexões sobre como se estabelecem ou como podem ser compreendidos. Em geral, não se dá atenção para o outro lado da história do edifício matemático, quanto às dificuldades enfrentadas, caminhos trilhados, processos envolvidos e obstáculos surgidos ao longo dessa construção e da história que a embala. Nesse sentido, o aspecto formal do conhecimento matemático e as conquistas possibilitadas deixam como "resíduo" a certeza Matemática de uma ciência exata, direcionando para uma concepção que, muitas vezes, acaba confirmando ou (re)afirmando a indisposição de alguns para entendê-la (ou disposição de outros para dominá-la). Conforme entendemos, tal concepção tem reflexos diretos nas ações (e reações) no âmbito dos espaços de ensino.

Quanto às ações pessoais e coletivas de produção do conhecimento matemático, há um afastamento de seu significado ou significação original[35] e, nesse sentido, ele passa a ser aceito como certo, não sendo questionado, apenas acolhido e repetido (HUSSERL, 2012). Há, portanto, conforme Husserl, uma transformação da Matemática em uma arte, "uma mera arte de, por meio de uma técnica calculatória segundo regras técnicas, obter resultados cujo efetivo sentido de verdade só é alcançável num pensar objetivamente intelectivo" (HUSSERL, 2012, p. 36). Destacam-se, assim, os modos de pensar e aquelas evidências indispensáveis à técnica, colocando para fora de circuito o pensar *originário* que confere sentido aos procedimentos (HUSSERL, 2012, p. 37).

Ainda que as preocupações de Husserl não tenham se voltado para os aspectos pedagógicos da matemática, ou particularmente da geometria, buscaremos aqui destacar algumas indagações e reflexões trazidas por ele quanto ao conhecimento geométrico (em especial), evidenciando sua dimensão existencial e seus desdobramentos. Com isso buscaremos direcionar a discussão no âmbito do ensino do tema, considerando que analisar diferentes modos de se conceber, ontológica e epistemologicamente, esse conhecimento e seus objetos nos leva a reflexões mais amplas quanto às consequentes ações que determinadas posturas frente à Matemática remetem, dentro ou fora de sala de aula.

Organizamos este texto em dois momentos. No primeiro, dialogamos com ideias centrais ao pensamento de Husserl quanto ao conhecimento geométrico e seus modos de doação. Após, tecemos considerações quanto às possíveis contribuições dessa discussão para o trabalho pedagógico no ensino e aprendizagem da Geometria.

Um olhar fenomenológico para o conhecimento geométrico

Focando nas concepções de Platão e de Aristóteles, revelam-se duas formas distintas, e porque não dizer divergentes, de se compreender o conhecimento matemático, seus objetos e a forma como podem ser compreendidos. Segundo Da Silva (2004), para Platão a Matemática tem existência independente do

35 Neste texto, o termo origem e seus derivados, como original, referem-se aos "processos mentais" (que Husserl também chamará de intencionais 'transcendentais") pelos quais certos objetos – ou, mais geralmente, certas 'objetualidades', isto é, quaisquer coisas sobre as quais podemos enunciar juízos verdadeiros – se apresentam à consciência com o sentido de existência que têm (DA SILVA, 2010, p. 50).

mundo real, sendo que este apenas apresenta um reflexo imperfeito de entidades perfeitas, as entidades Matemáticas. É como se existisse um reino ideal onde a Matemática reina absoluta e tudo o que fazemos é descobrir como ter acesso a ela. Já para Aristóteles, o conhecimento matemático está assentado, ou tem suas origens, no mundo empírico e só é possível na medida em que o ser humano, no seu cotidiano e diante de suas necessidades, ações e invenções, abstrai determinadas características do objeto dado na realidade empírica.

Da Silva (2004) aponta os questionamentos que tais posturas suscitam:

> O calcanhar de Aquiles das filosofias realistas é o problema do acesso: como percebemos, com a razão apenas, o mundo matemático, sem o concurso dos sentidos? O empirismo, por seu lado, tropeça na questão epistemológica: se os juízos matemáticos são afinal juízos sobre o mundo empírico, ainda que considerado por um aspecto particular, por que eles não estão sujeitos quanto à justificação – como de fato não estão – ao testemunho dos sentidos? (DA SILVA, p. 01)

Em outra perspectiva, e buscando entender sua constituição para o sujeito, Husserl, ao se voltar para o conhecimento matemático, aponta uma problemática propulsora para suas reflexões: qual o modo pelo qual a subjetividade de um sujeito conhece e produz conhecimentos concernentes aos objetos matemáticos, do ponto de vista de sua objetividade? Ele destaca a Geometria em seu desenvolvimento "vivo", como ciência de "idealidades puras", tal como existe (ainda) para nós e em permanente aplicação prática no mundo da experiência sensível. Isso se dá "de tal modo que o intercâmbio entre teoria apriorística e empiria nos é tão familiar que estamos habitualmente inclinados a não distinguir o espaço e as figuras espaciais de que a Geometria fala, do espaço e das figuras do espaço na efetividade da experiência, como se elas fossem o mesmo." (HUSSERL, 2012, p. 17).

Para o filósofo, o conhecimento tem caráter subjetivo e pessoal e também objetivo e universal, na medida em que seus fundamentos revelam ações individuais e uma estrutura basilar cujo sentido ultrapassa as contingências e as particularidades da experiência singular. Mas este ultrapassar não se refere a algo supramundano – como em Platão –, já que uma objetividade sempre é constituída, ou tem sua origem, nas dimensões da subjetividade e vai se produzindo e se mantendo nas dimensões da intersubjetividade.

Em A Origem da Geometria, Husserl (1970) traz reflexões sobre esse aspecto do conhecimento, explicitando como as ideias geométricas, que se dão em atividades subjetivas e intersubjetivas, na comunidade matemática ou fora dela, vão se amalgamando de modo que as interconexões e formações vão se estabelecendo, fazendo com que a Geometria vá se produzindo em sua historicidade, de forma que sua existência se torne objetivamente dada, para "qualquer um que seja".

Nesse intuito, Husserl (1970) persegue a história não factual, para:

> Inquirir retrospectivamente no significado original da Geometria transmitida, que continuou a ser válida com este próprio significado – continuou e, ao mesmo tempo, estava mais desenvolvida, permanecendo simplesmente "Geometria" em todas as suas novas formas.

Ao se voltar para a Geometria em sua historicidade, o autor destaca a tradição e a linguagem enquanto solo estruturante das construções humanas, em uma aquisição total de realizações que, pelo trabalho contínuo de atos humanos (individual, em grupo, na cultura), permitem novas aquisições, em uma síntese contínua que perfaz uma totalidade.

A tradição, no sentido concebido por Husserl, não diz de algo perpétuo, consolidado ou imutável que se mantém "congelado". Ela "traz" e, nesse trazer, se defronta, continuamente, com os inquéritos acerca dos conhecimentos assumidos como relevantes pela cultura e em determinado momento histórico, sendo algo dinâmico que não se prende em seu aspecto efêmero, pois pode ser comunicada pela linguagem.

O autor aponta que na comunicação o sujeito está consciente do *seu outro*, mediante os atos perceptivos e empáticos. Por meio dela, surgem comunidades entre os que podem reciprocamente expressar-se e comunicar-se, dizendo sobre o compreendido a respeito do mundo circunvizinhante. É uma compreensão comum (não idêntica), dada intersubjetivamente, tendo como solo o mundo-da-vida, emaranhando atos perceptivos, empatia, compreensão e linguagem.

As produções humanas são trazidas pela tradição, podendo ser repetidas, por pessoas, grupos, comunidades, e, na cadeia do entendimento destas repetições, o que é evidente surge como "igual": a estrutura comum, repetidamente produzida, constitui-se um objeto para a consciência, mantendo-se na mobilidade da tradição pela evidência de sua estrutura invariante. A produção original, isto é, a evidência que ocorre na esfera subjetiva no seio de um espaço intersubjetivo e o produto que dela deriva podem ser intencionalmente reativados por outros. Em suas propriedades e relações, as objetualidades matemáticas se mostram enquanto idealidades que se também se constituem por meio delas.

Assim, o conhecimento geométrico que se origina da articulação entre as vivências das ideias geométricas – comunalizado pelos cossujeitos que buscam expressar sua compreensão ao outro, aguardando confirmação ou outra manifestação quanto ao exposto, em um movimento de retomada dessas compreensões – se mostra em sua possibilidade de ser novamente experienciado, pela mesma consciência intencional e pelos outros cossujeitos ou subjetividades, que vivem ou não na mesma época e cultura, mas que podem voltar-se intencionalmente para o conhecimento co-partilhado. A compreensão, nesse sentido, mostra-se inteligível para além de um grupo e da temporalidade na qual se encontra, avançando na direção de sua objetivação cultural e científica.

Assim, a Geometria é estudada por Husserl em sua gênese histórica, como um processo de idealização e estratificação cultural (ALES BELLO, 2022, p. 95). Nesse sentido, destacam-se suas especificidades no campo das ciências matemáticas, já que a determinação do espaço e da tridimensionalidade, enquanto um "fato empírico", remonta às modificações cinestésicas nas quais a corporalidade é o ponto de referência, ou ponto zero (ALES BELLO, 2022, p. 102). Para Husserl, os processos de idealização, formalização e categorização, que ele busca elucidar em seus escritos, sustentam a ciência Geometria e se emaranham em sua gênese, ou origem. Buscaremos tangenciá-los nesta discussão, mas, inicialmente, nos atentaremos, em sentido fenomenológico, aos modos de objetivação que têm sua base nos atos da consciência, sustentando-se nos processos que deles derivam.

No ato de perceber, o que foi percebido é enlaçado pela intencionalidade e desdobrado em compreensões mediante os atos da consciência. Conforme explica Bicudo (2022), a estrutura da intencionalidade, como exposta nos escritos de Husserl,

> pode ser analisada mediante dois componentes: o objeto como intencionado, ou seja, como o algo para o qual a consciência se dirige, o noema, e o ato consciente que intenciona o objeto, o ato da noesis. O noema pinça o lado do objeto da relação intencional e o noesis destaca o lado do sujeito, intencionando os modos pelos quais ele é dado à consciência. Ou seja, abarca os modos de doação da coisa, doação essa que se dá no ato de perceber, ou seja, na percepção. Esta não é vazia, como se captasse uma ideia imaterial da coisa. É preenchida pelo que vem pelas sensações. (BICUDO, 2022, p. 128).

Tais atos se dão nos modos pelos quais nos voltamos para o percebido, ou seja, na intenção dirigida para ele. As modificações da intencionalidade direcionam a atenção que se volta para o focado.

> Costuma-se comparar a atenção a uma luz que ilumina. Aquilo que se nota, no sentido específico, encontra-se num cone de luz mais ou menos iluminado, mas ele também pode recuar para a penumbra ou para a escuridão total. (...) A oscilação da luminosidade não altera aquilo que aparece em sua própria composição de sentido, mas clareza e obscuridade modificam os seus modos de aparecer, elas já se encontram na orientação do olhar para o objeto noemático. (HUSSERL, 2006, p. 2012).

Podemos, por exemplo, voltarmo-nos para o objeto em uma intenção meramente significativa ou numa atitude de retomada e busca por desdobramentos. Na experiência de tatear uma bola, podemos intuir imediatamente a sua forma, e realizar outros atos, tocando a superfície, sentindo sua textura, analisando a simetria da forma, constituindo uma totalidade disto que foi sendo percebido. Ao voltarmo-nos atentivamente para o objeto em questão, realizamos sínteses nas quais aquilo para o qual a intenção se volta é apresentado diretamente. Há um preenchimento de sentido dado na própria intenção no fluxo de vividos[36]. Assim, dizemos que "a coisa" (o objeto em questão) se

36 Modo como se dá a experiência vivida em sua totalidade sintética contínua, em uma convergência ininterrupta de experiências passadas e futuras no presente.

caracteriza pelo seu perspectivismo e pela impossibilidade de ser abarcada em um único ato. E mesmo em infinitos atos isto não seria possível: há sempre a possibilidade de ela ser visada por novas noesis, ou novas perspectivas de visada, na atividade intencional. Mas a ideia do objeto imanente ao ato é trazida com ele de modo global.

No movimento da constituição do conhecimento e, portanto, no da constituição e produção de objetualidades, o ato de intuir é primordial. Podemos destacar dois tipos primordiais de intuição: a sensorial e a essencial. A intuição sensorial é dada na experiência vivida diretamente com as ocorrências individuais, no ato perceptivo. A intuição essencial é o ver claro, ou a evidência, que se dá na abstração intencional (BICUDO, 2010). A abstração fenomenológica diz de uma operação reflexiva mediante a qual os aspectos singulares podem ser reunidos, visando à constituição de um todo de relações convergentes na possibilidade de reunião dos perfis percebidos, nos contextos em que o objeto percebido se dá, explicitando em uma síntese intencional suas características.

Consideremos as seguintes situações nas quais podemos experienciar, em diferentes vivências, a ideia de circularidade, experenciando ou intuindo seu sentido: no ato de analisar um bambolê enquanto um objeto com forma circular; na atenção para o traçado de uma linha mais ou menos circular feita no papel; na expressão dada em uma aula de Geometria Analítica na qual atentamos para a possibilidade de uma representação circular em um sistema de coordenadas. Em cada uma delas, ao nos voltarmos para a circularidade, em uma intenção sensível ou intuitiva, abstraímos os aspectos característicos da circularidade percebida e intencionamos o *eidos* dessa circularidade.

Essa intuição se dá em meio aos atos espirituais entrelaçada aos modos de expressão, materializando-se e, com isso, tornam-se objetividades histórico--culturais comunicáveis. A ideia de circularidade, por assim dizer, se *materializa.*

> A matéria era para nós aquele momento do ato objetivante que faz com que o ato represente exatamente este objeto e exatamente desta maneira, isto é, exatamente com tais articulações e formas, com uma referência especial exatamente a estas determinações ou relações. As representações cuja matéria é concordante não só representam em geral o mesmo objeto, mas o visam integralmente como o mesmo, a saber, como determinado de um modo completamente igual. (HUSSERL, 1980, p. 68)

Assim, o objeto ideal (a ideia de circularidade nessas situações), como compreendido fenomenologicamente, não tem o sentido platônico de ser algo extramundano. Uma ideia é uma unidade de sentido visada intencionalmente por uma subjetividade e que se doa em suas possibilidades diante da intencionalidade do olhar que a visa e que, mediante atos de comunicação, em que a linguagem e a empatia são estruturantes, se objetualiza. A idealidade não é produzida por um determinado sujeito e mantida em sua subjetividade e nem se torna uma entidade abstrata e vazia, ou seja, ela não se encontra presa na realidade empírica de uma (ou mesmo várias) vivências. Ela emerge nos atos subjetivos de um sujeito, corpo-próprio ou corpo-vivo, que vive no mundo-da-vida junto a outros sujeitos, em uma comunidade, solo em que as compreensões são expressas e se fazem compreendidas ou são interpretadas, aceitas em sua propriedade e aplicabilidade, transcendendo, portanto, a esfera subjetiva dos atos cognitivos e espirituais que a constituem, lançando-se em modos de ser objetivos.

As idealidades matemáticas, no sentido fenomenológico, não se dão meramente no âmbito das ideias e de suas relações com as vivências. Elas se fazem *com* as ideias, – ou seja, as essências – juntamente com a linguagem estruturante, tanto em termos da gramática da lógica quanto da linguagem comunicante falada entre pessoas, na dimensão da intersubjetividade, podendo, então, manterem-se objetivas, no âmbito do conhecimento natural do mundo. Conforme Bicudo (2013, p. 09) sua objetualidade, posta e trabalhada na dimensão do conhecimento da ciência matemática, "fica à disposição, na região de inquérito da Matemática, para ser aplicado, ensinado, desenvolvido, estudado. Muitas vezes é tomado como próprio à Matemática, vista como objetividade natural e na exatidão que lhe é característica."

Nos atos de compreensão subjetiva que visam o objeto (atos noéticos) explicitam-se aspectos objetivos no complexo de modos de doação (noemas). Nas vivências, a coisa se dá em sua transcendência inesgotável, mas também em sua imanência que a torna única para a consciência.

Voltando-nos às situações acima, pode-se intuir na multiplicidade de vivências a unidade da ideia de circularidade, que não se esgota nem se dissipa em um único ato. Em todas as situações há sínteses que direcionam para a ideia de circularidade e esse objeto ideal se mostra no modo de doação à consciência em sua unidade de sentido noemática.

> As ideias e os objetos ideais se dão à consciência como unidades idênticas frente à infinita multiplicidade de vivências intencionais possíveis que os visam. Eles podem ser objetos para um infinito número de atos simultâneos ou em tempos distintos, atos de um mesmo sujeito empírico ou de sujeitos empíricos distintos, e conservar, em todos os atos possíveis, o mesmo *sentido ou significação*, a mesma essência de inteligibilidade intrínseca, congruente e unitária. (SOARES, 2008, p. 65)

Este "mesmo *sentido ou significação*" não diz de algo idêntico ou igual em si mesmo, mas de atos que suscitam sentidos e significados que indicam estilos de percepções e de visadas perspectivais de um fenômeno que se mostra mediante padrões do que se repete e que, em atos intencionais, constituem uma totalidade convergente para tal sentido.

Também poderíamos, nas diferentes vivências da circularidade apresentadas, focar nossa atentividade para outros aspectos daquelas vivências e, então, outras idealidades seriam colocadas em destaque – a brincadeira com o bambolê, o colorido do traçado, a igualdade da equação etc. Poderíamos também avançar em termos de desencadeamentos de raciocínios, julgamentos e deduções, no estabelecimento de relações, as quais podem solicitar a compreensão de outros aspectos. Por exemplo, se, na vivência da forma circular, a consciência intencional se direcionasse para o "tamanho" da forma, constatando relações, expressando o compreendido e afirmando, por exemplo, que a área do círculo é aproximadamente três vezes o quadrado do seu raio, tal afirmação expressa um julgamento no qual outros elementos são solicitados para que se compreenda o afirmado. Há uma significação diferente daquela que foca cada ideia, individualmente, em sua unidade dada nas vivências intencionais, já que ela carrega a ideia de círculo, de raio e de comparação, em um emaranhado complexo no qual o afirmado vai além dos termos que o compõem, uma vez que também traz um juízo sobre eles, avançando em aferições e checagens possíveis.

O afirmado pelo sujeito traz as perspectivas do olhar intencional que intui, predica e expressa tal afirmação, mas solicita ainda que diferentes sujeitos possam analisar e intuir sobre o afirmado, confirmando, discordando ou reelaborando o expresso, trazendo contribuições para o que foi explicitado.

Requer também a possibilidade de o mesmo sujeito, em diferentes momentos e localizações, poder retomar novamente suas constatações.

Trata-se portando de um movimento que abarca a consciência subjetiva e o solo intersubjetivo, na direção da constituição das idealidades geométricas. Conforme esclarece Bicudo (2010, p. 38), a idealidade "é constituída na intencionalidade da subjetividade transcendental, no solo em que as experiências ocorrem e fazem sentido, tanto para o sujeito como para a comunidade de cosujeitos". Essa constituição solicita a abstração essencial que revela uma totalidade de sentidos percebidos, lançando as ideias para outra dimensão e retendo-as, mediante os modos de expressar essa intuição e de encadear logicamente conexões de juízos. Conserva-se em termos de estabilidade significativa, porém doando-se em sua mobilidade essencial, para qualquer um que seja. Solicita uma materialidade não fixa que assegure sua existência objetiva, em um movimento que deslancha na direção da constituição e produção das objetividades, ou de objetualidades como diz Da Silva (2010, p. 50).

Podemos entender que a objetividade

> (...) é constituída na dialética subjetividade/intersubjetividade, cujo movimento se dá no solo do mundo-vida, que é histórico, cultural e baseado, primordialmente, na comunicação entre cosujeitos, sustentada pela estrutura lingüística. Sendo uma objetividade constituída, dá-se à interpretação daqueles que a focalizam intencionalmente, na busca do sentido. É uma objetividade que se estrutura sobre compreensões e interpretações históricas e culturais e que se mantém na linguagem e é veiculada pela tradição. (BICUDO, 2010, p. 38)

A linguagem é trazida e reconfigurada pela tradição, possibilitando abertura de compreensões, interpretações, trocas e novas constituições e complementações, na qual a intuição clara pode se dar para aquele que expressa o pensado ou para aquele que intencionalmente está dirigido ao que o outro comunica (como numa aula de Geometria, por exemplo). Assim, a linguagem tem a *dupla tarefa* de possibilitar a manifestação da expressão, e trazer consigo camadas de sentido (dadas pela tradição) que possibilitem que as significações ocorram. Traz, portanto, a possibilidade de desdobramentos na direção da constituição de núcleos noemáticos.

O mundo linguístico dado, histórica e culturalmente posto, coloca-nos diante às palavras que aí estão e vão preenchendo-se de sentidos. Mas as palavras não estão soltas à busca desse sentido, pois elas mesmas já foram expressas para darem conta disso que foi fazendo sentido para alguém ao serem pronunciadas. O expresso, por sua vez, é passível de ser nova e novamente reativado (por cossujeitos ou pelo mesmo indivíduo), ainda que possa adentrar por outros sentidos, convergindo para novas significações.

> Diz-se, aqui, da linguagem que não se reduz ao seu ser gramatical, mas que se estrutura como um campo semântico e, se vivida, não serve como registro final do objeto, mas como um reabrir perceptivo (...) há um mundo lingüístico aberto, cujos significados e significantes têm uma história. Não *usamos* simplesmente de uma linguagem, habitamo-la, o que quer dizer que, a cada uso, revivemos sua história desde os sentidos primeiros que permitiram seus significados. (DETONI, 2001)

Focando a Matemática como um corpo de conhecimentos, a linguagem que estrutura e mantém a produção desse conhecimento transcende os aspectos da comunicação que expressa sentidos e significados, possibilitando o *pensar junto* entre cossujeitos. Essa produção é organizada segundo uma lógica que revela sua própria organização, aquela de deduções e de aplicabilidades possíveis, e requer uma linguagem que se valha de símbolos e signos tão exatos quanto possível, para que não tragam uma polissemia de significados que inviabilize as compreensões. Deve possibilitar que se trate ou opere com seus objetos de modo sistemático, evidenciando propriedades, possibilitando inferências e deduções. Esse movimento diz da formalização do conhecimento matemático que se constitui na intenção dos cossujeitos em expressar o que é essencial à sua *forma*, possibilitando compreensões e interpretações no solo das experiências matemáticas, em uma linguagem característica que se mostra apropriada para dizer do compreendido dentro de sua região de inquérito, na direção de uma estrutura adequada para o estudo desse domínio (DA SILVA, 2010).

No âmbito da Geometria, sua axiomatização explicita aspectos de uma linguagem particular e de procedimentos próprios, motivadores para fazer deslanchar o pensamento matemático e as teorias matemáticas, configurando-se como o caráter próprio do fazer matemático. Opera-se com objetos geométricos, abstraindo-os do cotidiano, atentando apenas aos objetos em sua idealidade, sistematizando relações e consequências que se mostrem passíveis de serem justificadas a partir das afirmações anteriores, valendo-se de regras sintáticas gerais do discurso científico. Assim, o conhecimento geométrico prático acumulado por diversos povos deslancha na direção de uma ciência dedutiva, sitematizada e baseada em definições e axiomas em um encadeamento estruturado das ideias e conceitos (BICUDO, 1998).

A formalização da Geometria se dá por meio de um sistema sintático pelo qual operamos seus objetos, ainda que não fazendo referência a nenhum objeto particular, mas de modo que todos aqueles que comungam de uma estrutura comum possam vir a preencher de sentido o afirmado.

> Essa é uma lógica analítica fundada sobre a possibilidade formal, excluindo de seus encadeamentos qualquer aspecto material. (...) o encadeamento da argumentação dedutiva se configura no interior do pensamento simbólico que deixa os termos indeterminados, à espera de possíveis preenchimentos. (BICUDO, 2012, p. 77)

A construção do conhecimento geométrico também aponta para a categorização da Geometria, indicando a constituição de uma região ontológica, que se dá na medida em que compreensões das características de modos de ser e conhecer seus objetos são articuladas. O movimento de categorização trabalha com as idealidades já articuladas na dimensão da formalização, reunindo-as, agora, em todos que dizem dos atos e realidades daquelas idealidades. Assim, de acordo com Bicudo (2010), a categoria indica diferentes regiões como a matéria que diz dos objetos em sua concretude, a região formal que diz de todo objeto, qualquer que seja, e assim por diante. As regiões indicadas pelas categorias podem se apresentar como um pequeno patrimônio de "verdades", sutentadas e comunalizadas.

Ultrapassando os limites temporais da linguagem falada, a expressão linguística escrita documentada tem a função de tornar as comunicações possíveis, sem interlocutores pré-definidos, possibilitando a *existência persistente* dos *objetos ideais* até, inclusive, quando o inventor e seus companheiros não estiverem presentes ou já não estiverem vivos, e mesmo quando a cultura na qual habitam já não mais existir. Por meio dela se dá o continuar-a-ser da objetividade – mantendo-se ainda que modificando-se –, mesmo que possa não haver uma consciência intencionalmente atenta à sua evidência.

A Geometria é um conhecimento formal estruturado que tem sua origem assentada nas práticas do mundo-da-vida, sendo esse o *solo* em que a cultura, seus sujeitos e as idealizações se assentam. Ela é gerada e alimentada pela "comunidade geometrizadora" (composta não somente por matemáticos, mas por todos aqueles que se voltam para a Geometria, pensando-a formalmente, aplicando-a em uma praticidade experimental ou em seu fazer cotidiano, no âmbito de uma comunidade, onde geometrizam seu entorno sem preocupações com o aspecto formal da ciência) e insere-se com seu sentido em constante (re)constituição no espaço intersubjetivo dessa comunidade, possibilitado pela objetividade que lhe é própria, formando uma totalidade não estática, na qual novas camadas de sentido a ela se sobrepõem. Essas novas aquisições conferem a grandeza desse edifício mutante e ao mesmo tempo singular.

Compartilhando desse mundo-da-vida, colocamo-nos intencionalmente, na perspectiva pela qual ou da qual olhamos, buscando dar conta do que vemos e compreendemos, nesse caso, as ideias geométricas. Esse *buscar dar-nos conta de* demanda atos que possibilitem a evidência de um conceito geométrico. A Geometria, por assim dizer, se reanima na vivência subjetiva realizada por um sujeito individual, em sua possibilidade de reativação, ao estar com seus cossujeitos contextualizado em um solo histórico e cultural. A intuição do sentido nos dá uma primeira abertura para essa possibilidade. Buscamos conhecer, dirigindo-nos ao objeto e visando-o em diferentes perspectivas, mesmo que saibamos da impossibilidade de abarcá-lo por todas as perspectivas possíveis. Mas na intuição pode ocorrer o ver claro, tornando evidente o que o intencionado é.

Assim, a intuição perceptiva nos coloca *em presença* do objeto meramente intencionado não em seu preenchimento total, pois cada preenchimento nos é dado numa intenção, cada uma delas aberta ao horizonte do mundo-da-vida, dada em certa situação e em determinado instante. Mas cada nova camada de sentido pode abrir novas compreensões, sobrepondo-se a esse preenchimento, porém não de modo justaposto, ou acrescentado ao anteriormente compreendido, mas em um todo coeso e fluido, no movimento pelo qual se tece uma rede que entrelaça novos sentidos àqueles percebidos em outras situações.

Ao mesmo tempo em que a linguagem escrita se abre em sua possibilidade de reativação da evidência geométrica, pode também colocar-nos como vítimas de uma reprodução dada de modo passivo, sem que a intencionalidade se volte para a compreensão de sua evidência. Husserl (1970) destaca a diferença entre compreender passivamente uma expressão e torná-la evidente por reativar o seu significado. Mostra que a significação dada passivamente ocorre de modo semelhante a qualquer outra atividade que caiu na obscuridade: muitas vezes ela é despertada associativamente. O que é tomado apenas de modo passivo revela uma significação compreendida e controlada mecanicamente, na qual ideias são reunidas e se fundem associativamente, em um somatório de resultados sobrepostos.

Como enfatiza Ales Belo (2022, p. 113), a evidência geométrica original refere-se à passagem da perspectiva categorial para a pré-categorial que possa iluminar as sedimentações históricas que se constituem na jornada da objetivação cultural e científica.

Direcionamentos para uma pedagogia fenomenológica no ensino de Geometria

Voltando nosso olhar para a sala de aula, vemos que a Geometria, enquanto uma construção humana, foi se estabelecendo nos currículos escolares por meio da tradição e seus conteúdos foram sendo definidos de acordo com o que se considerou importante em determinado momento histórico. Entretanto, a preocupação com a reativação original do significado das ideias geométricas, bem como com a relevância quanto ao que é ensinado, muitas vezes não foi (ou não é) tida como central às atividades de ensino e aprendizagem. O comum ao ensino da Geometria, em nossa sociedade, é destacar certos conteúdos – considerados como previamente necessários para a compreensão de outro conteúdo que, de acordo com a concepção de Ciência que se organiza em uma cadeia lógica, vem depois do anterior nessa cadeia – e trabalhar com os conceitos e sentenças já prontos, em um modo rigorosamente metódico, por meio de associações reguladas, por meio de fórmulas e algoritmos que legitimam a pretensa validade geométrica.

O reativar uma evidência geométrica não se refere à aplicabilidade das ideias, nem à valorização do seu caráter axiomático, mas à busca da evidência da ideia geométrica e das ideias amalgamadas aos conceitos envolvidos.

Existimos na unidade de uma responsabilidade comum: o interesse de compreender, articular e projetar nas possibilidades do horizonte do mundo-da-vida. Em sala de aula, se torna importante explicar, na atividade que articula o que foi apresentado (na sentença geométrica de um livro didático, por exemplo), os significados do afirmado, trazendo, assim, a sua validade à realização do sujeito da aprendizagem, na direção do significado construído por meio de uma produção ativa. A estrutura que assim surge está sustentada na sua possibilidade de ser originalmente produzida e, desse modo, a realização bem-sucedida desse processo, revela-se para o sujeito que age na evidência disto que foi tematizado em sala de aula e realizado por ele junto aos cossujeitos.

A Geometria, como produto da atividade humana veiculado pela tradição e mantido pela linguagem, articula-se em constantes modificações frente às novas produções que dela derivam. O mesmo podemos dizer sobre o seu ensino: novos conteúdos são estabelecidos, livros se adaptam visando melhorias e influenciando outras modificações no currículo, recursos didáticos diferenciados surgem, como os que envolvem a Geometria Dinâmica.

Dessa forma, quando focamos o ensino de Geometria também se destacam os alunos, conteúdo ensinado, disponibilidade dos envolvidos, atividades didáticas, contexto cultural e histórico da escola, recursos disponíveis, espaços passíveis de serem explorados etc.

Ao interrogar a construção do conhecimento geométrico nas aulas de Geometria, é preciso considerar a importância de se abordar o seu ensino estruturado e explicitar maneiras de trabalhar-se com ele, reativando a intuição *original*, considerando o contexto no qual a situação de ensino se dá. É preciso que se questione o grau de formalização desejado para o público a que ele se volta, bem como, as possibilidades para se avançar rumo à evidência geométrica.

Considerando que a Ciência é construída em um movimento dialético, de dúvidas, testagem de hipóteses, expressão de abstrações efetuadas em vivências de sujeitos e cossujeitos contextualizados, justificativas do encadeamento lógico-objetivo no mundo das experiências vividas, de aplicações práticas que também servem para validar, de certo modo, o teorizado que se materializa mediante linguagem escrita, ela traz em seu cerne a possibilidade de reativação de sua evidência original. Assim, é importante que fiquemos atentos para não incorrer no erro de subestimar a possibilidade de abordar-se a Geometria em sala de aula como um corpo de conhecimento estruturado. Não se trata de afirmar que o pensamento Científico, ou o que se expressa de modo axiomatizado, é hierarquicamente mais ou menos importante que outros modos de se produzir conhecimento. Contudo, no contexto teórico em que aparece, ele apresenta um significado específico e, ainda, em termos de atividade humana, é um dos modos pelos quais o pensamento se organiza e aponta desencadeamentos, sendo, portando, passível de se avançar nessa direção em sala de aula. Esse avançar não ocorre no vazio: tem um solo em que as experiências prévias, individuais e culturais, acontecem em sintonia com a intencionalidade presentificada nos interesses, motivações e modos pelos quais os indivíduos se inserem em uma comunidade.

Referências

ALES BELLO, A. **Husserl e as Ciências**. Livraria da Física, 2022.

BICUDO, M. A. V. A constituição do objeto pelo sujeito. In TOURINHO, C. D. C. (Org.) **Temas em Fenomenologia**. Rio de Janeiro: Booklink, 2012.

______ (Org.). **Pesquisa Qualitativa segundo a visão fenomenológica**. São Paulo: Cortez, 2011.

______. **Filosofia da Educação Matemática:** fenomenologia, concepções, possibilidades didático-pedagógicas. 1 ed. São Paulo: Editora UNESP, 2010.

______. Filosofia da Educação Matemática: por quê? In **Boletim de Educação Matemática.** Rio Claro, ano 22, n. 32, 2009.

_______. O corpo-vivente: centro de orientação eu-mundo-outro. **MEDICA Review**, 10(2), 2022, p. 119-135.

________. Educação Matemática: um ensaio sobre concepções a sustentarem sua prática pedagógica e produção de conhecimento. In: Flores, C. R.; CASSIANI, S. (Org.). **Um ensaio sobre concepções a sustentarem sua (da educação matemática)**

prática pedagógica e produção de conhecimento. ed. 1, v. 01, Campinas: Mercado das Letras, 2013. p. 17-40.

BICUDO, M. A .V.; KLUTH, V. S. Geometria e Fenomenologia. In: BICUDO, M. A. V. (Org.). **Filosofia da Educação Matemática**: fenomenologia, concepções, possibilidades didático-pedagógicas. 1 ed. São Paulo: Editora UNESP, 2010.

______. Sobre a Origem da Geometria. **Cadernos da Sociedade de Estudos e Pesquisa Qualitativos**, São Paulo, v. 1, n.1, p. 49-72, 1993.

DA SILVA, J. J. Fenomenologia e Matemática. In: BICUDO, M. A. V. (Org.). **Filosofia da Educação Matemática:** fenomenologia, concepções, possibilidades didático-pedagógicas. São Paulo: Editora UNESP, 2010, p. 49-60.

______. **Filosofias da Matemática**. São Paulo: Editora UNESP, 2007.

______. Matemática e fenomenologia. In: **Anais** do II SIPEM. Bauru, 2004. Disponível em acesso em 23/05/2023.

DETONI, A. R. Expressão Gráfica e Conhecimento sobre a percepção espacial. **Revista Escola de Minas**. Ouro Preto, v. 54, n.1, 2001. Disponível em . Acesso em: 23/05/2023.

HUSSERL, E. **A Crise das Ciências Europeias e a Fenomenologia Transcendental:** uma introdução à filosofia fenomenológica. Trad. Diogo Falcão Ferrer. Rio de Janeiro: Forense Universitária, 2012.

______. **Idéias para uma fenomenologia pura e para uma filosofia fenomenológica**. Tradução de Marcio Suzuki. 2. ed. São Paulo: Idéias & Letras, 2006.

______. **Investigações Lógicas. Sexta Investigação**. Tradução de Zeljko Loparic e Andréa M. A. C. Loparic. São Paulo: Abril Cultural, 1980. (Coleção Os Pensadores)

______. The Origen of Geometry. In: ______. **The Crisis of European Sciences and Transcendental Phenomenology**. Evanston: Northwestern Press, 1970.

______. **A origem da geometria**. Tradução de Maria Aparecida Viggiani Bicudo. Disponível em: www.sepq.org.br, acesso 23/05/2023.

KLUTH, V. S. Dos Significados da Interrogação para a Investigação em Educação Matemática. In **Boletim de Educação Matemática**, Rio Claro, ano 14, n. 15, 2001.

______. O conhecimento geométrico: trama de vivências corpóreo-sócio-culturais. In: BICUDO, M. A. V.; BELLUZZO, R. C. B. **Formação humana e educação**. Bauru: Edusc, 2001.

______. Um estudo introdutório sobre a abstração como idealização. In **Anais do III SIPEM**. Águas de Lindóia, III SIPEM, 2006.

SANTOS, M. R. **Pavimentações do plano**: um estudo com professores de Matemática e Arte. Dissertação (Mestrado em Educação Matemática) - Instituto de Geociências e Ciências Exatas, Universidade Estadual Paulista, Rio Claro, 2006.

SKOVSMOSE, O. **Educação Crítica** – Incerteza, Matemática, responsabilidade. São Paulo: Cortez editora, 2007. Parte 2: Matemática em ação.

SOARES, F. P. **A idealidade e a fenomenologia nas investigações lógicas de Husserl**. Dissertação (Mestrado em Filosofia) – Faculdade de Filosofia e Ciências Humana, Universidade Federal de Minas Gerais, Belo Horizonte, 2008.

STRUIK, D. J. **História Concisa das Matemáticas**. Trad. João Cosme S. Guerreiro. Lisboa: Gradativa, 1997.

Fenomenologia das vivências de uma criança ao resolver um problema geométrico de cálculo de área

Tiago Emanuel Klüber

Esse capítulo decorre da minha trajetória acadêmica, estudando fenomenologia desde o ano de 2004, e da visão de conhecimento e conhecimento matemático que venho buscando compreender por quase duas décadas, também em afinidade com o pensamento fenomenológico. É importante destacar que um dos principais temas, que tenho aprofundado, concerne às vivências em sentido fenomenológico (ALES BELLO, 2016) e aqueles pertinentes à crítica fenomenológica à teoria clássica da representação (KLÜBER; TAMBARUSSI; MUTTI, 2022). Em suma, o conhecimento não se origina de representações, sejam de objetos exteriores ao sujeito, sejam de estruturas dadas previamente na mente.

Esses estudos mais recentes, em parceria com o Grupo de Pesquisa Fenomenologia na Educação, Matemática (FEM), coordenado pela professora Maria Aparecida Viggiani Bicudo, da Universidade Estadual Júlio de Mesquita Filho, Unesp, Rio Claro, abriram possibilidades compreensivas acerca de uma Filosofia-Fenomenológica de Educação Matemática, de tal modo que avancei, também, na compreensão sobre o sentido da geometria, em articulação com parte daquilo que já foi produzido e publicado pelo grupo, agregando outros entendimentos sobre o tema (BICUDO; KLUTH, 2010; DETONI, 2012; SANTOS; BATISTELA, 2019; BICUDO, 2020).

Na minha prática de professor de Matemática, desde o ano de 2020, passei a ficar mais atento às manifestações das vivências[37] dos meus estudantes e

37 O sentido assumido de vivência será explicitado na 3ª seção deste texto.

das minhas próprias vivências e produções, em termos matemáticos, visando elucidar aspectos do conhecimento matemático e tomando a fenomenologia como um modo de compreender tanto a produção quanto a constituição do conhecimento matemático, para além da produção da pesquisa em Educação Matemática que desenvolvo e oriento.

Essa atentividade nutrida pelo pensar filosófico-fenomenológico tem foco também na prática de Educação Matemática, nas ações de aprendizagem da matemática, das articulações das vivências com os objetos em questão, aqui compreendidos como fenômenos visados por alguém que o visa. Desse modo, compreendo que os objetos matemáticos são correlatos à sua manifestação, uma vez que só fazem sentido ao fluxo da consciência que é movimento. Assumo, portanto, uma atitude que não é a natural e que coloca entre parênteses isso que se mostra para compreendê-lo.

Nessa atitude, dou destaque a uma situação vivenciada por mim, acompanhando e auxiliando as tarefas da minha filha de 8 anos, que estava no 3º ano do Ensino Fundamental I, no ano de 2022, sobre aquilo que, em princípio, era um mero exercício de casa de cunho geométrico. Ao me deparar com o modo como ela desenvolvia a tarefa, de imediato passei a anotar aspectos que se manifestavam e busquei acompanhar, com o maior rigor possível, as manifestações do seu pensamento e movimentos corporais. Os seus diversos gestos, com ou sem instrumentos como lápis ou régua, a hesitação ao falar, **o pensar-com-corpo-se-expressando**, na contagem e manifestações cinestésicas, deram as indicações das vivências que poderiam estar envolvidas. É nesse sentido que o corpo-próprio, um corpo vivente, abre a possibilidade de a criança pensar o espaço. Assim, interpreto da citação de (ALES BELLO, 2006a, p. 38):

> O momento preliminar é o da corporeidade, proeminal a tudo aquilo que nós fazemos e é, naturalmente, o que nos dá a constituição do ser que nos localiza. O que é estar em um lugar? Em primeiro lugar, está o nosso corpo e daí fazemos referência ao objeto físico e ao espaço. O espaço vivido está na base de todos os conceitos de espaço, mas há também o espaço que a Física considera geometrizado, idealizado.

Sob esse entendimento, foi possível elaborar compreensões acerca de aspectos de vivências que se manifestaram no intervalo temporal em que ela estava realizando a tarefa escolar. Note-se que não é possível observar ou identificar a vivência em si, mas as manifestações que decorrem das vivências e são sempre evocadas nos atos de conhecimento, na sua experiência vivida.

Ressalto, ainda, que esse capítulo não é resultado de uma pesquisa de campo ampla e nem foi desenvolvida a partir de critérios ou protocolos de pesquisa rigorosamente formulados para essa finalidade. É resultado de um pensar inquieto sobre o que se passava, em uma visada de teorização fenomenológica sobre as vivências de uma criança ao resolver um exercício que tinha características de um problema geométrico de cálculo de área.

Mesmo assim, considero que este trabalho é relevante porque o rigor é reflexivo e abrangente ao assumir a fenomenologia como modo atento de me dirigir ao que se mostra da minha experiência vivida, bem como na experiência vivida da minha filha. É igualmente importante destacar que não me deparei com trabalhos semelhantes na área, tomando as vivências como estrutura do sujeito do conhecimento em Educação Matemática, ainda que possam existir. O enfoque aqui dado é tomado como um caso relevante para pensar sobre o tema das vivências na aprendizagem da geometria e também na da matemática. Por isso, pode inspirar novas investigações e dar destaque à fenomenologia como modo de proceder ao se ensinar e aprender matemática, considerando a totalidade da estrutura da subjetividade da pessoa humana (ALES BELLO, 2006b). Portanto, evita-se o reducionismo de olhar a aprendizagem apenas como um fenômeno cognitivo ou empírico, mas compreendendo-a no entrelaçamento das vivências.

Sob esse entendimento, fiz um esforço de explicitar aquilo que me chamou a atenção e que busquei interrogar, do seguinte modo, para mais bem esclarecer: **Que vivências foram evocadas e manifestadas por uma criança ao resolver um problema geométrico de cálculo de área? E que significados se desdobram?**

Ao focar essa interrogação, fez-se presente uma dificuldade sentida para avançar em direção à compreensão do interrogado: dei-me conta de que a imediaticidade prevista pelo exercício não se expressava na experiência vivida pela criança. Como resolver isso?

Como já indiquei, não é possível mapear as vivências ou delas falar com exatidão. Elas não são observáveis e detectáveis, pois são próprias do sujeito que as atualiza na dinâmica do fluxo do seu acontecer. Elas são pertinentes à constituição da estrutura da subjetividade da pessoa humana (ALES BELLO, 2006a, 2006b). Porém, é possível, nas manifestações corporais (cinestésicas) e linguísticas, persegui-las pelos indícios das manifestações correlatas às vivências que foram evocadas e posteriormente manifestadas, sendo abertura ou caminho para pensar essa situação vivenciada pela criança com o problema geométrico. Essa interrogação solicita expor, ainda que brevemente, compreensões concernentes à aprendizagem e ao conhecimento geométrico e, posteriormente, sobre a fenomenologia e as vivências, conforme segue.

Geometria e aspectos de sua aprendizagem

A concepção de geometria que predomina em âmbito escolar é, em linhas gerais, a mesma que foi inaugurada por Pitágoras e Platão, ou seja, considerada como "única e necessária [...] nesse caso, a G. será a descrição das determinações necessárias de tal estrutura (o espaço euclidiano) e assumirá a forma de sistema dedutivo único e perfeito" (ABBAGNANO, 2007, p. 561). Essa compreensão de espaço euclidiano recebe, historicamente, influências num amplo lastro de bases desde as empiristas até as racionalistas, culminando no conhecido embate entre o prático e não prático de Platão.

Detoni (2012, p. 190) esclarece que essas correntes "[...] tanto a matriz idealista quanto a empirista sempre se acomodaram em pensar o espaço como algo descritível em três dimensões geométricas, perfeitamente estruturado em um sistema triaxial", o que converge, de certo modo, para a ideia de que a Geometria "[...] é a ciência que estuda as relações entre pontos, retas e planos e espaços com três ou mais dimensões" (ABBAGNANO, 2007, p. 561).

Essas concepções permeiam e têm conotação epistemológica sobre o espaço, do qual são extraídas crenças da doação do espaço em si, de sua preexistência já como estrutura científica, ou da criação do espaço apenas por meios racionais (apriorísticas, dadas na estrutura do pensamento previamente). Essas correntes epistemológicas acerca do conhecimento matemático parecem imperar no meio acadêmico entre os professores de matemática, inclusive do ensino superior, como afirma Becker (2012).

Em relação ao ensino de geometria, Souza e Franco (2012) identificaram uma conduta em que a concepção empirista é predominante entre professores da educação infantil, pois acreditam que a fonte do conhecimento geométrico está nos materiais, bastando realizar a mera manipulação. Nesse sentido, é razoável afirmar que livros didáticos e as concepções de geometria que são disseminadas nas escolas tendem a reforçar compreensões empiristas ou racionalistas no tocante à origem do conhecimento.[38]

Entretanto, há vias distintas, como a Piagetiana, em que os aspectos motores e táteis são constituintes do conhecimento, segundo Detoni (2012, p. 190), ainda que em uma perspectiva psicomotora e cognitiva, notadamente denominada de construtivismo, conforme compreendo. No construtivismo, "[...] o desenvolvimento é função **da atividade do sujeito** e que **a aprendizagem**, enquanto acontece no prolongamento do desenvolvimento, realiza-se igualmente **pela atividade do sujeito** e na estrita dependência do desenvolvimento" (BECKER, 2012, p. 35, grifos meus).

Sobre as ideias de Piaget, Valente (2013, p. 175) afirma que, em sua última obra, *Psicogênese,* ele passou a entender que "[...] a marcha da aprendizagem da geometria pelas crianças segue a evolução histórica da própria geometria". Essa compreensão passa a tomar os resultados do edifício geométrico como fatos que são correlatos ao desenvolvimento do sujeito, par a par.

De fato, de acordo com Piaget e Garcia (1987), é possível encontrar um paralelismo entre as etapas do desenvolvimento histórico do conhecimento geométrico e a psicogênese das estruturas cognitivas das crianças. Isso significa que, segundo esses autores, o pensamento geométrico das crianças é construído, epistemologicamente, na mesma ordenação em conhecimento que o geométrico evoluiu, indo da geometria Euclidiana, passando pela geometria projetiva e chegando à geometria das estruturas algébricas.

Os aspectos históricos, tomados como fatos, passam a incorporar mais explicitamente a epistemologia da aprendizagem desse autor. Piaget e Garcia (1987) identificaram três fases: intrafigural, interfigural e transfigural. Na fase intrafigural, a geometria euclidiana se dedicou a olhar as **figuras em suas relações internas**, centrando-se nos diferentes casos particulares para estabelecê-las. Na fase interfigural, são reunidas características mais amplas que permitem compreender **relações topológicas entre as figuras**, independentemente da figura, portanto, em uma relação horizontal que abarca um conjunto

38 Para mais esclarecimentos ver o capítulo sobre a origem do conhecimento (HESSEN, 1980).

de figuras. Na fase transfigural, que, segundo os autores, quer dizer para além da figura, surge um novo aspecto que é o cálculo, assim, descentra-se da figura e suas relações interfigurais, dependendo de sentido de numérico, algébrico, de cálculo, para dar conta dos problemas desta "nova geometria".

Esse entendimento remete a um par ordenado do desenvolvimento epistemológico e do desenvolvimento cognitivo, assumindo a estrutura do conhecimento geométrico formal como a estrutura a ser desenvolvida pelo sujeito. Quando se pensa a geometria sob esse entendimento, entendo que ela assume a seguinte conotação:

> A Geometria, enquanto ciência dedutiva, acaba sofrendo um afastamento de seu sentido na vivência. Ela desenvolve-se no conjunto determinado por todos os pontos do espaço e se estrutura a partir de postulados e axiomas que relacionam o ponto, a reta e o plano, abordando os objetos com comprimento, largura e profundidade, suas relações e propriedades. Em seus aspectos pedagógicos, muitas vezes, as formalizações se destacam em detrimento da exploração dos atos perceptivos que embasam e sustentam o conhecimento geométrico (SANTOS; BATISTELA 2019, p. 9).

Fenomenologicamente, essas autoras afirmam: "Não se trata de privilegiar um ou outro aspecto envolvido na constituição das ideias geométricas, mas de reconectar as ligações entre eles e avançar em termos da construção do conhecimento". (SANTOS; BATISTELA, 2019, p. 9).

Concordando com esse entendimento, é necessário o distanciamento tanto de uma visão empirista, quanto daquela apriorística, bem como da concepção de estrutura de construção do conhecimento piagetiana ou qualquer outra com predominância dos aspectos sociais, que tomam a ciência como fato, sem a estrutura originária das vivências. Portanto, ***entendo o espaço como vivência da espacialidade, aquilo que torna possível conceber todas essas variações interpretativas.*** Ela não é o espaço geométrico da ciência geométrica dedutiva em-si, nem um espaço em-si, pré-dado antes do tempo e da consciência, nem o espaço estrutural da teoria piagetiana.

Aprender geometria, de um ponto de vista fenomenológico, não é, por conseguinte, apenas ter uma estrutura cognitiva capaz de apreender as características essenciais da ciência geométrica, ordenada ou estruturada cientificamente, nem depreender o conhecimento de objetos *a priori* da mente e nem mesmo extrair caracteres de objetos independentes da consciência. Aprender geometria, em um sentido originário, é experienciar as próprias vivências, constituindo um sentido geométrico que culmina e está intimamente entrelaçado às vivências perceptivas, psíquicas e espirituais. Esse experienciar não diz de uma experiência puramente sensorial, como se poderia alegar. Esse experienciar é o próprio fluxo de dirigir-se ao vivido, aquilo que fica registrado na lembrança das vivências, sejam por meio de algo que é visto, tocado, pensado, refletido, meramente imaginado. Essas vivências vão se entrelaçando e constituindo um sentido que, uma vez compreendido pelo sujeito que vivência e expresso em uma linguagem, preenche e comunica um significado que culmina em conhecimento objetivo. Isso porque o conhecimento em movimento na sua constituição e produção só será efetivado "entre" as vivências, conforme compreendo ao ler Ales Bello (2016). Portanto, esse é o primeiro nível da constituição do conhecimento que abre possibilidades de desdobramentos em direção à formação de estruturas cognitivas, as quais se dão no movimento da dinâmica dos atos da consciência. É no entrelaçamento das vivências que a constituição do conhecimento ocorre para sujeito.

Fenomenologia, vivência e conhecimento geométrico

Por mais difícil e arriscado que seja falar de fenomenologia em poucos parágrafos, pela quantidade e profundidade dos escritos husserlianos, que são muitos e exigem uma formação filosófica expandida e aprofundada que falta, genericamente falando, a um matemático e educador matemático, bem como pela dificuldade de ler os originais na língua alemã, impõe-se uma necessidade mínima de expor o meu entendimento sobre fenomenologia, vivência e conhecimento geométrico. Para tanto, recorro a algumas de suas obras e intérpretes importantes.

A fenomenologia, inaugurada por Edmundo Husserl, deu conta de inúmeros temas importantes do conhecimento humano, dos problemas clássicos da psicologia descritiva até questões da filosofia e teoria do conhecimento, como ciência do rigor. Essa amplitude dos seus estudos se deu tanto por sua genialidade ímpar, quanto por sua imensa capacidade de escrever, reescrever e avançar com o próprio pensamento sobre fenomenologia, juntamente aos seus orientados, num sentido de escavação arqueológica (ALES BELLO, 2006b). Enfoco compreensões mais maduras do seu pensamento, como o afastamento da esfera puramente psicológica e da esfera puramente lógica, destacando *as vivências* e a *constituição do sentido* que se dá unicamente no entrelaçamento das próprias vivências (ALES BELLO, 2016).

Contudo, antes de ir às análises das vivências propriamente ditas, em sentido mais didático, é preciso esclarecer que *o fenômeno não é um objeto do mundo das coisas*, mas é pertinente à consciência, a qual é movimento e que não possui nada fora de si. "Se a coisa não é nada além da unidade sintética das perspectivas, ela não é mais transcendente no sentido em que seria separada da sua doação e, assim, separada da consciência" (MOURA, 1989, p. 182). O fenômeno só se mostra a alguém que o visa, porque de algum modo já apareceu em um determinado horizonte, portanto, não é algo "exterior" ao sujeito, como se concebe nas visões realistas ou empiristas e idealistas platônicas. Não é algo que possui independência da consciência daquele que o vivencia. Não se visa uma coisa fora, como algo que já é, visa-se o que se mostra em seus diferentes modos de doar-se. Esse aspecto, segundo Husserl (s.d), solicita uma síntese que é denominada de *noésis-noema*. *Noésis* diz de atos realizados pelo sujeito que visa a coisa e o *noema* o lado objetivo do doar-se, o lado do objeto visado. Nessa concepção de conhecimento não se trabalha com um objeto tomado em sua objetividade física, porém com o que dele é sentido e percebido na imediatidade dos atos de sentir e de perceber., acolhido pela intencionalidade, pois já consciência. Portanto, nunca se visa algo que está fora, mas algo se doa pelo lado noemático, daquilo que já apareceu como percebido por quem o percebe. Em suma, "O objeto não entra em relação com a manifestação, sua manifestação ou fenômeno do exterior (*von aussen*) está nas manifestações" (HUSSERL, apud MOURA, 1989, p. 182), portanto é intencional. Este, pode tanto se referir a aspectos do mundo sensível quanto dos abstratos.

E como isso é possível? Pela estrutura da pessoa humana em suas vivências (*Erlibnis*), que pode ser assumida epistemologicamente como a "[...] **estrutura do sujeito do conhecimento**" (ALES BELLO, 2006b, p. 28, grifos meus).

As vivências são a esfera fundamental da subjetividade, a qual Husserl compreendeu pela redução fenomenológica, indicando o que torna o conhecimento possível. Disso, compreendo que as vivências são a própria estrutura pela qual cada um é consciência, sendo um corpo físico (*Körper*), mas também corpo vivente ou corpo próprio (*Leib*). Na análise das vivências, os atos foram distinguidos qualitativamente e agrupados em novas dimensões.

> Foram identificados atos perceptivos – referidos à esfera da corporeidade – e sua análise conduziu à compreensão do corpo vivo: corpo animado pela dimensão psíquica. Toda a análise das vivências referidas à dimensão psíquica remete a outras vivências que indicam uma nova esfera: a esfera do espírito (ALES BELLO, 2006b, p. 29-30).

As *vivências perceptivas,* nas quais os sentidos participam, compõem os momentos em que o nosso corpo físico (*körper*) aparece como um momento do nosso corpo-próprio (*leib*), passando à dimensão da *psiquê (impulsos, tendências, tomadas de decisão espontâneas, instintos).* Essas vivências que estão movimento de constituição do conhecimento, pois o corpo vivente não se isola e não se separa das demais. As vivências espirituais, que envolvem reflexão, decisão, avaliação, enquanto atos livres, além de participarem como momentos da constituição dos conhecimentos que podem conter o momento perceptivo, se movem de distintos modos na constituição do conhecimento que não possui, necessariamente, intuição sensível.

A constituição do conhecimento, o sentido daquilo que poderá se tornar ou não conhecimento, só se dá no movimento das vivências que não podem ser mapeadas, pois sendo movimento, será "evocada e manifestada" de maneira distinta, sempre retrospectiva em relação ao seu momento de acontecer. O conhecimento vai se constituindo nas vivências, no movimento do vivido.

Contudo, é necessário destacar que, em geral, os atos originários tendem a se perder, uma vez que o registro e a disseminação dos conhecimentos passam a ser tomados como "títulos" e "slogan", por vezes sem sentido, pois não indicam os conteúdos originários aos quais remetiam (ALES BELLO, 2006b e 2016). Portanto, assumir uma visão fenomenológica traz mudanças qualitativas e radicais à compreensão do conhecimento matemático, principalmente na superação da dualidade empirismo-racionalismo ou na perseguição acrítica das estruturas científicas, uma vez que as vivências estão no cerne da constituição do conhecimento pelo sujeito que as vive. Não são apenas impulso de *körper* (corpo físico) ou produção meramente racional, mas resultam da plena unidade *entre leib, psyqué e geist.* Não são tradução de impulsos nem elaborações *a priori*. As vivências são o *a priori*, o movimento que se abre à constituição do sentido.

Assim, é possível dizer que os conhecimentos de geometria euclidiana, em seu movimento originário, decorrem das nossas vivências com o mundo--da-vida, em nosso horizonte perceptivo, de intuição sensível e não sensível, da intenção de preenchimento que visa algo como ideia que nos chega pela tradição ou imaginação. O conhecimento geométrico em constituição, em sua gênese, é correlato às vivências do sujeito que vive a evidência originária. Além disso, é importante destacar que entendo que a constituição do conhecimento é anterior à sua construção ou produção.

> Uma formação de significado, mais primitiva, necessariamente esteve ante ela como um estágio preliminar, indubitavelmente de um tal modo que ela apareceu, pela primeira vez, na evidência da realização bem sucedida. Mas este modo de expressar é realmente dissipado. Evidência significa nada mais que perceber uma entidade com a consciência do seu estar lá (*selbst--da*) original. A realização bem sucedida de um projeto é, para o sujeito que age, evidente; nesta evidência, o que foi realizado está lá, o ato originador, como ele próprio (HUSSERL, 2006, p. 6).

Desse modo, a ênfase na explicitação apofântica e estruturada do construtivismo é uma visão positiva que assume a possibilidade do conhecimento pela estrutura. Essa explicitação é relevante para a explicação da ciência. Porém, não chega à radicalidade para se pensar a possibilidade do conhecimento geométrico em sua constituição, não vislumbrando que há um *logos de sentido, anterior à* estrutura que emerge.

Segundo depreendo de Bicudo e Klüth (2010), o espaço geométrico e o conhecimento geométrico, antes de ser constituído como conhecimento de segunda ordem, por uma explicação científica estruturada, é um espaço vivenciado. É na corporeidade, na extensão do próprio corpo dirigido a outros e às coisas, que ele se refere-se a si mesmo. Essa constituição ocorre em nível pré-predicativo, antes de sua enunciação. Assim, o espaço como tratado por Husserl, de acordo com as autoras, "[...] volta-se para a descrição do sistema cinestésico, como as viso-motoras, de distanciamento, da modificação e orientação que formam a base da percepção bidimensional e tridimensional do espaço" (BICUDO; KLÜTH, 2010, p. 134).

Em estudos posteriores, Bicudo (2021) avança na explicitação do que é a cinestesia ou do sentido cinestésico na filosofia fenomenológica, entendo-o como sexto sentido, além dos cinco sentidos do tato, da visão, da audição, do olfato e do paladar. Em outras palavras, é um sentido que não é usualmente mencionado, mas já está aí com os demais.

> A cinestesia gera o sentido de movimento, de liberdade e de localização. O corpo-vivente do outro presente no mesmo domínio espacial em que está e se move, o orienta quanto à direção do movimento e da espacialidade do seu aqui. Portanto, se move de modo orientado [...] O aspecto intencional, também tecido com a sensação de movimento e, portanto, com a de cinestesia, o direciona aos outros corpos e corpos-viventes, de modo que não pode se encerrar em uma dimensão solipsista. É centro de orientação ao mundo, ao outro e a si mesmo." (BICUDO, 2021, p. 138 e 141).

Eu, em particular, compreendo que essa descrição do espaço cinestésico se assenta no emaranhado de vivências corporais, psíquicas e espirituais. Somente assim, o espaço geométrico pode ser, posteriormente, concebido e mantido pela tradição, devendo, mesmo nestes casos, ser tomado por um sujeito no horizonte de suas vivências.

Essa breve incursão no tema das vivências, da construção e do conhecimento geométrico é retomada a seguir, em seus diferentes aspectos, quando da análise e intepretação do problema geométrico vivenciado pela criança.

Sobre o problema geométrico de cálculo de área

No mês de outubro de 2022, como já explicitei, foi atribuída à minha filha, de oito anos, uma tarefa de matemática para ser resolvida em casa, sobre o reconhecimento das figuras e suas respectivas áreas. As figuras estavam desenhadas sobre uma malha triangular. O enunciado da questão afirmava que as figuras iguais foram pintadas da mesma cor. O interior das figuras não possuía prolongamentos das linhas, de tal maneira que aparecia apenas a região delimitada por segmentos de reta que constituíam os lados (contorno) das figuras em branco e não continha nenhuma unidade de área triangular mínima, numericamente falando. O problema solicitava, implicitamente, compreender a quantidade de triângulos que compunham cada figura, composta por triângulos equiláteros que eram a área mínima, conforme se pode ver na Figura 1.

Figura 1 – tarefa de geometria.

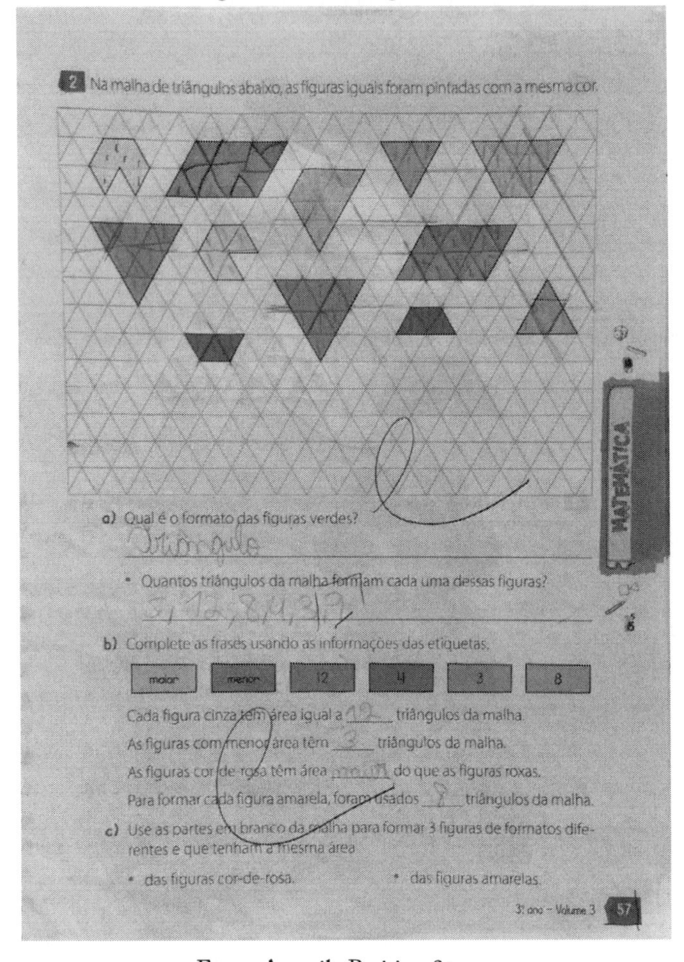
2 Na malha de triângulos abaixo, as figuras iguais foram pintadas com a mesma cor.

a) Qual é o formato das figuras verdes?

- Quantos triângulos da malha formam cada uma dessas figuras?

b) Complete as frases usando as informações das etiquetas.

maior | menor | 12 | 4 | 3 | 8

Cada figura cinza tem área igual a ____ triângulos da malha.

As figuras com menor área têm ____ triângulos da malha.

As figuras cor-de-rosa têm área ____ do que as figuras roxas.

Para formar cada figura amarela, foram usados ____ triângulos da malha.

c) Use as partes em branco da malha para formar 3 figuras de formatos diferentes e que tenham a mesma área

- das figuras cor-de-rosa.
- das figuras amarelas.

3º ano – Volume 3 57

Fonte: Apostila Positivo, 3º ano.

Ao me demorar sobre a tarefa, compreendi que o problema solicitava evocar as vivências dos sujeitos, enquanto atos que serão vividos ao ler o enunciado, visualizar cada figura e o conjunto de figuras. É necessário determinar as (des)igualdades das figuras geométricas, concernentes às perguntas sobre menor, maior e iguais e a compreensão de cada aspecto da malha e de toda a figura.

A afirmação de que as figuras da mesma cor são iguais remete à comparação, o que requer um sentido de medida, um sentido numérico, um sentido de quantificação da figura, independentemente de sua disposição, mais ou menos como aquele indicado por Piaget, para a fase transfigural. Em outras palavras, a afirmação está para além da figura, de suas relações intrafigurais e preconcebe a igualdade da figura sem levar em conta os aspectos concernentes às suas propriedades, tanto que há triângulos de medidas diferentes, como os verdes e os rosas, mas iguais em suas qualidades inerentes, como ângulos, lados e mesmo a quantidade de lados.

É importante destacar que os aspectos da figura não são compreendidos em sua imediaticidade por quem a vê. São solicitados diversos atos associativos e dissociativos do pensamento, apoiados ou não nas figuras. E, também, a compreensão destes atos é apoiada no sentido da medida que permite afirmar as igualdades para a contagem das unidades e comparação da área.

A Figura 1, com o seu enunciado, permite *contar* o número de triângulos, inseridos na malha triangular, sendo que os triângulos unitários compõem as figuras coloridas. Nestas, não há segmentos de reta internos ou lados dos triângulos, nem mesmo vértices; assim, a ausência destes elementos na figura solicita um preenchimento de sentido. Essa contagem evoca atos ostensivos de um conjunto de vivências perceptivas e espirituais do corpo-próprio. Solicita movimento da mão, com-o-lápis, solicita a retenção da imagem que se mostra e do número anterior, da retenção da ideia de todo, bem como a comparação das figuras em sua soma, mantendo-se, também, um sentido abstrato de unidade como a medida mínima, no caso do triângulo unitário.

A *vivência da percepção* se destaca, percebendo esta figura que está à frente dada, em sua dinâmica de figura-fundo. É indo ao percebido, possibilitado pela vivência perceptiva, que aquilo que se mostrou precisará de outras vivências que serão evocadas, na lembrança (caso sejam conhecidas ou não as figuras compostas e a unidade mínima de área que é o triângulo equilátero, bem como o sentido de unidade mínima). É importante frisar que esses aspectos não estão enunciados, por isso se tornam problema, portanto, não possuem significado imediato para serem retomados pelo sujeito que não os conhece. É certo que essas vivências podem não participar deste primeiro movimento desse modo que acabei de descrever, pois depende de cada um, em seu horizonte compreensivo, em decorrência de aprendizagem pretérita, compreensão de objetos geométricos disseminados e outros aspectos que dizem do *seu-próprio-modo* de fazer. Eu mesmo, ao ler o problema inicialmente, já dispunha de significados naturalizados em minhas vivências da recordação e dos significados geométricos da minha formação de professor de matemática. Em suma, também depende da inserção e imersão na tradição escolar.

A *vivência da reflexão* é constantemente solicitada, perguntando: que é que devo fazer "aqui" ou "ali"? O que este enunciado está solicitando? O que essa figura diz? Há diferenças ou semelhanças?

Continuo a descrever o modo pelo qual percebi que minha filha se deparou com o problema. Ela lia a pergunta e não a articulava com as figuras, não associava a enunciação com aquilo que a figura vista estava lhe comunicando. Não sabia o que fazer apenas pela leitura. Entendo que essa não articulação imediata indica que a vivência da percepção da figura não correspondia às suas vivências do sentido do enunciado. Vejo que o enunciado não fazia sentido para ela.

Se, como Husserl afirma, a percepção é primária, mas não determina o conteúdo de conhecimento; se é apenas um momento que ilumina a trajetória e preenche de sentido aquilo de que se fala, então a propositura do exercício é falha. Não denota articulação entre possíveis compreensões prévias, vivenciadas em suas diferentes possibilidades pelo sujeito e o modo de propor o desafio ao aprendente. Essa articulação, por mais que pareça óbvia a quem elaborou o problema ou ao professor, requer diferentes movimentos do pensamento, como, por exemplo: entender o problema em seu enunciado e preenchendo o sentido do não dito e não prescrito, mesmo que a figura esteja-aí, *passível de doar-se, na visada de quem a visa.*

Em outras palavras, *um como* é exigido ao ler o enunciado, *solicitando pensá-lo com a figura*. Logo, as *meras representações* que aparecem na vivência perceptiva, como afirma Husserl (1996), não conferem sentido ao conhecimento, ainda que dela dependam, pois são momentos da constituição, sendo retomados uma e outra vez, ou quantas vezes forem necessárias para que a ideia se evidencie, abrindo possibilidades de compreensões da idealidade dos entes matemático (no caso do exercício em questão, das figuras geométricas). É no exercício de *pensar o enunciado*, *pensar a figura*, *pensar os seus diferentes aspectos*, isolados e entre si, que emerge a possibilidade de focar o problema ou a pergunta posta. Tudo isso, em estreita articulação com todas as vivências que permanecem no fluxo do corpo-próprio, em suas memórias, imaginação, fantasia ou evidência apodítica de uma ideia.

O tempo psicológico e cronológico devem ser respeitados para uma tal apreensão do sentido do objeto que se visa. Porém, *é no tempo das vivências que não são apenas psicológicas e cronológicas que se pode chegar a visar isto que é a área das figuras formadas por áreas triangulares. A soma das figuras e as figuras somadas, retiradas, deslocadas entre as figuras e o sentido numérico que as tornam iguais são efetuadas em uma dinâmica espiritual, posto que realizada com atos de julgamento e, assim, essa soma é distanciada tanto da cronologia quanto dos atos psíquicos.*

Olhando para as tentativas de resolução do problema, as primeiras se deram mediante a *vivência das lembranças*, pois tentava "adivinhar" o resultado, sem pensar na totalidade da figura. Isso contribui para refutar a ideia de que representações do objeto permitem resolver o problema enunciado, pois dariam conteúdo ao pensamento, de fora para dentro. Esse enfoque de um conteúdo ontologicamente estático é forte no âmbito escolar e veiculado por meio da tradição do ensino. Contudo, entendo que as vivências retomadas na lembrança e as vivências com o objeto intencional não eram convergentes em seus sentidos, ressaltando, como afirma Husserl, que a mera representação é insuficiente para fins de conhecimento, ainda que nele esteja presente como um momento dele.

As vivências representativas, portanto, que evocam signos, sem conteúdo prévio, entram em jogo, carecendo de uma associação entre diferentes idealidades figurais e linguagem. Entendo que conhecer o triângulo não garante a resolução do problema, é necessário compreender que a reunião deles, por algumas regras ou leis específicas, que também vão se formando enquanto idealidades, precisam ser preenchidas, constituindo tais regras num sistema que se tornará *apofântico* (estruturado logicamente) e manifestado em linguagem.

Nesse movimento, que me coloquei para compreender o solicitado no problema exposto no exercício escolar, de ir à figura que se visa com o seu enunciado, elaborei indagações que afloraram ao meu pensar imaginativo, como as que seguem:

- Como os triângulos menores formam as figuras coloridas sem os traços (segmentos) internos?

- De que modo as linhas devem ser prolongadas? Qual é a sua origem e o seu encontro?
- Posso fazer isso de maneira precisa, com um instrumento como uma régua ou posso apenas imaginar e desenhar livremente esses prolongamentos?
- Consigo, visualmente, sem os prolongamentos, pensar em uma solução?

A vivência da pergunta, com os atos que ela solicita, abstrativos e intuitivos (de posse do que se mostra da figura visada, ou seja, não da figura pretensamente dada na tarefa), vai mudando a perspectiva do objeto que vai carecendo de preenchimento intuitivo sensível (com a figura) e também intuitivo ideativo (sem a figura), agora com a retenção das ideias apreendidas.

Tudo isso é feito, também, corporalmente e aparecem como ostensivos[39] que solicitam ou comunicam movimentos do pensamento, mas mais do que isso, comunicam movimentos da constituição do conhecimento que se dão entrelaçando as vivências espirituais, as vivências psíquicas e as vivências corpóreas.

A minha filha, auxiliada por algumas perguntas, do tipo: você consegue "enxergar" os triângulos no interior das figuras? Fazia movimentos com a mão, buscando mudar a "posição física" em relação ao que ela via, indicando a necessidade de mudança intuitiva sensível acerca da figura. Com a régua, fez movimentos parecidos, por diversas vezes, buscando encaixar e medir. Ainda que se pareça com a ideia de abstração empírica do Piaget, a diferença se instaura na própria concepção de conhecimento fenomenológica que admite materialidade ao pensamento pela estrutura hilética. Uma citação pode esclarecer esse sentido: "O pensamento não está realmente localizado na cabeça, como as sensações localizadas de tensão" (ALES BELLO, 2016, p. 85). Esse é um modo natural de se expressar e revela que "[...] a força atrativa da localização hilética faz concentrar a atenção sobre o corpo próprio" (ALES BELLO, 2016, p. 87). Desse modo, o pensar não está na mão, mas é com a mão que se foca o corpo-próprio ao medir.

39 Não se trata aqui da perspectiva de ostensivos definida por (BOSCH; CHEVALLARD, 1999) no contexto da Didática Francesa, exceto por ser algo que o sujeito manifesta materialmente. O sentido aqui assumido é o que chama a atenção que chama a atenção; vistoso". Portanto, que pode ser visado por mim.

Outras perguntas, como: você está "vendo" triângulos nesta figura amarela (trapézio equilátero), evocaram vivências da comparação e da analogia com figuras conhecidas, as quais compõem as vivências espirituais e não psíquicas.

Esses gestos corporais ou ostensivos, em sentido amplo, foram seguidos por registros de auxílio à memória para a contagem do número de triângulos que compunham cada figura, também quando riscava os triângulos, um a um. O uso da régua foi "abandonado" quando ela compreendeu que as linhas precisam se "encontrar" no seu prolongamento (em sua origem e se encontram com outra linha).

Aquilo que de início impedia a sua compreensão, por conta do desenho "livre" dos triângulos, sem conceber uma regra para interligá-los dentro das figuras coloridas, teve oportunidade de ser superado quando compreendeu que precisava associá-las aos triângulos unitários, com prolongamentos apropriados, que não precisam ser perfeitos no desenho, mas que mantinham as ideias matemáticas e da topologia da figura, com esboços de linhas, permitindo a contagem de cada triângulo e de todos eles no interior das figuras. Isso pode ser visto na Figura 2, que é um recorte da figura 1.

Figura 2 – Prolongamentos ideativos registrados no interior da figura

Fonte: Apostila Positivo, 3º ano.

Ao abrir e manter a comunicação com ela, que só foi possível pela vivência da entropatia (reconhecer e abrir-se à alteridade) (ALES BELLO, 2006b), explicitei possibilidades de uso da régua e, pelas perguntas, busquei pensar com ela, propiciando abertura às perspectivas que evocaram a necessidade das vivências espirituais necessárias à constituição das idealidades matemáticas, para este problema. Uma delas é a analogia e comparação, conforme já mencionei. A retenção do sentido de igualdade sem o desenho se manifestou. Assim, a igualdade que inicialmente era tratada sem precisão, pois apenas "pareciam iguais" quando na mesma posição, mas diferentes se estivessem "viradas", emergiu da compreensão de que o triângulo unitário era a menor medida que viria a compor as figuras maiores, permitindo o cálculo da área e respectivas comparações.

Considerações

Esse texto de Filosofia da Educação Matemática assumiu explicitamente a esfera da pessoa e as vivências como a estrutura do sujeito do conhecimento. Foi escrito como um convite a compreender a radicalidade do pensamento fenomenológico e a sua independência de modos fixistas de pensar a aprendizagem da geometria, afirmando que a experiência vivida da espacialidade é que abre a possibilidade da aprendizagem, antes de qualquer discurso explicativo e organizado.

Assim, a experiência vivida da espacialidade requer assumir a complexidade das vivências, no tempo cronológico e psicológico, mas, principalmente, no tempo transcendental de cada vivência e da articulação delas. Esse tempo, que não é matematizável, passa pela assunção e a constituição dos valores de assumir a própria direção do aprender. Não é algo esvaziado, uma vez que cada subjetividade sempre pode se abrir ao outro intersubjetivamente e pertencer a uma comunidade, sendo livre (ALES BELLO, 2006b).

Quando explicitei os prolongamentos ideativos para realizar a contagem de triângulos, com-um-lápis, reafirma-se que o momento hilético, a materialidade que participa do momento noemático, focando o corpo-próprio, torna-se também momento do pensar e do conhecimento em constituição, possibilitado, como já afirmei, pela percepção. E isso não é apenas para a criança, é também para o matemático que comumente elabora construções auxiliares para demonstrações geométricas.

Por fim, mas como uma abertura, mostram-se a abrangência e a potência de assumir a estrutura das vivências como possibilidade, portanto, como doadora do sentido de todo e qualquer conhecimento, antes mesmo de sua construção ou disseminação e permanência por meio da tradição. É uma possibilidade de focar a aprendizagem do sujeito na sua integralidade, sem reducionismos à mera operação intelectual ou dependente de objetos exteriores à subjetividade. Esta é tripartida em corpo, psiquê e espírito, mas também é una e móvel.

Referências

ABBAGNANO, N. **Dicionário de Filosofia**. 5ª. ed. São Paulo, SP: Martins Fontes, 2007.

ALES BELLO, A. **Introdução à Fenomenologia**. Bauru, SP: EDUSC, 2006a.

ALES BELLO, A. Fenomenologia e ciências humanas: implicações éticas. **Memorandum**, online, v. 11, n. 2, p. 28-34, 2006b. Disponível em: https://periodicos.ufmg.br/index.php/memorandum/article/view/6719. Acesso em: 07 fev. 2023.

ALES BELLO, A. Primeira parte: pensar Deus. *In:* ALES BELLO, A. **Edmund Husserl:** Pensar Deus. São Paulo: Paulus, 2016, p. 1-100.

BECKER, F. **Epistemologia do Professor de Matemática**. 1ª. ed. Petrópolis, RJ: Vozes, 2012.

BICUDO, M. A. V.; KLUTH, V. S. Geometria e Fenomenologia. *In:* BICUDO, M. A. V. **Filosofia da Educação Matemática.** São Paulo: UNESP, 2010. Cap. 6, p. 131-147.

BICUDO, M. A. V. A origem do número e a origem da geometria: questões levantadas e concepções assumidas por Edmund Husserl. **Revista Pesquisa Qualitativa,** São Paulo, v. 8, n. 18, p. 387-418, out. 2020. Disponível em: https://doi.org/10.33361/RPQ.2020.v.8.n.18.337. Acesso em: 07 fev. 2023.

BICUDO, M. A. V. A. The Living-Body: Center of Orientation Self-World-Other. MEDICA REVIEW. International **Medical Humanities Review / Revista Internacional de Humanidades Médicas**, [S. l.], v. 10, n. 2, p. 119–135, 2022. DOI: 10.37467/revmedica.v10.3337. Disponível em: https://journals.eagora.org/revMEDICA/article/view/3337. Acesso em: 19 may. 2023.

BOSCH, M.; CHEVALLARD, Y. La sensibilité de l'activité mathématique. **Recherches en didactique des mathématiques**, [s. l.], v. 19, n. 1, p. 1-37, 1999. Disponível em: http://yves.chevallard.free.fr/spip/spip/IMG/pdf/Sensibilite_aux_ostensifs.pdf. Acesso em: 11 fev. 2023.

DETONI, A. R. A Geometria se constituindo pré-reflexivamente: propostas. **Revista Eletrônica de Educação**, São Carlos, 6, novembro 2012. 187-202. Disponível em: https://doi.org/10.14244/19827199358. Acesso em: 07 fev. 23.

HESSEN, J. **Teoria do Conhecimento.** Tradução de António Correa. 7ª. ed. Coimbra: Arménio Amado, 1980.

HUSSERL, E. **Investigações Lógicas**: sexta investigação - elementos de uma elucidação do conhecimento. São Paulo: Nova Cultural, 1996.

HUSSERL, E. A Origem da Geometria. *In:* HUSSERL, E. **The Crisis of European Science**. Tradução de Maria Aparecida Viggiani Bicudo. São Paulo: Sociedade de Estudos e Pesquisas Qualitativos, 2006. p. 1-34.

HUSSERL, E. **A ideia de Fenomenologia**. Tradução de Artur Morão. Lisboa: Edições 70, s.d.

KLÜBER, T. E.; TAMBARUSSI, C. M.; MUTTI, G. L. O problema filosófico da teoria da representação e desdobramentos para a Modelagem Matemática na Educação Matemática. **Educação Matemática Pesquisa** - EMP, São Paulo, SP, 24, 31 agosto 2022. 289-324. Disponível em: http://dx.doi.org/10.23925/1983-3156.2022v24i2p289-324. Acesso em: 07 fev. 23.

MOURA, C. A. R. D. **Crítica da Razão na Fenomenologia**. 1ª. ed. São Paulo: EDUSP, 1989. 260 p.

PIAGET, J.; GARCIA, R. **Psicogênese e História das Ciências**. Tradução de Maria Fernanda de Moura Rebelo Jesuíno. 1ª. ed. Lisboa: Dom Quixote, 1987. 251 p.

SANTOS, M. R. D.; BATISTELA, R. D. F. Uma análise da experiência da Percepção de um poliedro visualizado em Caleidoscópio. **Educere et Educare**, Cascavel, 15, set/dez 2019. 1-26. Disponível em: https://doi.org/10.17648/educare.v15i33.22462. Acesso em: 11 fev. 2023. ahead of print.

SOUZA, S. D.; FRANCO, V. S. Geometria na educação infantil: da manipulação empirista ao concreto piagetiano. **Ciência e Educação**, Bauru, 18, n. 4, 2012. 951-963. Disponível em: https://doi.org/10.1590/S1516-73132012000400013. Acesso em: 07 fev. 23.

VALENTE, W. R. Que geometria ensinar? Uma breve história da redefinição do conhecimento elementar matemático para crianças. **Pró-Posições**, Campinas, SP, 24, n. 70, Jan/Abr 2013. 159-178. Disponível em: https://doi.org/10.1590/S0103-73072013000100011. Acesso em: 07 fev. 23.

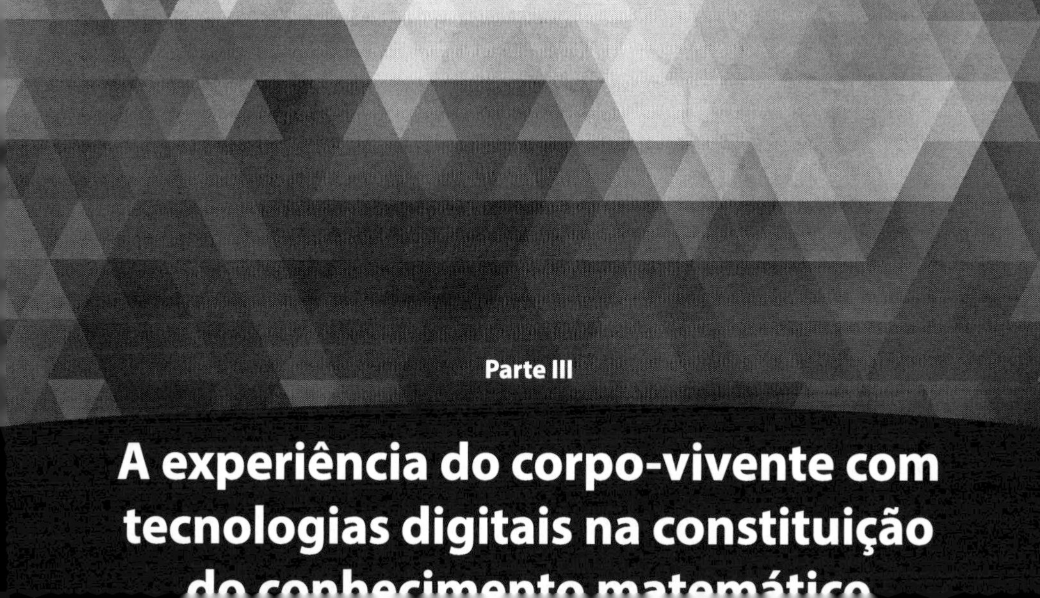

Parte III

A experiência do corpo-vivente com tecnologias digitais na constituição do conhecimento matemático

Corpo-próprio, Tecnologias Digitais e Educação Matemática: percebendo-se cyborg

Maurício Rosa

Compreendendo o corpo-próprio...

Para compreender o conceito de corpo-próprio nos embasamos, principalmente, em Merleau-Ponty (2006). Esse autor discute intensamente a concepção de corpo proveniente da fisiologia e da psicologia. Merleau-Ponty (2006) argumenta que a concepção de corpo proveniente de ambos os campos não consegue explicar o que esse seria. O autor declara que a fisiologia entende o corpo como objeto, o qual é concebido como um conjunto de massa que se sujeita à lógica da ação e reação. Não obstante, a psicologia tem por preocupação a "parte" do corpo que é assumida, por essa perspectiva, como consciência, a qual não é física, mas, que pode ser estudada de modo separado ao corpo dado como objeto. Para a psicologia, essa parte do corpo é capaz de produzir pensamentos ditos "puros", ou seja, que possuem origem no interior do ser. Ambas as perspectivas são influenciadas pela tradição cartesiana, limitando-se a caracterizar o corpo, ou como objeto (coisa exterior) ou como consciência (pensamento interior), de forma disjunta.

Esses campos compreendem, então, o corpo como algo possível de ser dividido em partes. Suas partes seriam analisadas frente a uma perspectiva (fisiológica) ou outra (psicológica), mesmo que se possa assumir a sintonia existente entre elas. De todo modo, a sintonia possível, nessas concepções, não deixa de lado a hierarquia entre a massa e a consciência, do mesmo modo, não deixa de lado a hierarquia entre a motricidade e a inteligência. Assim, em oposição a esse modo de pensar, Merleau-Ponty (2006) argumenta sobre a impossibilidade de isolamento da massa em relação ao pensamento, assim como, se debruça sobre a falta de justificativa da tentativa de investigação sobre um possível domínio da fisiologia frente à psicologia. Ele se atenta, então, sobre a relação simbiótica entre essas "partes" previamente definidas pelos campos em questão. Sem qualquer necessidade de demarcação de fronteiras.

Merleau-Ponty (2006) defende a simbiose das concepções de corpo, questionando e contradizendo perspectivas de ambos os campos. Por exemplo, a fisiologia mecanicista, ao compreender o corpo como objeto, assume que estímulos iguais condicionariam o corpo a agir de modo linear, o que faria com que as respostas dadas pelo corpo fossem previsíveis. 0 caso do membro fantasma é clássico nessa discussão, o qual é apresentada pelo autor. 0 membro fantasma não será mais sentido pela pessoa que o perdeu, somente quando essa se lançar ao mundo de uma forma que reconheça que seu membro perdido não mais está presente. Logo, como objeto, a parte do corpo perdida, automaticamente, não mais será sentida. O que ocorre, então, é que há a participação entre o que é dado por uma realidade corpórea e a percepção do ser. O membro que foi perdido não é uma parte do corpo, em termos de objeto, que é ligado por terminações nervosas e que continuam a ser sentidas, somente, mas, é o próprio corpo em totalidade, que se direciona ao mundo. Não parte da intelectualidade o movimento que fará com que a pessoa não sinta mais seu membro perdido, mas, o novo modo do corpo se lançar ao mundo, o seu novo modo de ser, usufruindo dos recursos disponíveis (ROCHA, 2005).

Entretanto, os membros fantasmas, ou membros amputados, porém, ainda sentidos pela pessoa, são explicados pela psicologia pelo argumento que a sensação da pessoa de ainda ter seu membro, por exemplo, sua perna, a qual não possui mais materialidade, pode estar no desejo de tê-la. No entanto, "[...] os sensores motores que foram rompidos levariam sinais ao cérebro que, *a priori*, desligariam a sensação de ainda ter o membro amputado" (SILVA; ROSA, 2020, p. 52). Todavia, isso não acontece e a psicologia não consegue explicar a dor física elencada a, ou a sensação de existência de, qualquer membro do corpo que não existe mais. A impossibilidade de haver unidade no que a psicologia chama de "sensação dupla" no próprio corpo, na qual haveria duas sensações ao realizar o toque de uma mão na outra, por exemplo, é uma questão discutida em Merleau-Ponty (2006), uma vez que esse autor defende que o corpo é concebido como unidade. O corpo, então, é constituído por matéria, mas um membro ou outro não são partes independentes, não se deslocam do corpo como unidade. O corpo assumido como totalidade não reconhece seus membros como partes que possam ser separadas, uma vez que elas estão entrelaçadas a todo o complexo restante que também é corpo. Assim, Merleau-Ponty (2006) afirma que, do início ao fim, tanto o objeto quanto a consciência são, respectivamente, separáveis em suas existências, havendo dois sentidos para o "existir", no entanto, esses sentidos coadunam na existência enquanto coisa ou consciência. Para o autor, então, a experiência do corpo-próprio, em oposição a própria dualidade, nos mostra uma forma de existir ambígua. Assim, ao pensar essa forma de existência assumindo diferentes processos em terceira pessoa – "visão", "motricidade", "sexualidade" – suas "funções" não podem se autovincular a si e ao mundo por causalidades, uma vez que elas de forma confusa são reassumidas e imbricadas em um drama único. Desse modo, o corpo não é um objeto que se articula ao exterior e, analogamente, a consciência desse corpo não é um pensamento pelo qual posso decompô-lo e recompô-lo novamente, buscando formar uma definição clara. A unidade do corpo é sempre implícita e confusa, de forma a ser sempre outra coisa do que aquilo que se diz dele. O corpo é sempre sexualidade e liberdade ao mesmo tempo, é sempre natureza na temporalidade de sua transformação pela cultura e, assim, nunca está fechado em si e nem ultrapassado.

Dessa maneira, o corpo-próprio, discutido por Merleau-Ponty (2006), assume a ideia de corpo que somos, ou seja, de modo algum é um objeto que existe no mundo, pois, esses objetos aparecem e desaparecem de nosso campo de visão, enquanto que o corpo próprio permanece, sendo por meio dele que acessamos, de diferentes formas, os objetos, o mundo. Ademais, podemos rodear os objetos que acessamos e, por diferentes ângulos de visão, desvelar vistas desses objetos. No entanto, a vista que temos de nosso corpo encarnado se mantém, pois, acercar esse próprio corpo não é possível. Ainda, poderíamos conjecturar que usando determinados artefatos como o espelho ou outro que reflita a imagem desse corpo encarnado, seríamos capazes de acessar, por diferentes ângulos, essa unidade (o corpo encarnado), porém, a imagem revelada não se trata da imagem do corpo específico, mas uma projeção desse.

Logo, a compreensão do corpo-próprio como diferente de um objeto, também, pode acontecer, segundo Merleau-Ponty (2006), quando pensamos em uma situação na qual estamos diante de uma tesoura, uma agulha e dos movimentos que devemos articular com esses utensílios no nosso cotidiano. Não procuramos nossas mãos ou nossos dedos para cortar a linha ou colocá-la na agulha. Isso não acontece porque mãos e dedos não são objetos que devem ser encontrados no espaço objetivo como se ossos, músculos e nervos, primeiramente, devessem ser acessados para que as ações ocorram. De antemão, são potências já mobilizadas na percepção da tesoura ou da agulha, de forma a tornarem-se termos centrais dos "fios intencionais", da intencionalidade que os ligam aos objetos percebidos. Mãos e dedos não são definidos pela matéria, pois constituem o potencial do ser no mundo na intencionalidade de costurar, por exemplo.

Merleau-Ponty (2006, p. 154) ainda afirma que "Não é nunca nosso corpo objetivo que movemos, mas nosso corpo fenomenal, e isso sem mistério, porque já era nosso corpo, enquanto potência de tais e tais regiões do mundo, que se levantava em direção aos objetos a pegar e que os percebia". Assim, ao compreender o corpo em uma perspectiva de totalidade (MERLEAU-PONTY, 2006), não faz sentido algum considerá-lo um objeto e este sendo alienável do mundo. Assim, é factível entender o corpo como movimento, percepção, linguagem e experiência-vivida, ou seja, aquilo que diz do contato instantâneo e imediato com a vida. O corpo é nosso veículo de ser no mundo (MERLEAU-PONTY, 2006) e, assim, ele se lança ao mundo, se transforma pela intencionalidade do ser (SEIDEL, 2013) e isso permite uma fluidez de possibilidades líquidas de esvaziamento de fronteiras e encaixes lógicos que não dão conta do que é e do que pode se experienciar. Além disso, é por meio do corpo que nos conectamos ao mundo, nos lançando a ele e o experienciando.

O "[...] corpo não é um recipiente, não está desvinculado do 'ser' e nem do 'mundo'. O corpo além de constituir o pensamento (McNeill, 1992) nos possibilita comunicar aquilo que poderia ser considerado incomunicável" (ROSA; FARSANI, 2021, p 145). Assim, o corpo-próprio é/está no mundo e não há sentido no mundo sem esse corpo, assim como, não há sentido no corpo sem o mundo. Isso, permite afirmar que é desnecessário denotar aquilo que supostamente seria externo ou interno, não só pela sua impossibilidade de delimitação, mas pelo reducionismo óbvio que isso acarreta. Dessa forma, entendo que

> É por meu corpo que compreendo o outro, assim como é por meu corpo que percebo "coisas". Assim "compreendido", o sentido do gesto não está atrás dele, ele se confunde com a estrutura do mundo que o gesto desenha e que por minha conta eu retomo, ele se expõe no próprio gesto — assim como, na experiência perceptiva, a significação da chaminé não está para além do espetáculo sensível e da chaminé ela mesma, tal como meus olhares e meus movimentos a encontram no mundo (Merleau-Ponty, 2006, p. 253).

Isso significa, então, que meu corpo-próprio se mostra por uma postura, um modo de ser, um movimento intencional de acordo com aquilo que percebo ou com a ação atual ou possível que desempenho ou venha a desempenhar na espacialidade e temporalidade subjacentes. Assim, espacialidade desse corpo não é uma espacialidade posicional, mas situacional, ou seja, é "[...] uma maneira de exprimir que meu corpo está no mundo" (MERLEAU-PONTY, 2006, p. 147) como um modo de ser, de experienciar, de viver no mundo, com o mundo. Esse modo de ser é aberto a uma infinidade de posições transponíveis. Nesse sentido,

> No que concerne à espacialidade, [...], o corpo próprio é o terceiro termo, sempre subentendido, da estrutura figura e fundo, e toda figura se perfila sobre o duplo horizonte do espaço [mundano] e do espaço corporal. Portanto, deve-se recusar como abstrata qualquer análise do espaço corporal que só leve em conta figuras e pontos, já que as figuras e os pontos não podem nem ser concebidos nem ser sem horizontes (Merleau-Ponty, 2006, p. 147).

Assim, segundo Bicudo (2009, p. 152), o corpo-próprio "[...] é o corpo visto como uma totalidade, ou seja, sem separação em instâncias de espírito e matéria, que se expõe como carnalidade intencional, movimentando-se no mundo espaço/temporalmente, de maneira a agir em relação ao que percebe como solicitando ação". Não obstante, o corpo-próprio é o mediador entre "[...] um sujeito que se abre ao mundo, numa relação de conhecer e coexistir (consciência intencional), e um mundo que se dá a conhecer (objetos)" (SILVA, 1994, p. 76). Logo, o corpo-próprio é o veículo de ser no/com o mundo e diz de sua totalidade material (enquanto corpo biológico encarnado) e de sua intencionalidade revelada nos modos de ser, as quais se mostram em movimentos de vida, para a vida e com a vida.

Nesse ínterim, nossa vida, nosso mundo-vida, nosso mundo da vida ou *Lebenswelt* (HUSSERL, 2012), atualmente, se configura e se impregna cada vez mais com Tecnologias Digitais (TD). As TD, a nosso ver, precisam de um olhar especial quanto aos movimentos que permitem em termos de percepção e reflexão com o mundo e, em específico, com o universo educacional, no nosso caso específico, educacional matemático. Assim, partimos para a reflexão sobre o mundo tecnológico em que vivemos, o mundo digital, o mundo cibernético, o cibermundo e o corpo-próprio como veículo de ser nesse mundo.

As Tecnologias Digitais e nossa vivência-com...

Ao dialogarmos sobre Tecnologias Digitais buscamos estabelecer reflexões frente à ideia de corpo-próprio, a qual é discutida por Merleau-Ponty (2006). Nesse ínterim, nosso mundo-vida, filosoficamente, definido como mundo da vida (*Lebeswelt* – HUSSERL, 2012) ecoa alternâncias significativas em termos do que foi criado, inventado e constituído na materialidade digital, por meio de bits e bytes. O mundo cibernético, sob o entendimento da incorporação de recursos tecnológicos digitais ao mundo-vida, se apresenta, então, forjado por tecnologias, as quais são assim denominadas devido ao seu significado construído ao longo da história.

Conforme Williams (2015, p. 249), tecnologia é uma palavra que foi usada a partir do século 17 para descrever um estudo sistemático das artes ou da terminologia de uma arte em particular. Proveniente de *tekhnologia* (Grego), ou seja, um tratamento sistemático, e possuindo raiz *tekhne* (Grego), expressa-se como uma arte ou ofício. Não obstante, no século 18, uma definição característica de tecnologia esteve apregoada na descrição das artes, especialmente, artes e ofícios mecânicos (no sentido motor). Mais além, principalmente no século 19, a tecnologia se tornou totalmente especializada nas "artes práticas", pois, este período também se caracterizou pelo tecnólogo. Isto é,

> O recém-especializado senso de ciência (q.v.) e cientista, abriu o caminho a uma distinção moderna familiar entre conhecimento (ciência) e sua aplicação prática (**tecnologia**), dentro do campo selecionado. Isso causa algum

> constrangimento como entre **técnica** – questões de construção prática – e **tecnologia**– muitas vezes usado no mesmo sentido, mas com o sentido residual (em *logia*) de sistemático tratamento. De fato, ainda há espaço para uma distinção entre as duas palavras, com **técnica** como uma construção ou método particular, e **tecnologia** como um sistema de tais meios e métodos; **tecnológico** então indicaria os sistemas cruciais em toda a produção, distinta de "aplicações" específicas (Williams, 2015, p.249, grifos do autor)[40].

A tecnologia sendo o conhecimento da própria prática, do fazer, do realizar, constituiu produtos residuais de suas técnicas, os quais assumiram a palavra tecnologia também como significado. Ademais, no século 20, a digitalização de processos e recursos estabeleceu a adjetivação desses produtos (as tecnologias), primeiramente, como da informação e comunicação (TIC) e, de modo mais geral, como digitais (TD) devido ao seu aspecto de toque e/ou de dígitos, vinculados a algarismos e algoritmos. Frente a esse mundo cibernético, a cibercultura se manifesta, isto é, tudo aquilo que é cultivado no âmbito do mundo digital, como os conjuntos de técnicas materiais e intelectuais, as práticas, as atitudes, os modos de pensamento e valores, as linguagens textuais e pictóricas, os movimentos, as comunicações etc., ou seja, todos os modos de ser, se revelam e se articulam com os recursos tecnológicos e, principalmente, com e pela rede mundial de computadores. Ademais, a expressão ciberespaço vem à tona, a qual segundo Lévy (2000), provém da ficção científica. Esse vocábulo servia para designar o universo das redes digitais, descrito como campo de batalha entre as multinacionais, em outras palavras, palco de conflitos mundiais. Entretanto, atualmente, essa expressão se refere à representação, ampliação e explicação do que esse mesmo autor chama de:

> [...] *espaço de comunicação aberto pela interconexão mundial dos computadores e das memórias dos computadores.* Essa definição inclui o conjunto dos sistemas de comunicação eletrônicos [...], na medida em que transmitem

40 *"The newly specialized sense of science (q.v.) and scientist opened the way to a familiar modern distinction between knowledge (science) and its practical application (**technology**), within the selected field. This leads to some awkwardness as between **technical** – matters of practical construction – and **technological** – often used in the same sense, but with the residual sense (in logy) of systematic treatment. In fact, there is still room for a distinction between the two words, with **technique** as a particular construction or method, and **technology** as a system of such means and methods; **technological** would then indicate the crucial systems in all production, as distinct from specific 'applications'".*

> informações provenientes de fontes digitais ou destinadas à digitalização. Insisto na codificação digital, pois ela condiciona o caráter plástico, fluido, calculável com precisão e tratável em tempo real, hipertextual, interativo, e, resumindo, virtual da informação que é, parece-me, a marca distintiva do ciberespaço (LÉVY, 2000, p.92-93 – grifo do autor)

Devido ao fato de o ciberespaço ser um espaço aberto de comunicação, nele se encontram comportamentos que se presentificam pela tela informacional, os quais, com os aparatos tecnológicos disponíveis (textos, fotos, avatares, sons), podem e são compartilhados por "[...] uma multiplicidade de caminhos, vias possíveis de serem seguidas, 'linkadas', plugadas" (ROSA, 2008), de forma que seus alcances, interpretações e intenções configuram uma gigante amálgama de possibilidades e diferenças. Esses comportamentos, portanto, materializam os modos de lançar-se do corpo-próprio ao mundo cibernético e, dessa forma, revelam as vivências/experiências *on-off-line* em um continuum encarnado-digital. Nessa perspectiva, a vida com o mundo cibernético em uma análise dos acontecimentos decorrentes do estar-com-TD (sempre abrangendo o outro e o solo histórico-cultural) mostra um "[...] estar–com–o–outro e no aí, ou seja, na abertura do mundo" (BICUDO; ROSA, 2010, p. 39), de forma a ser possível criar imagens de si, do outro, verbalizar isso, também criando cenários de forma livre, sem muitos obstáculos que se apresentam na dimensão da realidade mundana, ou mesmo com a sensação de uma maior liberdade de opinião e de anonimato.

O estar-com-TD, em específico, com-o-ciberespaço, atualmente já forjou hábitos de vigilância do outro por meio das redes sociais, assim como, vigilância por parte dos desenvolvedores das redes para com cada pessoa conectada. Há um movimento de clicar naquilo que se gosta, almeja ou simplesmente agrada, como ato de promoção e valoração pessoal, e há a vigilância por parte das empresas para caracterizar aquilo que cada pessoa gosta, deseja, almeja, ou aquilo que está em oposição a isso. Os "*likes*", ou seja, as chamadas "curtidas" em fotos, vídeos, *posts* (postagens), comentários, publicações, viram capital social e garantem a grandes companhias cibernéticas a troca capital disso e a condução, muitas vezes, de formas de ser e pensar. Entendemos que há diferentes porquês relativos ao gostar, desejar, elogiar... uma determinada publicação, mas o que não se pode deixar de lado é que conjuntamente aos porquês, há a ação de clicar no "*like*", a ação de curtir, uma vez que "A aquisição do hábito é sim a apreensão de uma significação, mas é a apreensão de uma significação motora" (MERLEAU-PONTY, 2006, p. 198). Desse modo, "[...] as propagandas feitas pelo Google e emuladas por Facebook, Youtube e Twitter, fundaram a prática de vigiar e obter dados que possibilitam a criação e utilização de novas publicidades customizadas aos interesses de cada grupo" (SEPULVEDA; SEPULVEDA, 2021, p.11) e isso gera, cada vez mais, conexão, pois cada vez menos há intermitências no estar-com-TD (com o *smartphone*, o computador, o *tablet* e suas interfaces no ciberespaço). Quando empresas que administram redes sociais e mecanismos de busca na internet vigiam os *likes*, as visualizações, as buscas e o tempo despendido em cada página, assim como, o tempo para "dar" o "like", de cada pessoa, analisam, por meio de algoritmos, os seus comportamentos on-line, seus gostos e desejos específicos e, com isso, conseguem interferir nos seus hábitos de consumo e de comportamento, privilegiando as empresas que as financiam, devido ao acesso que elas têm a essas informações.

Nesse sentido, destacamos a interferência, ou melhor, a conexão que esse aparato tecnológico está tendo nos modos de ser de cada pessoa e, assim, soma-se a ela, à/ae/ao outra/outre/outro e ao solo histórico-cultural, pois, já estamos sendo-com-TD, sendo-com-o-*smartphone*, sendo-com-o-ciberespaço. O mundo-vida já está conectado e parece não mais conseguir desfazer isso. O corpo-próprio já abrange esses modos de ser com o mundo cibernético e, dessa forma, precisamos compreender isso.

Logo, para explicar essa atualização do "ser", resgatamos o exemplo da bengala da pessoa cega e também da pluma do chapéu vestido por outra pessoa, apresentados por Merleau-Ponty (2006). O autor argumenta que a extremidade da bengala usada por uma pessoa cega é para ela uma zona sensível, a qual amplia seu ato de tocar. A bengala não é mais percebida como um objeto, pois essa se enquadraria em uma externalidade à carnalidade do corpo da pessoa cega. Ela (a bengala), então, torna-se corpo com a pessoa cega. Do mesmo modo, a pluma do chapéu de uma determinada pessoa da época em que se usava chapéus com plumas permite a essa pessoa que ela consiga saber exatamente a dimensão espaço/temporal que possui ao se locomover. A pessoa com chapéu com pluma evita, assim, qualquer tipo de dano à cabeça e ao corpo que venha a ser provocado por movimentos mais intensos de sua parte. Para Merleau-Ponty (2006, p.199), então, "Habituar-se a um chapéu, a um automóvel ou a uma bengala é instalar-se neles ou, inversamente, fazê-los participar do caráter volumoso de nosso corpo próprio". Isto é, tanto a pessoa cega com sua bengala, quanto a pessoa com a pena em seu chapéu, assimilam "[...] a si um novo núcleo significativo" (MERLEAU-PONTY, 2006, p. 203), deixando de serem consideradas, em cada caso, dois corpos-objetos e tornam-se corpo-próprio, pois, é um corpo fenomenal, um corpo enquanto potência, um corpo como movimento, percepção, linguagem e experiência-vivida.

Nessa perspectiva, as Tecnologias Digitais também não são meras coisas, meros artefatos. Elas não são auxiliares da constituição do conhecimento, por exemplo, mas, partícipes desse processo (ROSA, 2008, 2018). As TD, em termos do que elas evidenciam em nossas vidas, principalmente, na potência que abarcam em relação à constituição do conhecimento, não podem mais ser consideradas (ou mesmo levadas para ambientes educativos) como ferramentas, isto é, instrumentos para agilizar um processo. Também não como próteses, no sentido da suposição que haja uma possível substituição da pessoa. Assim, as TD situam-se como meios de revelação (ROSA, 2020), ou meios de criação de ideias. Isto é, não são consideradas um meio para se alcançar um fim, não são também consideradas como produtos ou processos da atividade humana, mas recursos conectados ao "ser", de modo a se constituir como corpo (ROSA; CALDEIRA, 2018) com ele, uma vez que são mundo, mundo cibernético, que provocam, suscitam o ser, o pensar e o saber fazer, levando a cabo novas formas de agir, criar, formar imagens, imaginar.

Não obstante, em termos de ensino, aprendizagem e formação com professoras/professories/professores de matemática, também consideramos

> [...] o papel das TD na Educação Matemática, especialmente, em espaços educativos, conforme Rosa (2018, 2022) e Rosa & Pinheiro (2020), não como ferramentas ou próteses, pois elas, a nosso ver, não devem ser adotadas somente como instrumentos de agilidade de processos ou substituição desses. Isto é, não é viável em nossa concepção que as TD, nas aulas de matemática, assumam um papel de agilidade, analogicamente entendido como o papel de uma chave de fenda (ferramenta) que somente agiliza a retirada de um parafuso, o qual poderia ser retirado do mesmo modo, porém de forma mais lenta (*a priori*) com uma faca sem ponta. Também, não assumimos o papel das TD de forma análoga a de uma prótese dentária, a qual

> substitui os dentes no processo de mastigação. Se as TD forem entendidas como ferramentas ou como próteses, perdem potencialidades educacionais importantes, pois as TD podem e devem (a nosso ver) assumir o papel de partícipes dos processos de ensino e de aprendizagem, sendo consideradas como meios de revelação (Rosa, 2020) ao permitirem atos de invenção e imaginação, assim como acontece na análise de um recurso como a fotografia, a qual é um produto, mas que nos remete a memórias, a situações vividas, a sentimentos, afetos, reflexões etc. As TD podem nos permitir ir além do que se apresenta de imediato, podem permitir imaginar, inventar, criar e experienciar situações em que o questionamento de "e se determinada situação ocorrer?" se materialize. Elas precisam assumir o papel de revelação ao invés de somente agilizar cálculos ou construções gráficas, assim como substituir outro recurso como lápis e papel, por exemplo. Reproduzir uma atividade que pode ser feita com outro material utilizando as TD nada avança no processo de constituição do conhecimento. Para nós, apenas estabelece uma falsa ideia de novidade e de atualização do processo educativo (Rosa et. al., 2018). Também, Rosa (2018. p. 257) fundamenta esta concepção, por exemplo, quando revela que "O entendimento [...] [da experiência] com tecnologias não se caracteriza como uso pelo uso, mas um ato articulador sob uma intencionalidade que concebe o recurso tecnológico como partícipe da [constituição] [...] do conhecimento". Precisamente, as tecnologias são consideradas um meio de revelação (Rosa, 2020), pelo qual o ser se "pluga", se conecta, se identifica, pensa, reflete, age, vivenciando com as TD modos possíveis de ser-com-TD, pensar-com-TD e saber-fazer-com-TD. (SILVA; ROSA, 2022, p.7-8).

Nesse ínterim, ao compreender as TD do mesmo modo que a bengala da pessoa cega é compreendida por Merleau-Ponty (2006), assumimos a perspectiva que cada uma/ume/um de nós se instala nelas e/ou, inversamente, faz elas participarem do caráter volumoso de nosso corpo-próprio.

Doravante, as TD ainda se mostram por meio do constructo teórico que as toma como partícipes dos atos de interação com as/es/os outras/outres/outros e com o mundo, esse constructo denominado Cyberformação/Cyber-educação (ROSA, 2018, 2022a., 2022b; ROSA; GIRALDO, 2023) investiga e descreve as experiências com TD, ou seja, vivências dadas com o mundo cibernético e todo o aparato relativo a ele. Cada vivência se mostra por meio do corpo-próprio que revela sua intencionalidade e revela-se como

"Ser-com-TD", que concebe a ideia do 'ser' que é verbo, que é movimento e que se identifica e se atualiza com o mundo cibernético. As TD, então, se desvelam enquanto mundo, são o mundo cibernético, o qual também é realidade (BICUDO; ROSA, 2010). Em outras palavras, as TD "[...] são o meio pelo qual o 'ser' se percebe e se desvela ao mostrar-se" (Rosa, 2018, p. 5, grifos do autor), identificando-se, constituindo-se, transformando-se como quiser, estética e comportamentalmente.

Assim, as TD, por exemplo, um *videogame* ou computador, juntamente com o jogo eletrônico que é jogado com ele, cria um espaço digital que é palco para a atuação dos avatares digitais (seres projetados com a TD), tornando-se meio para o ser-com-TD. Nesse ínterim, quando o corpo-próprio se lança a esse espaço, a/ê/o jogadora/jogadorie/jogador não controla um "ser" diferente a ela/elu/ele, mas ela/elu/ele própria/ie/o o "é", nesse espaço. O corpo-próprio, então, torna-se composto também por *bits*, pois a materialidade dada em tela atualiza-se por meio do código computacional das tecnologias. O corpo-próprio não é apenas o biológico, mas o fenomenal (Merleau-Ponty, 2006) e é esse corpo que se lança no mundo cibernético "[...] movimenta-se entre imagens, sons, informações, [...][constituindo] o conhecimento [...] [com o mundo cibernético], assim como, se autoconstruindo virtualmente" (Rosa, 2008, p. 104). A/Ê/O jogadora/jogadorie/jogador, por exemplo, passa a ter outra materialidade nesse espaço criado, não deixando sua materialidade biológica, mas lançando-se, sentindo e assumindo essa identidade, a qual também é dada por sua identificação com o avatar ou mesmo pela criação desse a partir de escolhas e desejos.

Há também o pensar-com-TD, ação intrínseca ao ser-com-TD, pois, conforme Rosa (2008, p. 106), "Nessa perspectiva, as identidades *online* possibilitam o pensar-com-o-ciberespaço de forma a se perceber com ele, assim como, uma forma de pensar-com-o-computador de maneira a [constituir] conhecimento nas relações com o mundo e com os outros". Assim, o *videogame*, ou o computador, ou o *smartphone*, ou o *tablet*, ou outro recurso tecnológico, não é apenas uma ferramenta que agiliza a ação da/de/do jogadora/jogadorie/jogador, mas um meio de revelação (ROSA, 2020) de situações, problemas, contextos, ações, sendo aquilo que dá condições de aberturas a novos horizontes, isto é, à aprendizagem. Rosa (2018) considera que o pensar-com-TD ocorre com qualquer meio tecnológico, desde que a imersão no mundo cibernético ocorra. Essa imersão em um jogo eletrônico pode ser identificada quando esse jogo, por exemplo, estabelece como uma pista de localização a temperatura de uma determinada região. Isto é, conforme visto em Rosa (2004), para se encontrar um determinado portal, a pista de sua localização era que o portal estava em uma localização cuja temperatura era -4°C. Assim, a jogadora/jogadorie/jogador, por meio do mapa do jogo, precisava pensar: qual local do jogo se configura com essa temperatura? Quais elementos estéticos revelam esse cenário cuja temperatura revela ser um ambiente frio? Certamente, a região representada por uma paisagem (cujos ícones são identificados dessa forma) com neve era o local no qual o portal se encontrava. Assim, por consequência, a movimentação até o local deveria ocorrer.

É possível notar que o pensar-com-TD permite as formações e transformações na produção e/ou constituição de conhecimento, uma vez que o pensar é efetuado em *com-junto* (ROSA, 2008) com micromundo (PAPERT, 1985) do jogo eletrônico, explicitando a atuação da TD como partícipe no processo, pois, sem o jogo, sem sua interface, o objetivo daquilo que se desejava, na ação do jogo, não seria alcançado.

Do mesmo modo, a ação posterior, de movimentação até o local do portal que foi descoberto, era necessária. Isto é, a/ê/o jogadora/jogadorie/jogador precisava se colocar em movimento até chegar à região com neve. Veja, a/ê/o jogadora/jogadorie/jogador é quem se move, mesmo que essa ação em tela seja efetuada com um avatar. O avatar é a/ê/o jogadora/jogadorie/jogador, ou seja, a pessoa que joga é que intencionalmente se movimenta com o jogo, é ela quem realiza os comandos necessários a esse movimento. Com isso, então, há o saber-fazer-com-TD (ROSA, 2008) que retrata a ação intencional de agir no mundo digital. Não é uma ação aleatória, pois, como Rosa (2015, p. 8) explicita, o saber-fazer-com-TD "[...] é a expressão cunhada para identificar o ato de agir com TD de forma que ao fazer, me perceba fazendo e reflita sobre isso, [constituindo] conhecimento ao mesmo tempo em que me construo como ser".

Destarte, o constructo teórico denotado por Cyberformação/Cybereducação, abrange o ser-com, pensar-com e saber-fazer-com-TD, de modo que, aqui, com o exemplo utilizado (das TD e jogo eletrônico) buscamos elucidar as ações intencionais que a pessoa que joga tem ao estar-com-a-TD, jogando. A intencionalidade de cada pessoa com as TD,

> [...] justamente [perfaz] o fenômeno do hábito [e] convida-nos a remanejar nossa noção do 'compreender' e nossa noção do corpo. Compreender é experimentar o acordo entre aquilo que visamos e aquilo que é dado, entre intenção e a efetuação – e o corpo é nosso ancoradouro em um mundo. (MERLEAU-PONTY, 2006, p. 200).

No caso, o mundo cibernético é o atual mundo em que cada pessoa se ancora, e suas interfaces, as TD, são flexíveis e adaptáveis à cada forma de pensar, assim como, seus recursos também são meios de revelação desses modos. Não obstante, o avatar assim como a bengala também é incorporado, torna-se participante do caráter volumoso do corpo próprio, sendo este o veículo dos modos de ser no jogo eletrônico, agindo, pensando, explorando, experienciando, vivendo em tela.

Uma vez aclimatados à tecnologia, cada pessoa experiencia a TD do mesmo modo como um músico toca seu instrumento, isto é, identifica-se com a TD, tornando-se uma/ume/um com ela (a TD), assim como, o músico "[...] senta-se no banco, aciona os pedais, dispara as teclas, avalia o instrumento com seu corpo, incorpora-se a si as direções e dimensões" (MERLEAU-PONTY, 2006, p. 201), a pessoa aciona a TD, dispara os comandos, avalia sua execução com seu corpo e incorpora as reações dela. No jogo eletrônico, por exemplo, isso também acontece. Jogar a linguagem das TD é produzir uma nova maneira de ser, de pensar e de saber-fazer-com.

Também com o jogo eletrônico, a/ê/o jogadora/jogadorie/jogador-avatar cumpre aquilo que Merleau-Ponty (2006, p.122) define: "[...] ter um corpo é, para um ser vivo, juntar-se a um meio definido, confundir-se com certos projetos e empenhar-se continuamente neles", de forma que no jogo eletrônico, cada pessoa junta-se ao meio, ao ambiente, à situação vivida, confundindo-se e empenhando-se a percorrer e alcançar os objetivos propostos naquele micromundo. Além disso, cada pessoa objetiva ir além, descobrir novas paisagens, experimentar novas situações, ultrapassar novos desafios, aprender.

Entretanto, como mais uma possível mercadoria, o jogo eletrônico não assume em termos de sociedade somente um caráter profícuo de aprendizagem e constituição de conhecimento. Enquanto micromundo no qual o corpo-próprio se lança, há eventuais críticas em relação à violência que jogos dessa natureza poderiam provocar. Porém, Jones (2004) já esclarece essa questão desmistificando-a e apontando o apelo à conexão fantasiosa que esses meios de entretenimento nos remetem, assim como, a grande ajuda que podem proporcionar ao desenvolvimento de cada criança e jovem em uma perspectiva saudável. Todavia, os significados que jogos eletrônicos assumem, atualmente,

> [...] foram além do conceito de "jogo", uma vez que as práticas sociais em torno desta foram além da interação originalmente proposta, atingindo também observadores em espaços de consumo e criando uma nova classe de consumidores, cujo consumo não estava mais relacionado ao entretenimento originalmente proposto, mas sim no sentido conspícuo, como objeto de status que determinava o novo valor de um jogo enquanto mercadoria (VOLL; BARRIZON, 2020, p.18).

Esse fato impele questões subjacentes aos modos de ser do humano, jogos eletrônicos, robôs ou, nos dias atuais, os *bots*[41], as plataformas de *streaming*[42], as tecnologias de Realidade Aumentada (RA) e de Realidade Virtual (RV) de alta imersão, assim como, as redes sociais interferem no comportamento humano, uma vez que o corpo-próprio incorpora esses recursos. Nesse sentido,

---

41 "*Bots* são, basicamente, programas de computador usados com fins de automação na internet — daí o porquê da sua denominação (abreviatura para o termo *robot*). Tratar do que são os *bots* exige uma abordagem complexa, que perpassa analisar quais são estrutura, a função e o uso do tipo de sistema automatizado de que se irá tratar. Conforme tais categorias, há vários tipos — normalmente denominados conforme nomenclatura técnica proveniente da Língua Inglesa —: desde o início da internet, há *bots* que realizam a tarefa de acessar, arquivar e rastrear os milhares de sites que diariamente são adicionados à rede (os chamados *web robots*, essenciais para desenvolver os motores de busca de páginas na internet); há os bots que realizam diálogos entre computador e ser humano, que operam em linguagem natural (conhecidos como *chatbots*, tais como a Siri da Apple e a Alexa, da Amazon); outros que servem para espalhar publicidade comercial e vírus em massa (os *spambots*); e há, por fim, contas automatizadas em redes sociais (tais como o Facebook e o Twitter), que assumem uma identidade fabricada, se infiltram em redes de usuários, produzindo conteúdos diversos e interagindo, assim, com usuários humanos (os *social bots*). Quando necessitam da intervenção humana para disseminar conteúdo, os *bots* sociais são conhecidos como *sockpuppets* ("fantoches", numa tradução livre); e os *sockpuppets*, quando possuem motivação política e/ou intervenção governamental, são frequentemente chamados de *trolls*. Quando ocorre a combinação entre *bots* e humanos, uns prestando assistência aos outros, configuram-se os ciborgues ou contas híbridas. Essa terminologia é meramente exemplificativa, dependendo do usuário (e/ou da cultura), ocorrem variações e confusões" (FORNASIER, 2020, p.15-16).

42 "[...] a transmissão, *em tempo real*, de dados de áudio e vídeo de um servidor para um aparelho – como computador, celular ou smart TV. [...] Geralmente, o termo streaming vem acompanhado das palavras *serviço* ou *plataforma*, já que se popularizou pelas empresas que oferecem vídeo (filmes, séries, documentários) ou áudio (músicas, podcasts) para serem consumidos em tempo real pelos clientes" (LEITE, 2020, s/p, grifo do autor).

> [...] as redes sociais não controlam somente o comportamento e o tempo, mas influenciam, também, e cada vez mais, no autoconceito (imagem ou ideia que o indivíduo faz de si mesmo), na autoimagem (descrição que a pessoa faz de si, da forma como ela se vê) e na autoestima (a qualidade, o valor que o indivíduo se dá em relação ao que acredita ser) das pessoas (SEPULVEDA; SEPULVEDA, 2021, p.8-9).

Cada pessoa se reconhece nas/com as redes sociais e nessas também interage, muitas vezes, com os *bots*, os quais podem ser de diferentes vertentes. Eles (os *bots*) também replicam nas redes sociais notícias falsas criadas por perfis existentes. Essas "(des)informações" proliferam e parecem ser "verdadeiras", uma vez que seus números de retransmissão são altos (o que sugere uma ideia de verdade). Os *bots* geralmente são constituídos como códigos de programação que têm por objetivo interagir com pessoas sobre algum conteúdo específico, mantendo *hashtags* ("#") em posições altas nas redes sociais (como o Twitter) (SEPULVEDA; SEPULVEDA, 2021).

Na atualidade, também há um movimento de questionamento e admiração em relação ao ChatGPT que é um recurso de Inteligência Artificial (IA) de escrita generativa que pode atuar como, ou até mesmo substituir completamente, determinados tipos de redatores. Assim,

> Avanços recentes em inteligência artificial generativa podem ter implicações generalizadas para produção e mercados de trabalho. Novos sistemas de IA generativa, como ChatGPT ou DALL-E, os quais podem ser solicitados a criar novos textos ou saídas visuais a partir de grandes quantidades de dados de treinamento, são qualitativamente diferentes da maioria dos exemplos históricos de tecnologias de automação. Ondas anteriores de automação impactaram predominantemente tarefas de "rotina" que consistem em sequências explícitas de etapas que poderiam ser facilmente codificadas e programadas em um computador (Autor e Dorn, 2013; Autor, 2015). Tarefas criativas e difíceis de codificar (como escrever e gerar imagens) em grande parte evitaram a automação - um padrão que os estudiosos observaram que pode mudar com o advento de técnicas profundas

de aprendizagem que agora sustentam sistemas de IA generativos (NOY; ZHANG, 2023, p.1, tradução nossa[43]).

As técnicas de aprendizagem profunda, como mencionado em textos de ciências da computação, perpassam formas de leitura de outros textos e posicionamentos na rede de computadores e a expressão clara de um novo texto sobre a temática inquerida. Nesse sentido, que corpo é esse? Que corpo a máquina assume? Um corpo que não tem intencionalidade? Ou um corpo cuja intencionalidade é programada? Na beira dessas questões, não podemos esquecer a outra ponta da bengala, isto é, as pessoas que são desenvolvedoras desse tipo de tecnologia, a generativa, assim como, seus usuários. A semelhança ao pensamento humano é admirável, mas esse pensamento não é livre do humano. Há um movimento intencional e diferentes materialidades que sustentam tanto a IA quanto outras tecnologias como a RA e a RV de alta imersão. O senso estético com a percepção dessas tecnologias é, de longe, implacável, uma vez que a própria estética e a experiência vivenciada com elas se referem aos nossos afetos e aversões, similarmente ao modo pelo qual o mundo atinge nosso corpo em suas superfícies sensoriais (ROSA, 2021). Todas essas TD são mundo e têm por base a ação humana, logo, a simbiose com elas perfaz o corpo-próprio, o qual continua sendo visto como uma totalidade. Não há separação em diferentes instâncias, o corpo-próprio se expõe como carnalidade intencional, conectado, plugado ao mundo, movendo-se espaço/temporalmente e agindo conforme o percebido (BICUDO, 2009).

É claro que questões éticas e bioéticas atravessam cada vez mais o modo dessas TD se colocarem na vida diária, a conversa com a Siri ou Alexa, que são assistentes virtuais criadas com base na IA e que utilizam processamento de linguagem natural para responder perguntas, fazer recomendações e executar ações interligadas ao sistema digital, pelo qual elas fazem parte, faz com que questões de vigilância de dados, de monitoramento de individualidades, sejam

43 "*Recent advances in generative artificial intelligence may have widespread implications for production and labor markets. New generative AI systems like ChatGPT or DALL-E, which can be prompted to create novel text or visual outputs from large amounts of training data, are qualitatively unlike most historical examples of automation technologies. Previous waves of automation predominantly impacted "routine" tasks consisting of explicit sequences of steps that could be easily codified and programmed into a computer (Autor and Dorn, 2013; Autor, 2015). Creative, difficult-to-codify tasks (such as writing and image generation) largely avoided automation—a pattern that scholars noted might change with the advent of the deep learning techniques that now underpin generative AI systems*".

realizadas sobressaindo-se por vezes na decisão de não aquisição dessas assistentes. Também, as redes sociais são alvo profícuo de vigilância de dados, como dito, e servem assim para "[...] modelar e manipular as pessoas em vários sentidos. Vamos percebendo que elas fazem uso de uma abordagem comportamentalista que interfere nos processos de aprendizagens e na visão de mundo dos indivíduos [...]" (SEPULVEDA, SEPULVEDA, 2021, p. 5) e isso nos coloca em alerta. A intencionalidade das pessoas por trás dessas TD é fato que se propaga em ato de questionamento e de educação, pois "Estamos para sempre sendo feitos e refeitos pelas nossas próprias invenções" (KERCKHOVE, 2009, p. 22). Logo, é importante destacar que a cultura globalizada e os padrões de comportamento que são assumidos e revelados pelas imagens que se propagam nas redes sociais contribuem para a construção de estereótipos de consumo – hipster, intelectual, guetos, moda e vida urbana, hábitos alimentares, carnalidade corpórea etc. – assim, o que se propaga e é percebido, precisa, então, de um passo a mais, isto é, reflexão. Por isso, nossos movimentos de educação, em especial, de educação matemática, sugerem a percepção como primado do conhecimento (MERLEAU-PONTY, 1990) e carregam a constituição do conhecimento matemático e o que esse engloba com esse, por meio das ações intencionais de ser, pensar e saber-fazer-com-TD.

A Educação Matemática como solo da materialidade de nossas ideias...

Nessa seção, pesquisas com Tecnologias Digitais que envolveram a concepção de corpo-próprio no âmbito da Educação Matemática são discutidas. Assim, os movimentos metodológicos, teóricos e de análise são evidenciados, de modo a apresentar seus resultados e as convergências que esse capítulo desvela em relação às consonâncias filosóficas entre as experiências com Tecnologias Digitais e o *lócus* do corpo-próprio nessas experiências, o qual deflagra a constituição do conhecimento.

Entre as pesquisas, a de Silva e Rosa (2020) objetivou investigar como se mostra a constituição do conhecimento matemático quando movimentos corporais são realizados por estudantes que jogam o jogo eletrônico Sports Rivals (Boliche), do *videogame* Xbox One com Kinect (sensor de movimento corporal). A pesquisa, então, teve como sujeitos quatro alunos do primeiro ano do Ensino Médio e se ancorou teoricamente, principalmente, na percepção (MERLEAU-PONTY, 2006) e na experiência com Tecnologias Digitais (ROSA, 2018). Uma das formas da constituição do conhecimento matemático se mostrar foi desvelada "Pela expressão da percepção do movimento de outro corpo". Isto é, a maneira como os estudantes tentaram expressar suas percepções dos movimentos do outro (visto na tela da TV conectada ao *videogame*, durante o próprio movimento e, após, com a gravação em vídeo realizada e analisada *a posteriori*) trouxe nuanças direcionadas à própria reflexão matemática sobre suas expressões. Essa ação reflexiva permitiu que o próprio movimento posterior deles acontecesse como uma repetição do visto, mas com correções pré-estabelecidas em termos de angulação e posicionamento de braços e pernas. Intuitivamente os estudantes criaram modelos para realização de teste de movimento e para seu aperfeiçoamento com o próprio *videogame*, com o recurso de leitura corpórea e de comando do jogo.

A percepção se deu no ver-visto dos movimentos corpóreos do outro e, nesse processo, a constituição do conhecimento se mostrou com as ações intencionais de ser-com-TD, pensar-com-TD e saber-fazer-com-TD, pois, é com as TD (*videogame*, kinnect, jogo eletrônico, filmagem e exibição em vídeo dos movimentos gravados, assim como, o software de mensuração de distâncias e ângulos - nas capturas de imagens do próprio vídeo gravado) que o corpo-próprio se lançou à constituição do conhecimento matemático. Isso ocorreu porque o corpo-próprio fala, se move, questiona, manifesta pausas, ri, realiza repetições, concorda, discorda, troca de temática reflexiva, retorna à temática, busca ideias consonantes com as demais, inventa formas de aprender, entre tantas outras ações. Para Silva e Rosa (2020), as percepções que as/ês/os participantes expressaram em relação aos movimentos de outra/outre/outro participante se mostram na totalidade corpórea, não dividindo o corpo em partes, uma vez que as/ês/os estudantes se dirigiram a um só corpo, quando se referiram ao movimento do lançamento da bola de boliche, efetuado com as pernas paradas de um jogador, mas referindo-se a elas como corpo. Também, ao se referirem à altura do jogador, expressaram essa, como sendo a altura da mão que é movimentada a cima da cabeça até o tronco, sem especificar partes desse corpo.

Além disso, tanto a percepção do movimento para quem joga, quanto para quem observa, torna-se primado do conhecimento (MERLEAU-PONTY,

1990). Suas percepções tornaram-se orientadoras de movimentos subsequentes, pois as/ês/os participantes simularam os mesmos movimentos, para os melhorarem em termos de performance com o jogo. Isso é apresentado pelo autor e pela autora ao debaterem as discussões das/de/dos participantes da pesquisa sobre os ângulos, a ortogonalidade de seus corpos em relação ao chão, a concorrência do braço em relação ao tronco etc. Quando os cossujeitos são o cerne de sua percepção, há a expressão das percepções também durante o movimento das/des/dos outras/outres/outros colegas que estão jogando, isto é, sendo-com, pensando-com e sabendo-fazer-com-TD, em específico, com-Xbox-Kinect, elas/elus/eles debatem e revelam sua processualidade de constituição do conhecimento matemático. Silva e Rosa (2020) entendem que as TD necessitam do corpo-próprio para atualizarem os movimentos no jogo. Essa atualização em tela potencializa o próprio movimento do corpo como o primado do conhecimento, pois as TD revelam outras possibilidades que a realidade mundana não ofertaria de imediato. Está na percepção dos movimentos do corpo-próprio o cerne da própria atividade matemática desenvolvida. Assim, a constituição do conhecimento matemático, ao se estar-com-jogos-eletrônicos-e-sensores-de-movimento, vislumbra de forma potencializada a percepção como primado do conhecimento, ou seja, é com o corpo-próprio que se incorpora as TD e é com ele que a constituição do conhecimento ocorre. No entanto, atualmente, nos cabe lançar luz sobre questões não investigadas em foco pelo autor e pela autora. No ato de reproduzirem os movimentos das/des/dos colegas, não seria o caso de provocar reflexão sobre a própria reprodução, por vezes, involuntária? Seria essa reprodução de movimentos uma ação com a mesma intencionalidade da reprodução de estereótipos nas redes sociais? Ou de seguir, reproduzindo a ação de colegas, uma/ume/um determinada/e/o *influencer* no Youtube? Em qual contexto a reprodução corpórea se liga à quantificação de necessidade de likes em fotos pessoais? Essas questões são importantes para que pesquisas, em um futuro breve, se destinem a elas, pois são caras para o momento.

Também, Rosa, Farsani e Silva (2020), no mesmo contexto de pesquisa de Silva e Rosa (2020), discutem a linguagem corporal de estudantes e o quanto matematicamente esses estudantes conjecturam uma maneira de melhorar sua performance no jogo de boliche eletrônico. Utilizando-se do Kinect como recurso de leitura corpórea, isto é, sensores corporais que habilitam as próprias ações no jogo, estudantes realizaram interações em um grupo de quatro pessoas, refletindo sobre atividades matemáticas com o jogo Sports (boliche), no Xbox One com o Kinect. Matematicamente, as/ês/os estudantes refletiram sobre angulação, velocidade, posição em relação a um eixo e em relação ao seu avatar no jogo, controlado por seu corpo-próprio. Nesse viés, Rosa, Farsani e Silva (2020) discutem a cognição corporificada sob a perspectiva filosófica, ilustrando a linguagem corporal das/des/dos estudantes ao conjecturarem matematicamente maneiras de se superar no jogo, melhorando sua performance com o boliche eletrônico. O estudo indica que a participação com o jogo eletrônico e sensor de movimento não minimizou as mensagens verbais simplesmente, mas focou na compreensão matemática manifestada pela reflexão sobre seus movimentos por meio do corpo-próprio. Assim, a constituição do conhecimento matemático das/des/dos estudantes, então, aconteceu por meio das ações intencionais de ser-com-TD, pensar-com-TD e saber-fazer-com-TD, as quais, no caso deste estudo, se apresentaram na conexão com os sensores corporais para que as próprias ações com o/do/no jogo se atualizassem.

O movimento-corpóreo-com-o-jogo, então, aconteceu em um ambiente mundano, mas com um fundo digital, uma vez que o jogo já está conectado aos próprios corpos das/des/dos estudantes. Fenomenologicamente, a tecnologia se apresentou na pesquisa de Rosa, Farsani e Silva (2020) como meio de revelação (discutido em Rosa (2020)), pois, quando as/ês/os estudantes se permitiram atuar com as TD, a sua atenção repousou sobre a revelação daquilo que as TD mostravam por meio de seus movimentos. Por exemplo, ao fechar a mão, a bola de boliche surgia e ao se movimentar para lançar essa bola de encontro aos pinos, somente abrindo a mão é que ela escaparia. Logo, o novo na tecnologia contemporânea se mostra para nós como enquadramentos (*enframing*) e isso significa que formas de revelar ações, situações, ambientes, objetos digitais é o que se evidencia na essência da tecnologia e é o que, em si, faz a revelação não ser técnica (ROSA, 2020), mas, fenomenal com o corpo-próprio. Assim, o corpo-com-tecnologias também não foi concebido como um objeto do mundo, mas como o meio de comunicação com ele, o meio de revelação daquilo que está a ser percebido de outra maneira que não a comumente percebida com o mundano. A nosso ver, o corpo-com-tecnologias também não é,

> [...] mais concebido como um objeto do mundo, mas como nosso meio de comunicação com ele, para o mundo não mais concebido como uma coleção de objetos determinados, mas como o horizonte latente de toda a nossa experiência e ela mesma sempre presente e anterior a todo pensamento determinante (Merleau-Ponty, 2006, p.136-137).

Assim, com as TD o corpo-próprio também não se configurou nessa pesquisa como um objeto colado ao sujeito, mas uma unidade implícita e confusa (opondo-se ao movimento reflexivo que separa o objeto do sujeito e o sujeito do objeto). Percebemos, então, a todo momento, o mundo com nosso corpo-próprio, porém, a otimização dos movimentos que são gerados por esse corpo não é percebida de igual forma. Essa otimização é sutil e os movimentos que foram mostrados e percebidos, no caso dessa pesquisa, com TD, puderam ter um efeito positivo direto tanto no processo de ensino, quanto no de aprendizagem, uma vez que a percepção também ocorreu com a atividade matemática proposta, a qual tomou outros recursos como a gravação desse movimento e a visualização desses a *posteriori*. No caso, nossas questões elencam os modos de perceber com as TD. Seria a percepção de um vídeo só a percepção dos movimentos do vídeo ou já estaríamos em um outro patamar, no caso, reflexivo? Além disso, a não-percepção momentânea da otimização do movimento, a qual não gera *insights* seria a mesma não-percepção do que ocorre nas redes sociais em relação aos *likes* dados? Quais as consequências críticas disso?

Não obstante, Rosa e Pinheiro (2020), em sua pesquisa, concebem a experiência com Tecnologias Digitais de Realidade Virtual com alta imersão (TDRV+), como outra situação que revela a potencialização da constituição do conhecimento matemático. Para o autor e a autora, os recursos dados com a TDRV+ fazem parte do processo de pensar matematicamente com TD e, dessa forma, não se limitam à experiência com estudantes, mas investigam como a experiência com atividades-matemática-com-TDRV+ podem ser construídas e orientadas por professoras/professories/professores, no sentido de "ser-pensar-saber-fazer-matemática-com-TD", no decorrer de um processo de Cyberformação. Portanto, o estudo discutiu a Cyberformação, atualmente, definida como ou forma/ação com professories de matemática (ROSA, 2022a, 2022b) que experiencia TD em sua *práxis*. Nesse sentido, o estudo afirma que essa forma/ação, ou seja, a forma em ação, a ação de dar forma nunca acaba, mas em um *continuum*, precisa ir além da noção de uso de TD na educação matemática, a qual foca na aceleração de processos cognitivos (a calculadora faz cálculos mais rápidos, por exemplo), ou apenas foca no suposto "apoio" por parte das TD ao ensino de matemática (o computador canaliza a atenção dos alunos ao realizar uma tarefa de construção gráfica, por exemplo). O ir além encontra-se, então, no ato de investigar o processo educacional matemático que acontece com as TD pelas/peles/pelos professoras/professories/professores, em particular com TDRV+, em termos da inseparabilidade corpórea e/ou potencialidade do pensamento matemático.

Os resultados obtidos por Rosa e Pinheiro (2020) apontam que as/ês/os professoras/professories/professores participantes ampliaram/aprimoraram conjecturas em termos de reconhecimento espacial com Realidade Virtual de alta imersão, a qual possui diferentes aspectos que não são comuns em termos daquilo que é vivenciado na realidade mundana. A geometria apresentada em sala de aula, por exemplo, é diferente da que é revelada em muitos ambientes tecnológicos como o que foi experienciado com os óculos de Realidade Virtual e o jogo *Infinity VR*, no decorrer da pesquisa de Rosa e Pinheiro (2020). Mesmo com uma versão de demonstração à época, a qual era compatível com sistema operacional Android, o jogo permitia a exploração de um ambiente virtual imersivo em primeira pessoa, onde a/ê/o jogadora/jogadorie/jogador manipulava por meio de controle remoto e também com movimentos dos óculos de RV, via *bluetooth*, o seu deslocamento por um caminho sinuoso até encontrar uma porta no jogo, ou seja, esse encontro era o próprio objetivo do jogo. O caminho a ser percorrido apresentava-se como uma pista na qual se pode "caminhar" sobre ela e pensar em estratégias de escolhas de diferentes percursos para chegar à porta. O jogo possui um *design* específico e é possível visualizar todo o ambiente à medida em que se movimenta a cabeça para analisar o entorno da posição onde cada jogadora/jogadorie/jogador se encontra imerso. O que chama a atenção é a dinâmica do pensamento-matemático--com-RV e a percepção do ambiente por meio do corpo-próprio, não mais localizado na realidade mundana.

No caso das/des/dos professoras/professories/professores participantes da pesquisa, nota-se que elas/elus/eles vivenciaram a prática matemática com RV diferentemente do modo como ensinam matemática em suas salas de aula, visto que estavam conectadas/es/os aos óculos de RV, ao espaço cibernético, movimentando-se por um cenário no qual a lei da gravidade não se cumpria. Elas/elus/eles se locomoveram por caminhos que as/ês/os deixavam de cabeça para baixo, por um longo período de tempo, sem cair no espaço em questão, experimentando uma ausência de gravidade ainda não testada por elas/elus/eles, pois sua percepção se deu em um mundo diferente daquele vivenciado na realidade mundana. Ademais, no mundo cibernético de TDRV+, elas/elus/eles moveram objetos de um tamanho grande e com massa elevada, se comparado com o tamanho e com a massa de seu avatar, o que na realidade mundana não aconteceria, considerando suas limitações físicas e condição humana proporcionais ao tamanho e massa do objeto. Não se ergue sozinho na realidade mundana um contêiner, por exemplo, sem o auxílio de um guindaste. Logo, nessa investigação, a dimensão matemática foi experienciada com TDRV+, de modo que a constituição do conhecimento emergiu da articulação da matemática intencionalmente gerada com o cibermundo imersivo, visto a construção do próprio jogo e o objetivo a que se destinava, assim como, com as questões situadas nesse contexto tecnológico da RV que surgiram somente na percepção do próprio mundo. No caso, Rosa e Pinheiro (2020), também apresentam que houve diferentes compreensões para o conceito de dimensão, as quais deram sentidos particulares a essa ideia (dimensão) e que puderam ser entendidos como dimensões em RV. Um exemplo, é quando um professor, estando na RV, chama de dimensão a "mudança atmosférica", tratando da percepção dessa realidade por meio de sua localização espacial. Nessa perspectiva, a RV enfatiza a navegação em espaços tridimensionais e, assim, a imersão nesse tipo de ambiente cibernético pode nos levar a considerar a técnica subjacente ao próprio movimento perceptivo, ou seja, o que está por trás do ver-visto, como a projeção, a programação de cenários e interfaces, a materialidade tecnológica enquanto esqueleto daquilo que se mostra. Todo esse aparato promove percepções possíveis de espaços e conjecturas espaciais com aspectos diferentes dos comumente conhecidos e isso nos permite expandir ideias e conjecturas, mudando a forma como entendemos o mundo. No entanto, não abdicamos de considerar a intencionalidade de quem programa, de quem se lança à construção desse espaço/mundo cibernético. Também, não deixamos de considerar que experienciar atividades-matemáticas-com-RV de forma a ser-com, pensar-com e saber-fazer-com-RV nos permite ir além da memorização de técnicas matemáticas, obrigando-nos a indagar "e se?". Isto vale para ressaltar o papel efetivo da tecnologia como partícipe da constituição do conhecimento, pois, sem ela, esse processo não seria o mesmo.

Assim, com a RV movemo-nos educacionalmente em fluxos contínuos que se misturam, se cruzam, mas nunca retrocedem. O corpo-próprio move-se, articula-se, educa-se, projeta-se, salta e nunca retrocede intelectualmente e criativamente, no sentido de ter que fazer nesse ambiente atividades mecânicas, matematicamente repetitivas, de memorização, por exemplo. Isso se dá com o mundo cibernético gerado por TDRV+, pois, o

> [...] sistema da experiência no qual eles [o corpo e o mundo] se comunicam não está mais exposto diante de mim e percorrido por uma consciência constituinte. *Eu tenho* o mundo como indivíduo inacabado através de meu corpo enquanto potência desse mundo, e tenho a posição dos objetos por aquela de meu corpo ou inversamente, a posição de meu corpo por aquela dos objetos, não em uma implicação lógica e como se determina uma grandeza desconhecida por suas relações objetivas com grandezas dadas, mas em uma implicação real, e porque meu corpo é movimento em direção ao mundo, o mundo, ponto de apoio de meu corpo (MERLEAU-PONTY, 2006, p. 468-469 – grifo do autor).

No caso, o mundo percebido com TDRV+ é outro, é aquele em que podemos nos movimentar por caminhos nos quais estaremos de cabeça para baixo, por exemplo, é um mundo que se doa como ponto de apoio a nosso corpo e que permite ações e vivências não experienciadas anteriormente, ações, muitas vezes, não sustentadas nas leis da física clássica. Logo, a percepção, nesse sentido, se abre a horizontes inimaginados e nossa constituição do conhecimento, consequentemente, também.

Não obstante, em relação a essa pesquisa, questões se abrem quando refletimos como a realidade atual, o fato de podermos imergir em um universo que nos permite fazer coisas que não são possíveis na realidade mundana, por exemplo, um cadeirante andar com pernas que lhe são visíveis no espaço em questão, permite que nossa concepção do possível, de forma geral, seja então reconfigurada? Estaria nessa possível reconfiguração algo a se temer, uma vez que questões éticas, cujo o alcance com o mundo cibernético toma a própria reinvenção do ser e do que é permitido como aporte? Estaria a ação de comentar e a suposta liberdade de expressão condicionada a esse novo espaço, do tudo é possível e, então, permitido, como algo a ser revisto educacionalmente? Como mensurar essas questões, hoje? Como comparar matematicamente o alcance do que é vivido com o mundo cibernético ao que eticamente deveria ser? Essas questões nos levam a temores, talvez, ou ao desconhecido, ou mesmo ao monstruoso, como conceitos que também precisam, quiçá, serem reconfigurados.

Outra pesquisa que queremos debater é a de Schuster e Rosa (2021), a qual investigou como uma professora constitui conhecimento matemático quando ela está estudando pontos críticos em gráficos produzidos com Realidade Aumentada (RA). Esta foi uma pesquisa qualitativa que possuiu foco no processo formativo experienciado por uma professora em termos de Cyberformação. A pesquisa concentrou-se nos estudos individuais da professora, em um movimento rigoroso de gravação de dados, afastamento desses e análise, compreendendo que a constituição de conhecimento se dá "Com-Holográficos"[44], pois, essa expressão se refere ao ato de ser-com-Tecnologias-Digitais de RA, no qual a professora ao estar no contexto de RA se pluga com seu corpo-próprio a essa tecnologia, pela materialidade que a expressa, possibilitando uma mudança de perspectiva matemática e sustentando, por meio da TD de RA, expressões de aspectos matemáticos não vistos anteriormente. Logo, Schuster e Rosa (2021) indicam que a constituição do conhecimento matemático da professora em Cyberformação com TD de RA se dá por meio de interações com a RA, de forma indissociável a seu corpo-próprio e como fluxos matemáticos, pedagógicos e tecnológicos que se misturam, se entrecruzam e se confluem. A pesquisa contribui para a compreensão do processo de

44 "De acordo com Rosa (2017), o vocábulo 'holográficos' é constituído a partir da ideia de gráficos com aspectos de hologramas. Hologramas são imagens tridimensionais obtidas a partir de projeção de luzes sobre figuras. Podendo ser pensados como 'fotografias em três dimensões', os hologramas se formam por meio da propriedade ondulatória da luz (Ciência Viva, 2020). Eles diferem-se das fotos tradicionais (2D) pois estas registram somente a intensidade das ondas luminosas, enquanto que os hologramas gravam também as saliências e vales de ondas, criando, com o auxílio de raio laser, as imagens em 3D. Então, sua criação consiste, basicamente, na propagação de luz em somente uma direção (por isso o uso de laser), em um filme hipersensível. [...] As projeções que estudamos apresentam características que as diferem desses hologramas, por serem criadas não por esquemas com feixe de luzes, mas, por meio de smartphones, extrapolando assim a questão dinâmica e corpórea. Além de apresentarem características de gráficos matemáticos, uma vez que, a origem da palavra gráfico vem "[...] do grego *grapho*, corresponde a fazer marcas, desenhar, marcar uma pedra, um pedaço de madeira ou uma folha de papel." (Gráfico, 2020), também representam comportamentos de funções, no nosso caso, de funções de duas variáveis reais." (SCHUSTER; ROSA, 2021, p.133).

constituição do conhecimento matemático da professora e isso permite, em termos de formação, que professoras/professories/professores se entendam no processo formativo, de modo a projetar/planejar suas aulas de matemática com recursos de RA.

Com isso, as generalizações produzidas, bem como as reflexões efetuadas com diferentes tipos de tecnologias, no caso, especificamente, as que utilizam reconhecimento corpóreo e da manipulação por meio de gestos/movimentos, permite-nos evidenciar aquilo que nos faz agir, nos movimentar e/ou atuar nessa interação: o corpo-próprio. Nesse ínterim, o corpo-próprio como veículo de ser no mundo, reestabelece sua intencionalidade ao estar-com-TD, uma vez que se abre a novos horizontes perceptivos, os quais redirecionam o fazer educacional matemático. Portanto,

> [...] entendemos que é preciso que se crie, se invente, se afaste da reprodução de atividades, técnicas e metodologias, pois, a cada minuto, há algo surgindo, seja recurso ou processo, e o professor, caso não se desfaça da reprodução, será eternamente dependente de uma técnica que anteriormente lhe tenha sido apresentada (ROSA; CALDEIRA, 2018, p.1074).

Logo, Schuster e Rosa (2021) demarcam o envolvimento da professora em sua totalidade, pois, no estudo, o movimento corpóreo realizado por ela, para que essa pudesse ter diferentes visualizações dos holográficos, fazendo com que ela se conectasse com esse, transformando-se, misturando-se, inserindo-se no holográfico, incorporando-o, de forma a estar-com-a-TD, passando a ser-com-TD-de-RA, é percebido a todo instante. Ela se identifica com o ambiente, mergulha nele, de modo que ao ser-com-TD-de-RA, seu ato de pensar apresenta-se indissociável a isso, o que faz com que a professora pense-com-TD-de-RA e saiba-fazer-com-TD-de-RA, ao lançar-se em movimentos perceptivos dos holográficos que estavam sendo estudados, movendo-se em torno e por dentro deles.

Schuster e Rosa (2021) compreendem que o envolvimento do corpo-próprio da professora, em sua totalidade, é, por si só, aquilo "[...] que modifica a constituição do conhecimento, pois essas diferentes visualizações permitidas pelo ato de mover-se em torno do gráfico se dão de maneira diferente do que manipular um gráfico planificado" (SCHUSTER; ROSA, 2021, p. 140).

Assim, também indagamos esse estar-com-TD e como já nos tornamos parte disso, sendo isso. Nossa conexão com esses ambientes desperta sentimentos de pertencimento, ao mesmo tempo, de simulação, como se estivéssemos no país das maravilhas sendo a Alice, ou na Terra do Nunca, no lugar de Peter Pan. Objetos voadores nos aparecem, nossa realidade mundana se mistura com a digital, há em um passe de mágica formas que se materializam em imagem e que nos permitem percorrê-las e nos inserir nelas. Seria uma fantasia? No caso, como é que estamos habitando o mesmo lugar no espaço se a lei de Newton não nos permite? Nosso pensamento vagueia por um enlace de ser tudo possível, mais uma vez, e isso pode nos gerar desconforto, medo, sobre aquilo que não conhecemos, ou mesmo nos sugerir o rompimento de todas as fronteiras, não havendo limites. De todo modo, como reagir a essas transformações?

Com isso, apresentamos pesquisas em educação matemática que de forma qualitativa analisam dados provenientes de ações investigativas que lidaram diretamente com o corpo-próprio e TD. As TD de leitura corpórea, de Realidade Virtual de alta imersão e de Realidade Aumentada materializam nossos apontamentos sobre o corpo-próprio como veículo de ser no mundo cibernético e desses recursos sendo incorporados nesse corpo, com o mundo. Dessa forma, partimos para nossas considerações, revelando aquilo que possivelmente se transforma com os horizontes que se abrem por meio do mundo cibernético, ou seja, o ser já sendo ou tornando-se, no sentido de percebendo-se, *cyborg*.

A/Ê/O *Cyborg* que somos e que nos tornamos...

Inicialmente, esclarecemos que adotamos a grafia de *cyborg* com "y" para intensificar a ideia original, em inglês, de *cybernetic organism* (organismo cibernético), a qual sustenta, a nosso ver, o modo de ser com a rede cibernética que hoje é mundialmente adotada, enquanto TD. Além disso, como considerações finais desse capítulo e como seu subtítulo antecipa, partimos da concepção de Haraway (2009) sobre *cyborg*. Essa autora trata da questão dos recursos cibernéticos, mas foca seu discurso, principalmente, na ideia de transgressão. Ao discutir o feminismo atual, cita a figura do *cyborg* como a transgressão dos dualismos clássicos: animal/máquina, corpo/mente, idealismo/materialismo, artificial/normal etc. Assim, enquanto figura que se destaca desse fundo, ela afirma que:

> Um ciborgue é um organismo cibernético, um híbrido de máquina e organismo, uma criatura de realidade social e também uma criatura de ficção. Realidade social significa relações sociais vividas, significa nossa construção política mais importante, significa uma ficção capaz de mudar o mundo (HARAWAY, 2009, p. 36).

As TD são destaque na base conceitual do *cyborg* que não se limita a elas como um todo, pois, Haraway (2009) destaca a ideia monstruosa de um ser híbrido, humano-máquina, que precisa ser transgredida tomando como sustentação justamente a lógica da materialidade cibernética. Em outras palavras, por mais que uma pessoa não tenha mecanismos cibernéticos substituindo membros do seu corpo, colocando próteses, por exemplo, precisamos entender que ela já rompe com a suposta normalidade do que se considera humano. O fato de ter anabolizantes, toxina botulínica, harmonização facial, lipoaspiração, dentre tantos outros exemplos sobre a carnalidade corpórea, já torna a pessoa *cyborg*. Do mesmo modo, a postura crítica de não dominação da mulher, por exemplo, assumindo aquilo que seria dito "função do homem" também já a desnaturaliza frente à sociedade machista e a faz transgredir o dito "esperado", tornando-a também *cyborg*.

Haraway (2009) destaca as transgressões, mas considera o movimento tecnológico como grande ápice do conceito em questão. Logo, nesse capítulo, embora concordemos com a autora nas demais frentes da concepção de *cyborg*, nos deteremos ao foco do mundo cibernético, o qual compõe nosso objetivo principal. Assim, seguindo Tadeu (2009, p.10), assumimos que "É no confronto com clones, ciborgues e outros híbridos tecnonaturais que a 'humanidade' de nossa subjetividade se vê colocada em questão". Entretanto, essa humanidade é inquerida se nos deslocarmos da concepção merleau-pontyana de corpo-próprio, pois, se entendermos o corpo enquanto partes, assumi-lo como uma transgressão biomecânica realmente assusta, ao partir de uma análise parcial. Entretanto, Haraway (2009, p.11) ultrapassa essa ideia afirmando que:

> Os ciborgues vivem de um lado e do outro da fronteira que separa (ainda) a máquina do organismo. Do lado do organismo: seres humanos que se tornam, em variados graus, "artificiais". Do lado da máquina: seres artificiais que não apenas simulam características dos humanos, mas que se apresentam melhorados relativamente a esses últimos.

Ou seja, os *cyborg*s habitam em ambos os lados, são transgressores inclusive na imposição de escolha ou enquadramento, pois, ser *cyborg* não tem a ver com a quantidade de *bits* de silício que possuímos sob a pele ou com o número de próteses que a carnalidade corpórea contém. Mas, relaciona-se, principalmente, com o quanto fabricados somos ou estamos, o quanto programados já nos tornamos. Ir a uma academia de ginástica, observar uma prateleira de suplementos alimentares artificiais, encarar os equipamentos para malhação e considerar que ambos se encontram em um lugar que não existiria sem a ideia do corpo como uma máquina de alta performance, assim como, considerar que esse corpo pode ser otimizado à medida que haja uma programação e execução propícias, são ações ciborguianas claras.

Mas, senão depende de recursos eletrônicos, ao incorporar dispositivos de acesso ao cibermundo à nossa vida, por exemplo, estaríamos então também nos tornando *cyborg*s? Parafraseando Merleau-Ponty (2006), compreendemos que habituar-se ao *smartphone*, ao *tablet*, aos óculos de RV, à RA no celular, ao *videogame*, aos jogos eletrônicos, à escrita de textos por ChatGPT e tantos outros exemplos, é um ato de instalar-se neles ou, inversamente, fazê-los participar do nosso corpo-próprio. Remanejar e renovar o esquema corporal dá-se na intencionalidade de cada um/uma/ume no ato de vivência com os ambientes cibernéticos, no ato de experimentação de espaços virtuais com os dispositivos que os atualizam, no ato de ampliação de experiências com os dispositivos tecnológicos e na constituição do conhecimento, com o mundo e com os outros, no mundo.

Conforme Kunzru (2009, p.24), para Haraway, o mundo

> [...] é um mundo de redes entrelaçadas – redes que são em parte humanas, em parte máquinas; complexos híbridos de carne e metal que jogam conceitos como "natural" e "artificial" para a lata do lixo. Essas redes híbridas são os ciborgues e eles não se limitam a estar à nossa volta – eles nos

> incorporam. Uma linha automatizada de produção em uma fábrica, uma rede de computadores em um escritório, os dançarinos em um clube, luzes, sistemas de som – todos são construções ciborguianas de pessoas e máquinas.

As redes, então, são os *cyborgs* e o mundo são as redes, logo, o mundo são os *cyborgs* e os *cyborgs* formam o mundo. Isso para nós, converge com o fato de estarmos, por meio de nossa vivência, cada vez mais habituados com os dispositivos eletrônicos, com o mundo cibernético, incorporando-os as nossas práticas, aos nossos modos de ser, uma vez que, "O hábito exprime o poder que temos de dilatar nosso ser no mundo ou de mudar de existência anexando a nós novos instrumentos [...]" (MERLEAU-PONTY, 2006, p. 199), ou seja, não compreendemos esse hábito como algo pronto e acabado ou como um automatismo, mas, como um "[...] saber que está nas mãos [...]" (MERLEAU-PONTY, 2006, p. 199), uma potência que é dada à existência, a fim de expressar e explorar o mundo. Imersos no contexto digital, nas redes sociais e demais recursos tecnológicos que esse contexto nos oferece, no locomovemos no mundo cibernético de um modo hipertextual.

A hipertextualidade diz da rede de *links* (LÉVY, 2005), a qual permite que a informação ultrapasse fronteiras delimitadas por distâncias geográficas ou diplomáticas. De acordo com Rosa (2008, p. 42), há "[...] uma multiplicidade de relações, de conexões, ou seja, há uma gigantesca rede de nós (amarrações) que possibilita a informação vir de e ser compartilhada por diferentes pontos de vista". No caso do tratado nesse capítulo, as redes sociais, o ChatGPT, o YouTube, as comunidades formadas em torno de determinados influenciadores ou temáticas específicas, assim como, a educação gerada com TD e, principalmente, com o ciberespaço, levam suas/sues/seus participantes (podendo ser professoras/professories/professores e estudantes) a se identificar, a seguir, a compartilhar, a comentar, a interagir nesse amplo universo que mesmo tendo a língua como barreira, essa também é superada por inúmeros tradutores *on-line*.

Assim, forma-se também um hipertexto identitário que evidencia as inúmeras conexões entre os seres *on-line* e *off-line*, ou seja, a figura que se revela no mundo cibernético e o fundo dado pelo ser encarnado em frente ao dispositivo tecnológico. Ambos são uma totalidade, no sentido de corpo-próprio que se lança, que percebe o mundo em que habita, seja na realidade mundana ou no contexto digital. Ademais, o hipertexto configura as infinitas conexões móveis dadas pelas múltiplas formas com que essas identidades se identificam.

As identificações, as conexões, as transformações criadas no mundo cibernético e apresentadas por filtros de fotos nas redes sociais, por avatares de diferentes procedências (jogos eletrônicos, emojis etc.) e diferentes modos de ser, nos atravessam, tornando-nos já *cyborgs*. É nesse movimento que o *cyborg* (misturas transgressivas de biologia, tecnologia e códigos de computador, conforme Turkle (1997)), se mostram no mundo cibernético. No entanto, não esquecemos que essas são apenas formas de se apresentar com o ciberespaço, pois, os *cyborgs* se revelam por distintos modos de ser, de se conectar:

> Implantes, transplantes, enxertos, próteses. Seres portadores de órgãos "artificiais". Seres geneticamente modificados. Anabolizantes, vacinas, psicofármacos. Estados "artificialmente" induzidos. Sentidos farmacologicamente intensificados: a percepção, a imaginação, a tensão. Superatletas. Supermodelos. Superguerreiros. Clones. Seres "artificiais" que superam, localizada e parcialmente (por enquanto), as limitadas qualidades e as evidentes fragilidades dos humanos. Máquinas de visão melhorada, de reações mais ágeis, de coordenação mais precisa. Máquinas de guerra melhoradas de um lado e outro da fronteira: soldados e astronautas quase "artificiais"; seres "artificiais" quase humanos. Biotecnologias. Realidades virtuais. Clonagens que embaralham as distinções entre reprodução natural e reprodução artificial. Bits e bytes que circulam, indistintamente, entre corpos humanos e corpos elétricos, tornando-os igualmente indistintos: corpos humano-elétricos. (HARAWAY, 2009, p.12-13).

Compreendemos, então, que há diferentes maneiras de ultrapassar as fronteiras das identidades situadas em devires pelas relações daquilo "que somos" (estudantes, professoras/professories/professores, internautas, filhas/filhes/filhos, crianças, adolescentes, jovens, adultas/adultes/adultos, idosas/idoses/idosos etc.) ou que desejamos ser (ROSA, 2008). Há um movimento de transposição, de ir além, que se dá com o corpo-próprio, pois trata-se de como percebemos e nos lançamos ao próprio movimento, habitando o espaço-tempo. Nesse sentido, a figura *cyborg* se configura como forma de resistência, mas, mais que isso, como algo que já está aí e que por vezes não vemos ou não queremos ver.

> O ciborgue nos força a pensar não em termos de "sujeitos", de mônadas, de átomos ou indivíduos, mas em termos de fluxos e intensidades, tal como sugerido, aliás, por uma "ontologia" deleuziana. O mundo não seria constituído, então, de unidades ("sujeitos"), de onde partiriam as ações sobre outras unidades, mas, inversamente, de correntes e circuitos que encontram aquelas unidades em sua passagem. Primários são os fluxos e as intensidades, relativamente aos quais os indivíduos e os sujeitos são secundários, subsidiários. (HARAWAY, 2009, p.14).

O mundo cibernético já nos coloca na vivência de fluxos e intensidades, nossa conexão com ele é permanente, visto que quando esquecemos, por exemplo, o *smartphone* em algum lugar (ou seja, nosso meio de conexão), já nos sentimos nus. O nosso desejo de estar em conexão, em atualização constante de informações e em condição vigilante para com outrem, perfaz nossa vida atual.

"Mas de que forma, exatamente, age a tecnologia? E em que profundidade ela penetrou sob a membrana de nossa pele?" (KUNZRU, 2009, p.19). Por exemplo, o *smartphone* se tornou "smart" "phone", ou seja, não é mais compreendido como um objeto solto no mundo, um recurso qualquer, mas, um meio de revelação (ROSA, 2020), pelo qual se percebe o mundo cibernético, em um movimento de potência particular. Ele carrega, pela promessa de horizontes que podem se abrir, a revelação de outros tantos horizontes (ROSA; CALDEIRA, 2018). Ou seja,

> [...] é um objeto evocativo (TURKLE, 1989) que faz pensar, pelo movimento que se faz ao se tornar um mundo em si mesmo. Ou seja, o fundo de onde se destaca a figura em movimento transborda a ideia de que se desconecta o humano do objeto e permite que nossa compreensão dessa constituição chamada *cyborg*, não mais imaginária, leve em consideração o corpo-próprio e a tecnologia, como *o ser-com-smartphone*, o qual se mostra como uma pessoa utilizando seu dispositivo móvel no ônibus, em trânsito, por exemplo (ROSA; CALDEIRA, 2018, p.1078, grifo dos autores).

Ademais, Rosa e Farsani (2021, p.143) revelam que "[...] o corpo pode ser considerado como meio de leitura, expressão, entendimento e sentimento, abrindo também possibilidades à Educação Matemática". Essas aberturas foram apresentadas como materialidades do que aqui defendemos. Assim, as pesquisas em educação matemática debatidas nesse capítulo trazem à tona evidências do quanto o corpo-próprio incorpora diferentes tecnologias que potencializam a constituição do conhecimento matemático, no ensino, na aprendizagem e também na formação com professoras/professories/professores. Dessa forma, evidenciamos que no processo de educar matematicamente ou no processo de educar pela matemática, a postura educacional que evoca a ideia de que as TD podem e devem ser tomadas como meios de revelação, assume de antemão nossa condição existencial atual: somos, nos tornamos ou já podemos nos perceber como *cyborgs*. Isto se dá porque "[...] as realidades da vida moderna implicam uma relação tão íntima entre as pessoas e a tecnologia que não é mais possível dizer onde nós acabamos e onde as máquinas começam" (KUNZRU, 2009, p. 22). Ou seja, nossas fronteiras estão fluidas, nossas formas de pensar, sob uma estrutura rígida, definindo exatamente conjuntos matemáticos onde elementos são encaixados, precisam evoluir enquanto forma de compreender o mundo. Não somente em uma perspectiva matemática, mas, de modo geral, nossos modos de perceber, refletir e compreender o mundo necessita de bases criativas, inventivas, de respeito, de política, de movimentos abertos ao outrem e ao mundo, respeitando suas especificidades e suas transgressividades. Esses movimentos, nessa perspectiva, não se submetem ao espaço e ao tempo, eles assumem ativamente modos de ser "diferente", a diversidade e não a universalidade, a equidade e não a igualdade.

Haraway (2009, p. 38) afirma que "O ciborgue não tem qualquer fascínio por uma totalidade orgânica que pudesse ser obtida por meio da apropriação última de todos os poderes das respectivas partes, as quais se combinariam, então, em uma unidade maior" e isso nos faz compreender sua crítica à concepção de corpo-próprio enquanto totalidade, defendida por Merleau-Ponty (2006). Assumimos, então, nossa condição e nosso lugar de fala, como pessoas que ainda estão enraizadas em uma estrutura pensante que necessita totalizar partes, mas, compreendemos também que a ideia de estar no mundo, ser mundo, defendida por Merleau-Ponty (2006) é compartilhada por Haraway (2009, p. 89, grifo nosso) quando essa diz:

> Sem poder mais contar com nenhum sonho original relativamente a uma linguagem comum, nem com uma simbiótica natural que prometa uma proteção da separação "masculina" hostil, estamos escritas no jogo de um

> texto que não tem nenhuma leitura finalmente privilegiada nem qualquer história de salvação. Isso faz com que *nos reconheçamos como plenamente implicadas no mundo*, libertando-nos da necessidade de enraizar a política na identidade, em partidos de vanguarda, na pureza e na maternidade.

Estar implicada no mundo e percebê-lo com seu corpo-próprio, embora esse corpo-próprio ganhe novos contornos com a chegada do mundo cibernético, é estar com o mundo, é ser mundo-com. Todavia, reconhecemos que a transgressão corpórea é importante para que outros paradigmas e sistemas de pensamento sejam questionados, para que que a política seja por afinidade e não especificamente por identidade, que seja libertadora e não opressora. Do mesmo modo, compreendemos que ser *cyborg* nada mais é que a manifestação do corpo-próprio e sua simbiose com o mundo, a qual compreendemos, seguindo Merleau-Ponty (2006, p.296) como "Uma totalidade aberta cuja síntese não pode ser acabada".

Assumir-se como *cyborg*, também, perfaz o ato de se colocar no lugar da/de/do outra/outre/outro, compreendendo que os índices quantitativos de violência, morte, preconceito, agressão nos revelam a necessidade de compreender a matemática (supostamente objeto) não mais em separação do humano (ser). A matemática é processo, ela é entendida "[...] como linguagem, como ferramenta e/ou campo de estudo" (ROSA, 2018, p. 271) e, desse modo, ainda enlaça a ideia de que se presentifica por meio da corporeidade, a qual assumimos como sendo, atualmente, um modo de "ser" conectado, o qual leva em consideração o corpo-próprio e a tecnologia, sendo, pensando e agindo (ROSA, 2018). Por isso, então, afirmamos que a constituição do conhecimento matemático com as TD acontece por meio da interação eu-outro-mundo-cibernético, no caso das pesquisas discutidas nesse capítulo, também com as atividades realizadas em *com-junto* (ROSA, 2008). Logo, esse processo de constituição de conhecimento matemático resulta na própria matemática, que é entendida por nós como modos de conhecer, isto é, criar métricas, mensurações, comparações, projeções... de forma a ampliar a compreensão do mundo que nos constitui. Inventar e reinventar são atos matemáticos a ponto de, inclusive, criar recursos para uma possível previsibilidade das coisas e para estimar motivos de mudanças. Mudanças possíveis, bem vindas e mundanamente necessárias ao bem comum, à compreensão de sermos, nos tornarmos e nos percebermos *cyborgs*, uma vez que,

> No final do século XX, neste nosso tempo, um tempo mítico, somos todos quimeras, híbridos – teóricos e fabricados – de máquina e organismo; somos, em suma, ciborgues. O ciborgue é nossa ontologia; ele determina nossa política. O ciborgue é uma imagem condensada tanto da imaginação quanto da realidade material: esses dois centros, conjugados, estruturam qualquer possibilidade de transformação histórica. (HARAWAY, 2009, p. 37).

Cabe, então, compreendermos que nosso mundo de *cyborgs* se constitui das vivências de realidades sociais e corporais, as quais não se deve temer. Nossas afinidades com animais e máquinas são legítimas e podem ser e são parciais ou momentâneas (no sentido de transformarem-se em outras em instantes) e, também, contraditórias. Nossa compreensão precisa estar no além, no que está por trás, sob um viés político que reconheça a existência de contradições provenientes de diferentes perspectivas e que assuma ambas as correntes filosóficas desses ensejos contraditórios ao mesmo tempo, uma vez que, cada um deles sempre revelará "[...] tanto dominações quanto possibilidades que seriam inimagináveis a partir do outro ponto de vista. Uma visão única produz ilusões piores do que uma visão dupla ou do que a visão de um monstro de múltiplas cabeças. (HARAWAY, 2009, p. 46).

Afirmamos, também, que a própria concepção de *cyborg* provem de ações de dominação, visto que "[...] eles [os *cyborgs*] são filhos ilegítimos do militarismo e do capitalismo patriarcal, isso para não mencionar o socialismo de estado. Mas os filhos ilegítimos são, com frequência, extremamente infiéis às suas origens. Seus pais são, afinal, dispensáveis" (HARAWAY, 2009, p. 40), ou seja, nosso movimento é de reconhecimento de um conceito que não nasce livre de estigmas, mas, que incorpora as tecnologias e que pode avançar em termos da compreensão do corpo-com-TD não de forma monstruosa, mesmo que assuste, mesmo que transgrida convenções e pensamentos estruturais histórico-culturais enraizados.

O movimento de perceber-se também como *cyborg* na vida, pode ampliar perspectivas, possibilidades e horizontes, o que já foi mostrado por meio da educação matemática que, como ambiente investigativo, incorpora as TD e pesquisa o corpo-próprio para a constituição do conhecimento matemático. No entanto, isso não basta, pois, embora saibamos que "[...] a ciência e a tecnologia fornecem fontes renovadas de poder, [...] [na verdade] precisamos de fontes renovadas de análise e de ação política" (LATOUR, 1984 *apud* HARAWAY, 2009, p.64). Isto é, precisamos nos perceber e perceber o outrem nesse mundo pelo qual já somos e/ou nos tornamos *cyborgs*, uma vez que, se não fizermos isso, a pergunta que fica é: "Por que nossos corpos devem terminar na pele?" (HARAWAY, 2009, p. 92).

Agradecimentos:

Agradecemos ao Conselho Nacional de Desenvolvimento Científico e Tecnológico – CNPq pelo apoio financeiro (Processo: 311858/2021-0).

Referências

BICUDO, M. A. V. O estar-com o outro no ciberespaço. **ETD Educação Temática Digital**, v. 10, n. 02, p. 140-156, 2009.

BICUDO, M. A. V.; ROSA, M. Educação matemática na realidade do ciberespaço-que aspectos ontológicos e científicos se apresentam? **Revista latinoamericana de investigación en matemática educativa**, v. 13, n. 1, p. 33-57, 2010.

FORNASIER, M. O. O uso de bots sociais como ameaça à democracia. **Revista Brasileira de Políticas Públicas**, v. 10, n. 1, p. 13-31, 2020.

HARAWAY, D. J. Manifesto ciborgue: Ciência, tecnologia e feminismo-socialista no final do século XX. In.: TADEU, T. (Org.) **Antropologia do Ciborgue.** As vertigens do pós-humano. Belo Horizonte: Autêntica Editora, 2009, p. 33-118.

HUSSERL, E. **A Crise das Ciências Europeias e a Fenomenologia Transcendental**: Uma Introdução à Filosofia Fenomenológica. Rio de Janeiro: Grupo Editorial Nacional Gen, 2012.

JONES, G. **Brincando de matar monstros:** por que as crianças precisam de fantasia, videogames e violência de faz-de-conta. São Paulo: Conrad, 2004.

KERCKHOVE, D. **A pele da cultura:** investigando a nova realidade eletrônica. São Paulo: Annablume, 2009.

KUNZRU, H. "Você é um ciborgue": um encontro com Donna Haraway, In.: TADEU, T. (Org.) **Antropologia do Ciborgue.** As vertigens do pós-humano. Belo Horizonte: Autêntica Editora, 2009, p. 17-32.

Leite, V. (2020) **O que é streaming e como funciona essa tecnologia?** Nubank. Disponível em: https://blog.nubank.com.br/o-que-e-streaming/?utm_source=google&utm_medium=cpc&utm_campaign=17425398606&utm_term=&utm_word=&utm_content=&ad_position=&match_type=&location=1001655&device=c&utm_keyword_id=&utm_placement=&extension=&geolocation=1001655&google_channel=google_performance&gclid=Cj0KCQiA4uCcBhDdARIsAH5jyUle6_PnsGKS1b9tlrsnfV6RRPNxxIsvmTrujfTvlqQv4IpJN4DrpOcaApsBEALw_wcB. Acesso em: 13 dez 2022.

LÉVY, P. **O que é virtual?** Tradução Paulo Neves. 7. ed. São Paulo: Editora 34, 2005.

LÉVY, P. **Cibercultura** Tradução: Carlos Irineu da Costa. 2. ed. São Paulo: Editora 34, 2000.

MERLEAU-PONTY, M. **Fenomenologia da Percepção**. Tradução de Carlos Alberto Ribeiro de Moura. 3. ed. São Paulo: Martins Fontes, 2006.

________. **O primado da percepção e suas consequências filosóficas**. Tradução de Constança Marcondes Cesar. Campinas: Papirus, 1990.

NOY, S.; ZHANG, W. Experimental Evidence on the Productivity Effects of Generative Artificial Intelligence, 2023. **Available at SSRN 4375283:** https://ssrn.com/abstract=4375283 or http://dx.doi.org/10.2139/ssrn.4375283

Papert, S. **LOGO:** Computadores e Educação. Tradução e prefácio de José Armando Valente. São Paulo: Editora Brasiliense, 1985.

ROCHA, M.A.C. **Merleau-Ponty:** fenomenologia e percepção. Seminários de Estudos em Epistemologia e Didática (SEED-PEUSP) Supervisão: Nílson José Machado. Universidade de São Paulo. São Paulo, 2005.

ROSA, M. Cyberformação com professories de matemática: a compreensão da *héxis* política à pedagogia queer. In. ESQUINCALHA, A. C. **Estudos de Gênero e Sexualidades em Educação Matemática.** Brasília: SBEM, 2022a.

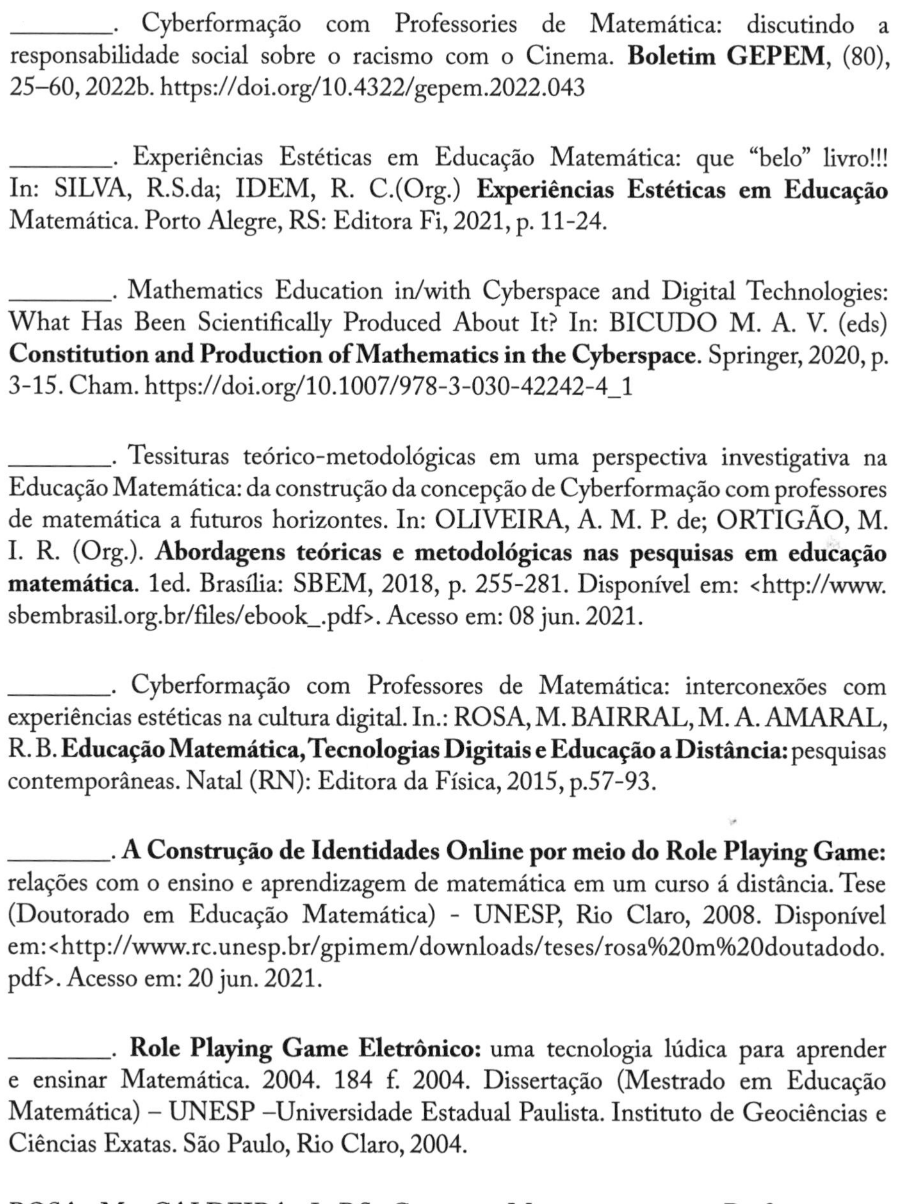

________. Cyberformação com Professories de Matemática: discutindo a responsabilidade social sobre o racismo com o Cinema. **Boletim GEPEM**, (80), 25–60, 2022b. https://doi.org/10.4322/gepem.2022.043

________. Experiências Estéticas em Educação Matemática: que "belo" livro!!! In: SILVA, R.S.da; IDEM, R. C.(Org.) **Experiências Estéticas em Educação** Matemática. Porto Alegre, RS: Editora Fi, 2021, p. 11-24.

________. Mathematics Education in/with Cyberspace and Digital Technologies: What Has Been Scientifically Produced About It? In: BICUDO M. A. V. (eds) **Constitution and Production of Mathematics in the Cyberspace.** Springer, 2020, p. 3-15. Cham. https://doi.org/10.1007/978-3-030-42242-4_1

________. Tessituras teórico-metodológicas em uma perspectiva investigativa na Educação Matemática: da construção da concepção de Cyberformação com professores de matemática a futuros horizontes. In: OLIVEIRA, A. M. P. de; ORTIGÃO, M. I. R. (Org.). **Abordagens teóricas e metodológicas nas pesquisas em educação matemática.** 1ed. Brasília: SBEM, 2018, p. 255-281. Disponível em: <http://www.sbembrasil.org.br/files/ebook_.pdf>. Acesso em: 08 jun. 2021.

________. Cyberformação com Professores de Matemática: interconexões com experiências estéticas na cultura digital. In.: ROSA, M. BAIRRAL, M. A. AMARAL, R. B. **Educação Matemática, Tecnologias Digitais e Educação a Distância:** pesquisas contemporâneas. Natal (RN): Editora da Física, 2015, p.57-93.

________. **A Construção de Identidades Online por meio do Role Playing Game:** relações com o ensino e aprendizagem de matemática em um curso á distância. Tese (Doutorado em Educação Matemática) - UNESP, Rio Claro, 2008. Disponível em:<http://www.rc.unesp.br/gpimem/downloads/teses/rosa%20m%20doutadodo.pdf>. Acesso em: 20 jun. 2021.

________. **Role Playing Game Eletrônico:** uma tecnologia lúdica para aprender e ensinar Matemática. 2004. 184 f. 2004. Dissertação (Mestrado em Educação Matemática) – UNESP –Universidade Estadual Paulista. Instituto de Geociências e Ciências Exatas. São Paulo, Rio Claro, 2004.

ROSA, M.; CALDEIRA, J. P.S. Conexões Matemáticas entre Professores em Cyberformação Mobile: como se mostram? **Bolema,** v.32, n.62, p.1068-1091, 2018. DOI: http://dx.doi.org/10.1590/1980-4415v32n62al6

ROSA, M.; FARSANI, D. Two fish moving in their seas: How does the body language of teachers show itself who teach mathematical equations?. **Acta Scientiae: revista de ensino de ciências e matemática.** Canoas. Vol. 23, n. 4, p. 141-168, 2021.

ROSA, M.; FARSANI, D.; SILVA, C. A. da. Mathematics education, body and digital games: The perception of body-proper opening up horizons of mathematical knowledge constitution. **Mathematics Teaching Research Journal**, v. 12, n. 2, p. 310-324, 2020.

ROSA, M.; GIRALDO, V. A. Cine, Cibereducación y Decolonialidades Matemáticas: nuestros diálogos, nuestras fortalezas y encrucijada. *Paradigma*, 2023.(Em submissão)

ROSA, M.; PINHEIRO, R.P. (2020) Cybereducation with Mathematics Teachers: Working with Virtual Reality in Mathematics Activities. In: BICUDO, M. A. V. (Ed) **Constitution and Production of Mathematics in the Cyberspace**. Springer, Cham. https://doi.org/10.1007/978-3-030-42242-4_8

SEIDEL, D. J. **O professor de matemática Online percebendo-se em Cyberformação.** Tese (Doutorado em Ensino de Ciências e Matemática) – Universidade Luterana do Brasil – ULBRA, Canoas, 2013. Disponível em: http://www.ppgecim.ulbra.br/teses/index.php/ppgecim/article/viewFile/176/170. Acesso em 02 fev. 2023.

SEPULVEDA, D.; SEPULVEDA, Y. Os Dilemas das Redes e a Modulação dos Comportamentos dos Usuários: o que isso tem a ver com processos de aprendizagem? **RevistAleph**, n. 36, p. 2-17, 2021. DOI: https://doi.org/10.22409/revistaleph.vi36.50581

SILVA, S. F. da; ROSA, M. Educación Matemática STEAM: dando sentido a los números enteros con las tecnologías digitales. **Unión: revista iberoamericana de educación matemática,** n. 66, p. 4, 2022.

SILVA, C. A. da; ROSA, M. Corpo, videogame e constituição de conhecimento matemático: um estudo com xbox kinect. **RIPEM: Revista Internacional de Pesquisa em Educação Matemática.** Brasília, DF. Vol. 10, n. 3 (2020), p. 45-69, 2020.

SILVA, U. R. **A linguagem muda e o pensamento falante:** sobre a filosofia da linguagem em Maurice Merleau-Ponty. Porto Alegre: EDIPUCRS, 1994.

SCHUSTER, P. E. S.; ROSA, M. Realidade Aumentada e a Cyberformação de uma professora de matemática: pontos críticos de funções de duas variáveis. **Jornal Internacional de Estudos em Educação Matemática.** São Paulo, SP. Vol. 14, n. 2 (2021), p. 130-141, 2021.

TADEU, T. Nós, ciborgues. O corpo elétrico e a dissolução do humano. In.: TADEU, T. (Org.) **Antropologia do Ciborgue.** As vertigens do pós-humano. Belo Horizonte: Autêntica Editora, 2009, p. 7-16.

TURKLE, S. **A Vida no Ecrã:** a Identidade na Era da Internet. Tradução de Paulo Faria. Lisboa: Relógio D'Água Editores, 1997.

VOLL, F. A. P.; BARRIZON, D. H. Transformações Tecnológicas e de Conceitos: uma análise histórica e econométrica sobre a indústria dos jogos eletrônicos. **ARTEFACTUM-Revista de estudos em Linguagens e Tecnologia**, v. 19, n. 1, p. 1-19, 2020.

WILLIAMS, R. **Keywords: A vocabulary of culture and society**. Oxford University Press, 2015.

O movimento na/para a constituição de conhecimento com Realidade Aumentada

Rosa Monteiro Paulo
Carolina Cordeiro Batista
Anderson Luís Pereira

> *O pensamento não é nenhum meio para o conhecimento. O pensamento abre sulcos no agro do ser. Por volta do ano de 1875, Nietzsche escreve o seguinte: 'Nosso pensamento deve ter o cheiro forte de um trigal numa noite de verão'. Quantos ainda possuem olfato para esse cheiro? (Heidegger, 2003, p. 133).*

A nossa intenção neste texto é apresentar compreensões acerca das possibilidades de a pessoa constituir conhecimento matemático quando realiza explorações e se coloca em movimento com um aplicativo de Realidade Aumentada (RA), particularmente o GeoGebra Calculadora 3D[45]. Essas compreensões são oriundas de pesquisas em que se teve a oportunidade de estar com alunos de graduação, realizando tarefas que envolviam temas tratados nas disciplinas de Cálculo Diferencial e Integral e com professores da Educação Básica participantes de um processo de desenvolvimento profissional conhecido como estudo de aula. Vale destacar que essas pesquisas foram e estão sendo realizadas assumindo-se uma postura fenomenológica.

45 Nas pesquisas que realizamos trabalhamos com o aplicativo GeoGebra Calculadora 3D com recurso de Realidade Aumentada. No entanto, para a fluência do texto, vamos nos referir a ele como GeoGebra AR.

Portanto, traçamos um percurso para a escrita deste texto em que se possa expor o modo pelo qual se considera essa tecnologia digital – a Realidade Aumentada – destacando sua relevância para a constituição de conhecimento, especificamente para o conhecimento matemático; para o sentido da própria constituição de conhecimento matemático; para o significado de assumir uma postura fenomenológica ao fazer pesquisa; do movimento do corpo-próprio que realiza as explorações com o aplicativo de Realidade Aumentada; do que foi e está sendo feito e do que tem se mostrado.

Já nesta introdução deixamos claro que dizer que assumimos uma postura fenomenológica significa que o foco da investigação é a compreensão e não a explicação. Voltamo-nos para o *fenômeno*, entendido como o que se mostra no ato da percepção. O fenômeno que neste texto ganha destaque é o *movimento*. Ou seja, interrogamos o modo pelo qual a pessoa constitui conhecimento com Realidade Aumentada, mais especificamente com o app GeoGebra AR. Com essa tecnologia a pessoa que faz explorações se coloca em movimento, fazendo mover com/para ela os objetos que explora.

Conforme destacam Tori e Hounsell (2020), a Realidade Aumentada é uma tecnologia que enriquece o cenário do ambiente físico com objetos virtuais. Ou seja, essa tecnologia combina o real e o virtual sem que a pessoa que realiza explorações perca o sentido de presença do mundo real, entendido como o ambiente físico em que se está. Um aplicativo de Realidade Aumentada rastreia os "objetos reais e [os] ajusta aos objetos virtuais /.../ permitindo a interação do usuário com os objetos virtuais e a interação entre objetos reais e virtuais em tempo real". (TORI; HOUNSELL, 2020, p. 42).

De modo geral pode-se dizer que com tal aplicativo temos uma experiência em que objetos virtuais são acrescidos ao ambiente físico podendo ser visualizados (ou acessados), por exemplo, por meio de smartphones, tablets ou óculos especiais de RA através de câmeras e sensores de movimento. A pessoa que segura um smartphone nas mãos move-se para ver moverem-se os objetos virtuais através da câmera de seu aparelho.

Nas pesquisas que temos realizado vimos que, nas explorações com o aplicativo GeoGebra AR, a constituição de conhecimento é possibilitada. Trata-se de um ato complexo da pessoa que conhece, pois é intencional e se dá na experiência vivida. Embora seja um ato da pessoa que, de modo atento, se volta para ... nunca é isolado, pois sempre se é no mundo com o outro, parceiro com quem se dialoga. Também não é puramente subjetivo, pois a pessoa que conhece, ao estar com o outro, abre-se à interlocução. Porém, o primado desse conhecimento é a percepção, "o fundo sobre o qual todos os atos se destacam" (MERLEAU-PONTY, 1994, p. 6) para alguém, por isso é um ato da pessoa.

Sendo assim, ao se focar a constituição de conhecimento consideram-se os atos de percepção; os modos pelos quais algo faz sentido para a pessoa que realiza explorações; os sentidos que vão se entrelaçando e revelam uma forma que é compreendida (PAULO; FERREIRA, 2020). A constituição de conhecimento se dá no mundo da experiência vivida ou no mundo da vida[46], como diz Husserl. E, portanto, ao interrogar o fenômeno do movimento na constituição de conhecimento, voltamo-nos para a vivência, para o fazer matemática com um aplicativo de Realidade Aumentada: o GeoGebra AR.

Realidade Aumentada: como compreendê-la

Antes de falarmos do conhecimento matemático que se constitui com Realidade Aumentada é importante destacar alguns aspectos dessa tecnologia e do fazer explorações com ela. Uma tecnologia é considerada de RA se for um sistema capaz de complementar o mundo real com objetos virtuais gerados por computador - e mais recentemente por aplicativos para aparelhos mobile - que "parecem" coexistir no mesmo ambiente físico. Uma das principais características da RA é a manutenção do sentido de presença no "mundo real", ou seja, estando ligada a realidade física ela enriquece a cena com objetos virtuais. (TORI; HOUNSELL, 2020).

A RA, conforme Azuma *et al.* (2001, p. 34), não é uma tecnologia recente, aparecendo pela primeira vez em trabalho de Sutherland, na década de 1960, "que usava um HMD [*Head Mounted Display*] transparente para apresentar gráficos 3D". Porém, se institui como campo de pesquisa na década de 1990 e, apenas recentemente, está sendo utilizada para fins educativos (LOPES *et al.*, 2019).

46 O mundo da vida é o campo-horizonte de nossas experiências vividas, é onde sempre se está consciente "dos objetos existentes e dos outros, /.../ onde se vive na certeza de sua existência. /.../ Viver consciente *do* e *no* mundo-vida é estar-se atento a ele e a si próprio, experienciando e efetuando a certeza ôntica desse mesmo mundo". (BICUDO, 1999, p. 25, grifos da autora).

Tajra (2019) considera que a tecnologia de RA, no ambiente educacional, pode transformar os processos de ensino e aprendizagem, pois tem potencial para proporcionar um ambiente mais dinâmico e interativo, reestruturando o fazer em sala de aula. No entanto, alerta que, por ser "uma mídia relativamente nova, ainda possui muitos desafios de pesquisa e desenvolvimento". (TAJRA, 2019 *apud* KLETTEMBERG; TORI; HUANCA, 2021, p. 838).

Klettemberg, Tori e Huanca (2021, p. 838) dizem que, sendo a RA uma tecnologia recente para o contexto educativo, dentre os desafios destaca-se "a falta de: tempo, competência, atenção e de recursos. Isso evidencia que o fator novidade influi no uso dessa tecnologia". Porém, afirmam que o interesse pela pesquisa com Realidade Aumentada vem aumentando consideravelmente.

O estudo de Lopes *et al.* (2019) mostra que as pesquisas procuram destacar os aspectos inovadores da RA, considerando "inovação" quaisquer transformações que possam ocorrer no contexto escolar e nos métodos de ensino. Essas transformações, segundo consideram, são possíveis devido à motivação dos alunos para realizar explorações e ao alto nível de interatividade dos aplicativos de RA. Também, ao invés de uma aula estritamente expositiva, com essa tecnologia o professor tem um ambiente dinâmico e interativo para favorecer o conhecimento. (LOPES *et al.*, 2019).

O estudo sistemático realizado pelos autores revela que, desde 2013, há aumento das pesquisas sobre RA para fins educacionais, com destaque para o ano de 2018. As publicações apontam uma tendência para o "uso da Realidade Aumentada por meio de dispositivos móveis e aplicações voltadas para as áreas de Engenharia, Arquitetura, Design e Ciências da Saúde." (LOPES *et al.*, 2019, p. 16).

Esse aumento pode ser atribuído a disseminação da RA através de jogos, o que provocou um

> [...] barateamento dos dispositivos e /.../ um maior número de publicações que envolvem educação e RA. Tais dados corroboram para a afirmativa de Tori e Hounsell (2018) de que a maior disseminação tecnológica e o barateamento dos dispositivos são fatores essenciais para a disseminação e consolidação do uso da RA em diversos contextos. (KLETTEMBERG; TORI; HUANCA, 2021, p. 834).

A presença da RA no contexto educativo, ainda segundo tais autores, é mundial e permeia os diversos níveis de escolaridade e as diferentes áreas. "O uso da RA na educação pode possibilitar uma abordagem inovadora e a melhora na qualidade de ensino." (KLETTEMBERG; TORI; HUANCA, 2021, p. 838). Evidenciam, também, que os dispositivos móveis estão sendo cada vez mais utilizados na escola. No entanto, estudos como os de Chatzopoulos *et al.* (2017) revelam que ainda há diversos empecilhos para trabalhar com a RA em dispositivos móveis, dentre os quais está a "dificuldade de algumas aplicações no uso mais amplo em ambientes livres, sem uso de marcadores [e] /.../ limitações tecnológicas (dispositivos que não são compatíveis)". (CHATZOPOULOS *et al.* 2017 *apud* LOPES *et al.*, 2019, p. 16).

Na pesquisa que realizamos para explorar tarefas do ensino de Cálculo Diferencial e Integral, alguns desses empecilhos ficaram evidentes. Embora houvesse estudos sobre o uso de marcadores que funcionam como códigos que, ao serem focados pela câmera do dispositivo tecnológico, trazem à tela os objetos virtuais, tornando possível a experiência em RA (MOUSSA, 2019; PEREIRA *et al.*, 2017; VALENTIM, 2017), eles ainda estavam em fase de desenvolvimento e apresentavam diversos erros. A opção era, então, pelo GeoGebra AR, em sua versão *GeoGebra Calculadora 3D*. Com esse aplicativo não é preciso recorrer aos marcadores, pois, por meio da configuração de hardware necessária no smartphone, o próprio app reconhece superfícies planas no ambiente físico do usuário que elege o melhor local para posicionar o objeto virtual e explorá-lo em RA. Porém, a versão desse aplicativo para Android não estava isenta de problemas. Além de estar disponível apenas para versões mais recentes do Android, a exploração era mais ou menos fluida, chegando, em alguns casos, a congelar a tela e não permitir o movimento do objeto virtual.

Esses empecilhos nos fizeram reféns da disponibilidade de aparelho dos alunos que realizavam as tarefas conosco, pois nem sempre seus aparelhos funcionavam como se esperava. Ao longo do percurso investigativo foi possível, com um financiamento da FAPESP (através do Projeto, Processo 2019/16799-4), adquirir tablets com o sistema operacional iOS que, conforme observado em Pereira (2022), permite realizar as explorações sem os problemas verificados no sistema operacional Android. A nossa busca por financiamento para continuar a investigação, expõe algo dito por Klettemberg, Tori e Huanca (2021, p. 839), com o que concordamos.

> Os educadores /.../ ressaltam o fato de os recursos serem limitados e da impossibilidade de adaptá-los aos contextos educacionais. Contudo, encontrar uma grande quantidade de trabalhos sendo desenvolvidos em várias partes do mundo, indica que, apesar dos problemas e dificuldades, a RA é uma tecnologia com grande potencial. Ao alinhar o uso da RA com uma metodologia educacional inovadora, propicia-se o sucesso no processo educativo.

A experiência vivida com a RA, tanto com alunos da Licenciatura em Matemática explorando situações do ensino de Cálculo Diferencial e Integral, quanto com professores da educação básica, no contexto da Geometria Espacial, mostra a importância de nos mantermos na investigação, apesar dos empecilhos. Vê-se a possibilidade de constituição do conhecimento matemático, pois a tecnologia favorece um fazer que não é apenas técnico, mas valoriza os sentidos.

O movimento na constituição de conhecimento com RA

Assumindo uma postura fenomenológica, como salientamos na introdução deste texto, entendemos que para a constituição de conhecimento matemático com tecnologias, o movimento da pessoa que faz explorações com um aplicativo de Realidade Aumentada é bastante diverso. Há uma liberdade de exploração que transforma tanto a forma de movimento para as investigações (relativamente ao que se faz com o mouse ou na tela touch) quanto o modo pelo qual se está junto ao "conteúdo matemático" fazendo explorações. Essa "diferença" impacta a forma de ver o ensino com tecnologias e altera a constituição de conhecimento pelo aluno ou pelo professor que realiza as explorações. Assumimos que a tecnologia não é recurso ou instrumento, mas partícipe da ação do sujeito no mundo, presente em nosso modo de ser cotidiano[47].

Esse modo de ser, conforme Heidegger (1995), abre-nos à compreensão e permite que os entes venham ao encontro na *manualidade* que é "determinação categorial dos entes tal como são" (HEIDEGGER, 1995, p. 114). Isso significa que em nosso modo de ser cotidiano temos certos modos de ocupação e, na

47 Esse modo de entender a tecnologia, nós o tratamos de forma abrangente em Paulo e Ferreira (2020).

ocupação, aquilo com o que nos ocupamos vem ao nosso encontro mostrando-se em seu modo de ser. A Realidade Aumentada como um aplicativo que "está à mão" mostra-se "ao que vem", isto é, o aluno ou o professor ao ocupar-se dela – fazendo explorações - compreende sua estrutura lógica e o que com ela pode perceber, sentir, imaginar, fazer.

Com Merleau-Ponty (1994, p. 317) entende-se que nosso corpo "é um objeto *sensível* a todos os outros, que ressoa para todos os sons, vibra para todas as cores", e com ele "podemos 'frequentar' este mundo, 'compreendê-lo' e encontrar uma significação para ele" (MERLEAU-PONTY, 1994, p. 317). Portanto, estamos no mundo com nosso corpo; corpo-próprio, que não é matéria inerte colocada diante de um espetáculo cultural, é corpo vivo pelo qual experienciamos, vivemos a cultura, a história, percebemos e nos engajamos em ações (BICUDO, 2022). Com a perspectiva que ele nos oferece, nos movemos, somos no espaço e no tempo, manipulamos objetos. Há uma cumplicidade corpo-mundo que nos faz engajados de tal forma que "meu corpo /.../ compreende seu mundo sem precisar passar por 'representações', sem subordinar-se a uma 'função simbólica' ou 'objetivante'" (MERLEAU-PONTY, 1994, p. 195).

O mundo é um campo perceptivo e motor e a percepção subordina-se ao movimento do nosso corpo e sempre se dirige ao mundo, pois as ações do corpo são intencionais e "mover seu corpo é visar as coisas através dele, /.../ o movimento é o que nos coloca no ser, através do qual a sensibilidade e a significação estão intimamente ligadas" (MERLEAU-PONTY, 1994, p. 193).

Entende-se, com o autor, que não há um sujeito do movimento que esteja "fora" do movimento, pois não movemos um corpo objetivo; movemos um corpo fenomenal que é movente, o que significa dizer que nos movemos perceptivamente. Significa, também, que estamos engajados no mundo pelo corpo, entendido como um "sistema de ações possíveis, um corpo virtual cujo lugar 'fenomenal' é definido por suas tarefas e por sua situação" (MERLEAU-PONTY, 1994, p. 336). Corpo que vive a experiência perceptiva, que habita o espaço, que revela o que se mostra à percepção, abrindo-se a manualidade da ocupação. O corpo-próprio é, então, a origem de todas as atividades perceptivas e estas só se tornam visíveis (só se revelam) pelo engajamento no mundo percebido.

Logo, o que se *revela*, revela-se na percepção. Ela possibilita a relação originária com as coisas que se apresentam para nós como fenômenos. Nos modos de nos ocuparmos das TD, revelam-se formas de estar no mundo originariamente abertos, percebendo. Em nossa pesquisa com Realidade Aumentada, especificamente com o aplicativo GeoGebra AR, vê-se ampliadas as possibilidades de o corpo-próprio sentir o mundo, percebê-lo e constituir-se nele. A "realidade" não se aumenta, pois é o mundo da vida; aumentam-se as possibilidades perceptivas, abrem-se novos modos de fazer exploração. O movimento da pessoa que segura um smartphone na mão (o aluno ou professor que faz explorações) é intencionalidade originária do corpo-próprio, veículo do ser-no-mundo (MERLEAU-PONTY, 1994).

A pessoa (aluno ou professor) que faz explorações matemáticas com um aplicativo de Realidade Aumentada, *toma um lugar* para *se pôr a ver.* O modo de posicionar-se é intencional, pois visa *revelar* os aspectos de uma curva na qual ele pode "entrar" para "ver melhor". Ele - o aluno - se movimenta com o smartphone na mão buscando um "lugar" para ver, mas não move o objeto em RA; o movimento é do corpo-próprio e é nele que o objeto se *revela*, *mostra suas faces* para ele.

As explorações com RA *faz ver*; a pessoa vivencia certa "estrutura específica e mutável; que existem a percepção, a fantasia, a recordação, a predicação, etc., e que as coisas não estão nelas como num invólucro ou num recipiente, mas se *constituem* nelas as coisas, as quais não podem de modo algum encontrar-se como ingredientes naquelas vivências." (HUSSERL, 1990, p. 32). O movimento é intencional e nele há um exibir-se das coisas como fenômenos, ou seja, abre-se, na exploração, "um mundo já sempre à mão" que funda o direcionamento no "a priori /.../ do ser-no-mundo". (HEIDEGGER, 1995, p. 158), permitindo-lhe entender o que se mostra.

O corpo-próprio abre um campo de sentido em que "eu sou a origem da esfera", como diz um aluno ao explorar tarefas de Cálculo. Ele não *está* como outros objetos simplesmente dados, ele é (*sou*) a origem da esfera, percebe-a com os distintos horizontes abertos à exploração com a RA. A sensação não é apenas pontual, é "potência que co-nasce em certo meio de existência ou se sincroniza com ele" (MERLEAU-PONTY, 1994, p. 285). Essa potência do corpo-próprio coexiste com o sensível e o recria com a tecnologia. Há uma comunhão em que sensação e a percepção se encontram no corpo-próprio e "me deixam preso na esfera", quando o aplicativo "trava". Há uma abertura original pela percepção entrelaçando o corpo-próprio em movimentos com os quais vai se constituindo um sistema de comunicação que possibilita compreender o sentido do que se mostra.

Há uma exploração das tarefas em que, como nos alerta Husserl (1990, p. 32-33, grifo do autor), "as coisas não existem para si mesmas e 'enviam para dentro da consciência' os seus representantes. /.../ as coisas nos são dadas como fenômenos (*Erscheinung*) e em virtude do fenômeno; são ou valem, claro está, como individualmente separáveis do fenômeno, /.../ mas, essencialmente são dele inseparáveis." Nisso, diz o autor, pode-se entender a correlação entre "fenômeno do conhecimento e o objeto do conhecimento" (p. 33). À fenomenologia cabe a tarefa de compreender essa correlação rastreando "*todas as formas do dar-se e todas as correlações* e exercer sobre todas elas a análise esclarecedora". (HUSSERL, 1990, p. 33, grifo do autor).

O que se mostra nas investigações realizadas

A primeira vivência que tivemos com a Realidade Aumentada foi na pesquisa de Pereira (2022)[48], cujo objetivo foi compreender a constituição do conhecimento matemático em Cálculo Diferencial e Integral. Para isso, foi proposto para alunos da Licenciatura em Matemática um curso de curta duração com oito encontros de duas horas cada um. Por meio de inscrições livres formou-se um grupo com seis alunos.

Como se tratava de uma pesquisa de doutorado, os encontros foram gravados com câmera digital e pedimos aos alunos que gravassem a tela dos smartphones ao fazerem as explorações. Esses registros constituíram os dados da pesquisa que, para dar conta de apresentar a fluidez da experiência vivida pelos participantes no curso, foram organizados em Cenas Significativas (DETONI; PAULO, 2011). Essas Cenas, bem como todas as tarefas realizadas no curso, além de estarem na tese de Pereira (2022), também podem ser acessadas no site: gg.gg/tese-cenas-pereira2022.

Evidencia-se, na análise e interpretação dos dados da pesquisa, que o corpo-próprio se coloca em movimento para *ver*. Esse ver não se limita a sensação das qualidades de caráter visual, àquilo que nos chega pelos olhos, pois o

48 Reforçamos que essa pesquisa esteve articulada ao projeto *A constituição do conhecimento matemático com Realidade Aumentada*, financiado pela FAPESP, processo 2019/16799-4, com vigência de novembro de 2019 a outubro de 2022.

corpo-próprio as *vive*. Há a intenção de mover-se para ver e, nas explorações, o aluno se coloca *em condições de* ..., busca o melhor lugar em que precisa estar para compreender *aquilo* que a ele vai se mostrando em seus diferentes modos de doação.

Durante um dos momentos iniciais do curso, apresentados na Cena 1, os alunos estavam se familiarizando com os modos de estar-com a RA e Hércules e seus colegas exploram a equação da esfera e sua representação gráfica em RA, conforme propunha a Tarefa 2 do primeiro encontro.

Quadro 1 – Tarefa 2 do primeiro encontro do curso

• Criar: m, n e o; • Criar r, raio da esfera; • Digitar a equação da esfera de raio r; • $(x - m)^2 + (y - n)^2 + (z - o)^2 = r^2$

Fonte: Pereira (2022)

Eles fazem modificações com os controles deslizantes construídos para os valores de **m, n** e **o** e alteram a posição da esfera no espaço tridimensional. Hércules, atento ao que para ele se mostra, posiciona-se "dentro da esfera" e observa os eixos coordenados, vendo-se na origem desses eixos: ele é a origem.

> **Pesquisador**: E o **m, n e o**? **Hércules**: Sim, a posição. Em cada eixo. O **o** varia em **z. Fabrícia**: Gente, como que entra? **Hércules**: Entrar é só entrar nela, se aproximar dela. **Fabrícia**: Ah, entendi. **Hércules**: Eu estou no centro dos eixos. Eu estou na origem, eu sou a origem! (PEREIRA, 2022, p. 87)

Figura 1 – Momento de exploração da equação da esfera

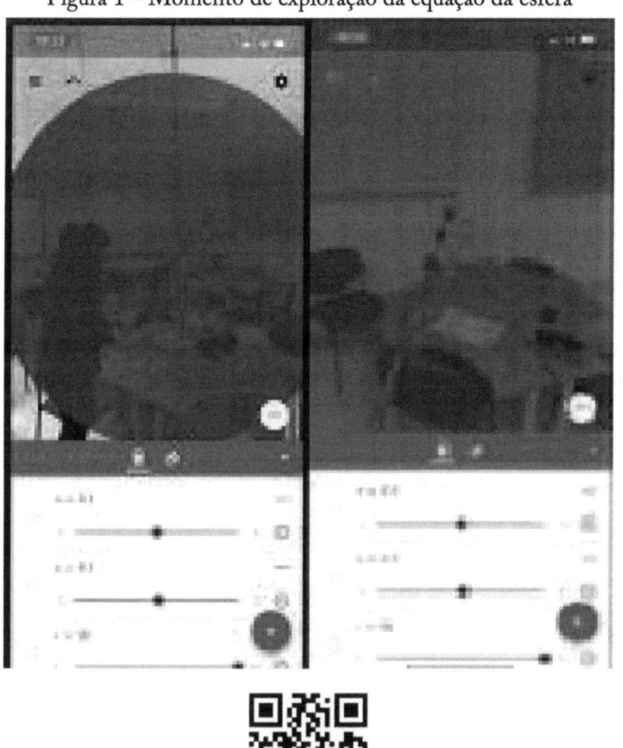

Fonte: (PEREIRA, 2022, p. 87)

Os alunos exploram as tarefas com o *app* e destacam características do movimento no qual se lançam para explorar os objetos matemáticos.

> **Hércules**: Porque nas imagens paradas, nos prints, às vezes fica meio confuso. E isso que a gente faz aqui (*durante os momentos de exploração das tarefas*), as variações, a gente fica olhando para todo lado. E a gente vai olhando de diferentes perspectivas. **Helen**: Eu achei interessante porque foi a partir de uma equação só. E podemos fazer variações e observar o que ocorre, e nós fizemos tudo.
> [...]
> **Jennifer**: Eu já tinha usado o Geogebra, mas não na parte de realidade aumentada. Então, dá uma outra visão quando você vê a figura e tudo mais.

> /.../. **Hélio**: Acho que /.../ você consegue ver uma superfície /.../ como se ela estivesse aqui na nossa sala, se você quer ver ela de lado, você só chega e vira assim para ver o lado. Se você quer ver ela de baixo, é só você se deitar e olhar por baixo. É como se fosse essa mesa aqui. (PEREIRA, 2022, p. 102-103)

Nesse recorte da Cena 7 os alunos consideram que, ao realizar as explorações, os objetos se mostram como se estivessem na sala de aula, junto aos objetos materiais do ambiente físico e, para explorá-los, basta olhar de diferentes posições: movendo-se para ver os lados ou deitar-se para ver por baixo, como fazem com uma mesa, por exemplo. Esses objetos que são projetados em RA tornam-se à mão, como diz Heidegger (1995), isto é, ficam disponíveis para a investigação, tornam-se familiares. O estar-com o aplicativo abre possibilidades para que o corpo-próprio se volte para os objetos querendo saber; querendo fazer explorações para compreender a relação matemática que lhes é solicitada na tarefa. O corpo-próprio é espacial e tem um modo de direcionar-se que permite que os objetos venham ao seu encontro e, portanto, na exploração, o sentido vai se fazendo para cada um.

Em outra tarefa do curso, Tarefa 2 do terceiro encontro[49], foi apresentada uma definição de Limite e, em seguida, solicitou-se que, dada a função, os alunos justificassem porque não existe o limite em um determinado ponto (0,0):

$$\lim_{(x,y)\to(0,0)} \frac{x^2 - y^2}{x^2 + y^2}$$

Fonte: Stewart 2013

Na Cena 9, Helen e Hércules se envolvem nas explorações da tarefa. Observam o gráfico da função em torno do ponto dado e procuram elaborar a justificativa solicitada.

49 Essa tarefa foi extraída de STEWART, J. Cálculo, Volume 2, Tradução: EZ2 Translate. ed. 7, São Paulo: Cengage Learning, 2013

Figura 2 – Momento de exploração: limite

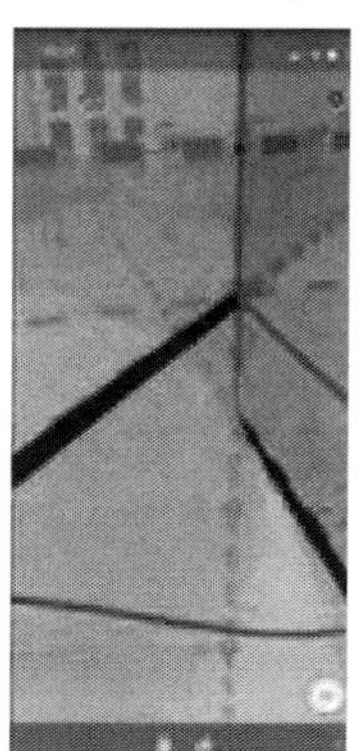

Fonte: (PEREIRA, 2022, p. 109)

> **Helen**: Então, quando ele vem... **Hércules**: Pelo plano, né?! **x = 0** e **y = 0**... depende do plano que você se aproxima... porque esse é o caminho. Muito legal de observar assim. E se a gente for por outro caminho? Vamos tentar ir por outro caminho. Um caminho, quer ver, olha... vamos fazer um plano, um plano inclinado, **x = y**. Aí vamos fazer a intersecção. Olha aí... porque é por todas as direções, né?! Teoricamente. Vamos observar agora aqui... olha só, cruzando o zero. Olha, que legal!. **Helen**: Então aí ele não existe?! **Hércules**: É porque por cada direção ele é diferente. Por um (*caminho)* é **1**, por outro é **0**, e por outro é **-1**! (PEREIRA, 2022, p. 109)

Criando os planos **x = 0, y = 0** e **x = y** e suas intersecções com o gráfico, Hércules e Helen notam que as intersecções cruzam o eixo z em pontos diferentes: ou seja, *indo* por *caminhos* distintos esses valores são diferentes: 1, -1 e 0. Ao explorarem eles se movimentam e *percorrem* esses caminhos; se afastam e se aproximam para ver por onde *passam* na superfície e *batem* no eixo z. Eles formulam conjecturas e as verificam; as expõem ao outro, pesquisador e colegas com quem dialogam para se fazer entender e compreender o que é dito pelo outro.

Nesses trechos, mais do que dar conta de dizer da experiência vivida na pesquisa, desejamos destacar o que interpretamos como relevante à constituição de conhecimento matemático com a RA: o *movimento* do corpo-próprio. Entendido como marco zero de toda a experiência possível (MERLEAU-PONTY, 1994), o corpo-próprio assume sua condição de organismo vivo que *se dirige* ao mundo para *dar-se conta* daquilo para o que *se volta.*

> Na pesquisa, mostra-se que o corpo-próprio constitui conhecimento à medida em que *se volta para*... e se abre às possibilidades de *viver* assuntos do Cálculo ao *ser-com-RA*, ao *estar-com-RA*. Há um movimento intencional em que o aluno se volta para o que vai se mostrando e se abre às possibilidades de investigação, no qual é, enquanto corpo-próprio, potência de movimento; se move e faz mover para si, vendo, refletindo, explorando, retomando, percebendo o que a ele vai se mostrando ao estar com o outro, cossujeito com quem compartilha o percebido, semelhante a si, dotado de potência e aberto às possibilidades de vir-à-ser no mundo. (PEREIRA, 2022, p. 207)

No curso, os alunos assumem um modo de estar com a RA e fazer explorações para resolver as tarefas de Cálculo. Essa postura assumida é de um movimento intencional de tomada de posição para compreender os objetos matemáticos. Os alunos se movem, movidos pela própria intencionalidade do querer saber, fazendo com que os objetos em RA também se movam para eles, criando uma possibilidade de explorar por diferentes perspectivas. Movendo-se, eles se dão conta do que lhes chega pelos órgãos dos sentidos. Mas, isso que lhes chega pela percepção, se não for retomado e discutido, se perde no próprio fluxo dos acontecimentos.

Ao retomar o vivido, mobilizam-se atos intencionais da consciência e, junto ao outro, vão sendo articuladas compreensões, desdobrando-se novos atos de reflexão, constituindo novas interpretações, conhecimento. Analisando os caminhos que precisam percorrer para ver se o limite de funções de duas variáveis existe ou não, os alunos estabelecem relações entre as representações algébricas das equações e suas respectivas projeções gráficas no espaço tridimensional, entendem o porquê do sentido das derivadas direcionais e, pelo/com o corpo-próprio que se dispõem a investigar, a estar com a RA fazendo explorações, *aprendem* matemática.

Essa compreensão que foi sendo possibilitada pela pesquisa de Pereira (2022) vai nos abrindo novas possibilidades para nossa própria constituição de conhecimento acerca *do que se pode* ao fazer explorações com RA. Voltamo-nos, então, para o professor de Matemática da Educação Básica procurando entender se, ao estar com ele realizando explorações com RA, abrem-se novas possibilidades para o ensino[50].

Com os professores da educação básica, as discussões sobre as possibilidades de constituição de conhecimento matemático com Realidade Aumentada vêm se dando no contexto de um grupo de estudos e formação conduzido segundo as características do estudo de aula.

O estudo de aula é um processo de desenvolvimento profissional de professores que tem início com a constituição de um grupo que, de forma colaborativa, realiza ciclos de trabalho. Esses ciclos envolvem quatro etapas: a escolha de um tema de comum interesse dos participantes; o planejamento de aulas do tema escolhido; a realização da aula por um professor (escolhido no grupo) e a discussão no grupo da experiência vivida com os alunos. Essa discussão, cujo foco é a aprendizagem dos alunos, pode ser subsidiada por registros escritos ou por gravações em vídeo. Dependendo do interesse do grupo e dos conhecimentos constituídos na etapa de discussão, é possível acrescentar mais uma etapa ao ciclo na qual os professores fazem um novo planejamento da aula (replanejamento) para, novamente, ser realizada com os alunos e discutida no grupo (RICHIT; PONTE; TOMKELSKI, 2019).

O grupo com o qual estamos trabalhando é formado por cinco[51] professores de matemática - Edith, Euclides, Logan, Luciana e Wanda - de uma escola pública de tempo integral, vinculada à Diretoria de Ensino do município de Guaratinguetá, São Paulo. Com esse grupo estamos realizando as atividades previstas para uma pesquisa de pós-doutorado em andamento[52] em que

50 Essas possibilidades estão se anunciando na pesquisa de pós-doutorado de Batista (2022), ainda em andamento.

51 Esclarecemos que os nomes que usamos, neste texto, para identificar os participantes das pesquisas, são fictícios, uma vez que se pretende preservar a sua identidade.

52 A pesquisa foi aprovada pelo Comitê de Ética em Pesquisa da Faculdade de Ciências da UNESP/Campus Bauru, número do parecer 5.619.452, de 1º/9/2022 e está sendo realizada com apoio do Conselho Nacional de Desenvolvimento Científico e Tecnológico, CNPq, Brasil, na forma de bolsa de pós-doutorado Junior à coautora deste texto, Carolina Cordeiro Batista, e supervisionada pela autora, Rosa Monteiro Paulo.

se busca compreender *como o professor de matemática da educação básica constitui conhecimento para ensinar com Realidade Aumentada.*

Os encontros entre os professores e a pesquisadora ocorrem na escola em que esses professores atuam; são encontros semanais de cerca de duas horas--aula cada um. Iniciamos as discussões com o grupo em setembro de 2022. Para realizar as explorações com RA, tanto com os professores quanto com os alunos da Educação Básica, estamos usando os tablets adquiridos com o recurso do projeto FAPESP, já mencionado neste texto.

Até o mês de novembro de 2022 foi realizado um ciclo de estudo de aula. Nele os professores planejaram ações, organizaram a aula, realizaram as tarefas com seus alunos e discutiram uma aula que envolvia tarefas de Geometria Espacial, mais especificamente, sobre classificação de poliedros e corpos redondos.

As análises preliminares mostram que as possibilidades de o aluno constituir conhecimento com RA é o que dispõe o professor a ensinar com essa tecnologia. Isto é, o professor realiza explorações com RA procurando compreender os possíveis modos de o aluno aprender com essa tecnologia.

O professor identifica que as explorações com o GeoGebra AR têm características distintas daquelas que faziam com o GeoGebra Clássico, usando o mouse ou a tela touch. Em um encontro em que faziam explorações sobre o cubo, afirmam: "Como é que arrasta mesmo [o cubo]? Ah não, ele não arrasta, ele é fixo, tem que arrastar a câmera, você que tem que se movimentar [...] para "abrir" [o cubo]" (LOGAN, 2022).

O professor Logan buscava ver o cubo em diferentes perspectivas e, familiarizado com o GeoGebra Clássico, tentava arrastar a construção para mudá--la de posição. Ao mesmo tempo que se volta para os colegas buscando auxílio, se dá conta de que a projeção em RA era "fixa" no chão da sala de aula e, portanto, ele é quem deveria se mover para lançar-se às explorações que desejava.

O professor vê que, com a RA, as perspectivas para explorar as características dos objetos não estão nas construções, mas é possibilidade dele, da pessoa que está com o dispositivo móvel em mãos. Pode-se dizer que as tecnologias de RA, assim como outros aplicativos de matemática dinâmica, têm "como solo constituinte a possibilidade de movimento" (PINHEIRO; DETONI, 2018, p. 56). No entanto, uma característica que se destaca na RA é que a efetivação dessa possibilidade requer a disposição da pessoa para mover-se. O movimento é da pessoa que tem o aparelho nas mãos; é do corpo-próprio, pois não é apenas deslocamento físico, é disposição intencional, exploração do construído em RA para compreender o que se mostra; é, portanto, no corpo que a experiência vivida é compreendida (PINHEIRO; BICUDO; DETONI, 2018).

Os professores se familiarizam com o aplicativo e procuram antever como seus alunos poderão explorar. "Como eles [alunos] vão andar [ao redor das construções], tem que colocar um pouquinho mais distante uma [construção] da outra" (EDITH, 2022); "[...] É pra incentivar o uso [...] Mexer [...] Ficar mexendo, ficar levantando, andando, fazendo [as explorações com a RA]" (LUCIANA, 2022).

Nessa preocupação mostra-se uma forma de compreender que as possibilidades para a constituição de conhecimento do aluno com a RA não se limitam a ver um cubo, um prisma, uma esfera, etc. na tela do dispositivo; a exploração deverá dispô-los para o movimento, abrindo-lhes perspectivas para ver. Esse movimento pode ser interpretado em sentido duplo: como deslocamento físico pela sala de aula é a busca por uma posição, um lugar para explorar o objeto virtual projetado, mas como movimento intencional da pessoa, busca a compreensão. Na compreensão o cubo está ali, dado ao movimento do corpo vivente.

No movimento, o corpo-próprio é "o sujeito da percepção e não um objeto que nós podemos explorar à distância, por meio de nosso olhar" (SANTOS JUNIOR, 2017, p. 22). Portanto, ao me mover em torno de um cubo projetado em Realidade Aumentada, elegendo perspectivas para a visualização, percebo, com meu corpo, as faces que se mostram quadradas, as arestas, os vértices, as diagonais, etc. Percebo elementos do cubo que, em cada visada, me dão o cubo em sua totalidade. Trata-se de um movimento que, como diz Merleau-Ponty (1994, p. 314) não é "objetivo e deslocamento no espaço, mas projeto de movimento ou 'movimento virtual', é o fundamento da unidade dos sentidos".

Ao interpretarmos as explorações realizadas pode-se dizer que "o corpo não está posicionado no espaço, mas toma lugar nas paisagens desse mundo. E o espaço é, para o corpo-próprio, um espaço vivido" (SANTOS JUNIOR, 2017, p. 22). Sendo intencional, o movimento não é aleatório e pode ser compreendido a partir dos gestos da pessoa que realiza as explorações. Ao andar em torno das construções buscando por uma perspectiva mais favorável para ver, ao aumentar o zoom para focar uma característica específica de um sólido geométrico ou de uma curva, mostram-se gestos que revelam o percebido e possibilitam a compreensão do sentido que aquela exploração faz para a pessoa que se move.

Percebemos os objetos que exploramos, não o pensamos e não nos pensamos pensando-os. Ao contrário, nos doamos completamente às explorações, "nós somos para o objeto e confundimo-nos com esse corpo que sabe mais do que nós sobre o mundo, sobre os motivos e os meios que se tem de fazer sua síntese". (MERLEAU-PONTY, 1994, p. 320). "Eles [alunos] puseram na mão, colocaram tudo na mão [os sólidos geométricos]" (LUCIANA, 2022); "Agora eu 'entrei' /.../ no cubo" (LUCIANA, 2022); "Tá pisando no meu cubo" (EUCLIDES, 2022). Os objetos virtuais, projetados através da tela do aparelho mobile, são parte do mundo, são passíveis de serem explorados no movimento vivenciado pelo corpo e o "expresso não existe separado da expressão /.../ o corpo exprime a existência total, /.../ porque a existência se realiza nele" (MERLEAU-PONTY, 1994, p. 229).

Bulla e Rosa (2017) dizem que, com a RA, a estrutura e o contexto das realidades virtual e mundana são modificados. A primeira devido aos objetos não estarem mais "presos" à tela do computador e a segunda porque a RA insere elementos que têm uma materialidade distinta na realidade mundana. Essa materialidade, segundo estamos interpretando, vai sendo constituída no corpo-próprio que elege um "lugar" para ver. Nessa realidade em que coexistem objetos físicos e virtuais, o "espaço investigativo" – que não é apenas um espaço físico, mas o lugar onde eu me situo para ver os objetos – não fica restrito à tela do dispositivo ou aos toques das mãos, é um cenário no qual posso, movendo meu corpo, sentir as sensações vividas nos atos que o corpo realiza.

Há uma interação na qual não se pode "considerar as coisas visíveis como se elas fossem objetos extensos ocupando um espaço geográfico que visamos pelo lado de fora. O olhar explora as paisagens visíveis habitando nelas" (CAMINHA, 2014, p. 3). Isto significa que, quando o professor se vê "colocando" um prisma ou uma pirâmide na mão, "entrando" ou "pisando" no cubo, referindo-se aos objetos projetados virtualmente como se eles estivessem fisicamente presentes na sala de aula, para além de olhar essas construções, ele as está habitando, ele se situa nesse espaço que é visível através da tela do smartphone ou tablet, percebendo-se nesse espaço. Com a Realidade Aumentada os objetos matemáticos vão sendo explorados e fazem sentido pelas interações; o processo de constituição de conhecimento tem início, pois abrem-se possibilidades para a percepção.

Cabe destacar que, em uma perspectiva fenomenológica, a "constituição não significa literalmente 'construção da coisa', mas a formação de sentido em torno de um fenômeno que o faz ser mais que uma mera coisa; que o faz um objeto" (BARCO, 2012, p. 4). Quando o professor explora o cubo em RA, por exemplo, o que ele vê não é uma representação, mas o próprio cubo passível de ser experimentado nas possibilidades vividas pelo corpo. O professor "entra no cubo" para observá-lo por dentro, ele o "coloca nas mãos" para vê-lo a partir de uma perspectiva mais ampla, se "posiciona com os pés" sobre uma de suas bases para analisar suas arestas, etc. Na percepção os objetos não são apreendidos cognitivamente, eles são sentidos, pois o corpo é sujeito da percepção. O cubo é "visto como uma certa unidade visível no horizonte da visibilidade, [que] não é uma soma de aspectos visíveis, mas uma fisionomia concreta que aparece nos diferentes modos do mundo visível se fazer visível" (CAMINHA, 2014, p. 3).

À medida que movo meu corpo para eleger perspectivas para ver, a visibilidade vai sendo possibilitada, pois ela "é sempre um espetáculo dinâmico que aparece como um sistema aberto de aparências flutuantes. A variação dessas aparências é experimentada pelo corpo que redescobre continuamente o mundo" (CAMINHA, 2014, p. 6). Esse espetáculo, com a RA, se mostra articulado ao movimento do corpo e às interações que o professor entende que pode realizar enquanto se dispõe a explorar as construções, conforme é explicitado por Edith: "Gente! Não consegue visualizar [as partes da construção]? Vira! Vai virando [o corpo ao redor da construção]! Eu ainda falei assim [para os alunos]: põe o dedo aqui [sobre as arestas] para você contar [...]. É o tipo de coisa que não dá para fazer na lousa" (EDITH, 2022).

A professora orienta seus alunos na tentativa de fazê-los ver. Ela os convida a moverem-se em torno dos objetos, "colocando" o dedo sobre suas arestas para acompanhar a contagem. Essas experiências de mover-se e de ver são importantes, pois, conforme entendemos em Merleau-Ponty (1994, p. 315), elas são "pregnantes uma da outra, e seu valor expressivo funda a unidade antepredicativa do mundo percebido e, através dela, a expressão verbal e a significação intelectual".

A percepção visual não visa apenas uma recepção de informações dos objetos por meio dos olhos ou uma apreensão intelectual, fruto do pensamento. Ela é uma experiência na qual corpo-próprio e movimento alcançam o mundo por meio de uma trama de aproximações e distanciamentos dos objetos visíveis. O mundo não existe sem o corpo-próprio e vice-versa e ambos fazem com que o visível seja "fruto de uma experiência de trocas que se dá no jogo de se lançar 'lá' sempre do ponto de vista de um 'aqui'" (CAMINHA, 2014, p. 6).

A unidade ou a síntese que se efetua na experiência visual, conforme Merleau-Ponty (1994, p. 312), não é realizada pelo sujeito epistemológico, mas pelo corpo-próprio, que "sai de sua dispersão, se ordena, se dirige por todos os meios para um termo único de seu movimento e, quando, pelo fenômeno da sinergia, uma intenção única se concebe nele".

Compreensões do vivido

Ao procurarmos compreender o que se mostra relevante para a constituição de conhecimento matemático quando se está com um app de Realidade aumentada é o movimento intencional do corpo-próprio que se volta para... e abarca o que lhe chega na experiência vivida.

Em ambas as pesquisas – com alunos da Licenciatura em Matemática e com professores de Matemática em exercício - nosso olhar se voltou para a constituição do conhecimento com Realidade Aumentada, mantendo o caminho que tem nos inquietado: a formação de professores. Conforme destacamos, em uma perspectiva fenomenológica, a constituição de conhecimento é um ato da pessoa que conhece, e se dá na vivência, no mundo-da-vida. Envolve atos intencionais do sujeito vivo que se volta para o mundo da experiência vivida procurando compreendê-lo, tal qual se mostra. É, portanto, um ato subjetivo, que tem como primado a percepção. Mas, envolve a intersubjetividade, pois somos sempre *no* mundo *com* o outro, portanto em diálogo, transcendendo o movimento da constituição e se lançando para o da produção do conhecimento. A expressão do percebido, desdobrado em atos de compreensão e reflexão, nos permite compreender o interrogado.

Ao estar com o aplicativo de Realidade Aumentada o corpo-próprio assume um modo de ser com essa tecnologia, busca ver o que lhe faz sentido na experiência vivida. Nas tarefas de matemática, fazendo explorações com

Realidade Aumentada, procura mover-se e identificar os caminhos que pode percorrer na superfície de uma função para analisar se o limite, naquele ponto, existe ou não; move-se para encontrar o melhor lugar para ver e se identifica com a origem dos eixos coordenados. O movimento realizado é vivencial: sei onde devo estar e para onde ir. Há um saber que é do corpo e não dado em pensamento.

Trata-se de um modo de estar-com a Realidade Aumentada assumido pelo corpo-próprio. Ele tem liberdade para *ir* ao encontro da esfera e *entrar*, *girar* para ver onde *está*, fixar-se no encontro dos eixos coordenados; tem liberdade para *percorrer*, ele mesmo, os caminhos e analisar o que ocorre *ali* naquele ponto da função; se coloca no *melhor lugar* para que possa compreender o objeto matemático.

No início deste capítulo trouxemos uma citação de Heidegger, na qual o autor afirma que "O pensamento não é um meio para o conhecimento. O pensamento abre sulcos no agro do ser. Por volta do ano 1875, Nietzsche escreve o seguinte: 'Nosso pensamento deve ter o cheiro forte de um trigal numa noite de verão'. Quantos ainda possuem olfato para esse cheiro?" (HEIDEGGER, 2003, p. 133). A constituição de conhecimento, conforme a estamos compreendendo fenomenologicamente, não é somente cognição, envolve os sentidos do que nos chega, envolve a subjetividade, a historicidade da pessoa, a percepção.

O que estamos propondo, considerando as pesquisas que temos desenvolvido, é que a própria técnica nos ajude a realizar pensamentos que tragam o "cheiro do trigal", isto é, que possibilite-nos sentir, intuir, imaginar, viver a experiência perceptiva. Entendemos que com a tecnologia de Realidade Aumentada possa se ter um tipo de pensamento que envolva outras dimensões para além da cognitiva e que não se limite ao fazer mecânico ou a execução de tarefas.

Heidegger (2002) nos diz que "a essência de alguma coisa é *aquilo* que ela é" (p. 11, grifo do autor) e que, portanto, ao buscarmos a essência de algo, buscamos por aquilo que esse algo é. Diz, ainda, que "a essência da técnica não é, de forma alguma, nada de técnico" (p. 11) embora hoje se considere a técnica como algo útil e instrumental, sua essência leva a algo como desencobrimento, o que permite fulgurar, que dá brilho.

As tecnologias em geral, e as tecnologias digitais em particular, tendem a ser vistas como algo técnico. No entanto, estamos defendendo que com a tecnologia de Realidade Aumentada pode-se buscar a *essência* da técnica, retornar aos sentidos para que a compreensão se desdobre nos atos do corpo-próprio; a interface do app permite um movimento que "dura" e, nessa duração, o "cheiro do campo de trigo" pode, novamente, ser sentido. Como nos alerta Fontanive (2005, p. 78),

> Para perceber as diferenças de natureza, é preciso uma percepção do sabor das coisas e esse sabor só é apreendido quando se observa a duração de cada um, o movimento que o diferencia./.../ O sabor da bala de menta se revela na sua dissolução, é no tempo que percebemos a qualidade.

Encerramos este texto enfatizando a essência da técnica que para nós se mostra ao estar-com tecnologia: o desencobrimento, o desvelar do que na duração do movimento se mostra. Com isso não se pretende dizer que o objeto matemático, objetivamente considerado, seja dado com as explorações em Realidade Aumentada. Apenas estamos considerando que, com ela, a pessoa - aluno e professor - que se dispõe a explorar tarefas que envolvem conceitos matemáticos, constitui conhecimento, isto é, o que a ele se mostra, mostra-se com sentido. Cabe, obviamente, em um contexto de ensino formal, explorar o que se mostra no ato perceptivo (origem de todo conhecimento possível). Finalizamos com uma mensagem de Merleau-Ponty (1994, p. 252): "é preciso reconhecer como irredutível o movimento pelo qual me empresto ao espetáculo, me junto a ele e um tipo de reconhecimento cego que precede a definição e a elaboração intelectual do sentido."

Referências

AZUMA, R. *et al.* Recent advances in augmented reality. Computer graphics and applications, **IEEE Computer Graphics and Applications**, v. 21, n. 6, 2001.

BARCO, A. P. A Concepção Husserliana de Corporeidade: a distinção fenomenológica entre corpo-próprio e corpos inanimados. **Synesis,** Petrópolis, v. 4, n. 2, p. 1-12, 2012. Disponível em: < https://digitalis-dsp.uc.pt/bitstream/10316.2/32973/1/SN4-2_artigo1.pdf>. Acesso em: 14 dez. 2022.

BICUDO, M. A. V. Corpo vivente: centro de orientação eu-mundo-outro. **Médica Review,** v. 10, n. 2, p. 119-135, 2022.https://doi.org/10.37467/revmedica.v10.3337.

BICUDO, M. A. V. A contribuição da fenomenologia à educação. In: COÊLHO, I. M.; GARNICA, A. V. M.; BICUDO, M. A. V.; CAPPELLETTI, I. F. (Orgs.). **Fenomenologia:** uma visão abrangente de Educação. São Paulo: Olho d'Agua, 1999.

BULLA, F. D; ROSA, M. O design de tarefas-matemáticas-com-realidade-aumentada: uma autorreflexão sobre o processo. **Acta Scientiae**. v. 19, n. 2, p. 296-319, 2017. Disponível em: <https://lume.ufrgs.br/handle/10183/217826>. Acesso em: 31 jan. 2022.

CAMINHA, I. O. A cegueira da visão segundo Merleau-Ponty. **Revista Estudos Filosóficos,** São João del-Rei, n. 13, p. 63-72, 2014. Disponível em: <http://www.ufsj.edu.br/revistaestudosfilosoficos>. Acesso em: 14 dez. 2022.

CHATZOPOULOS, Di. et al. Mobile Augmented Reality Survey: From Where We Are to Where We Go. **IEEE Access**, 2017, v. 5, p. 6917–6950.

DETONI, A. R.; PAULO, R. M. A organização dos dados da pesquisa em cena: um movimento possível de análise. *In*: BICUDO, M. A. V. (Org.). **Pesquisa qualitativa segundo uma visão fenomenológica.** São Paulo: Editora Cortez, 2011. p. 99-120

FONTANIVE, M. F. **A mão e o número:** sobre a possibilidade do exercício da intuição nas interfaces tridimensionais. Dissertação (Mestrado em História, Teoria e Crítica da Arte). Programa de Pós-Graduação em Artes Visuais. Instituto de Artes. Universidade Federal do Rio Grande do Sul, Rio Grande do Sul, 127 p., 2005.

HEIDEGGER, M. **A caminho da linguagem**. Tradução de Márcia de Sá Cavalcante Schuback. Petrópolis, RJ: Vozes; Bragança Paulista, SP: Editora Universitária São Francisco, 2003.

HEIDEGGER, M. **Ensaios e Conferências**. Tradução de Emanuel Carneiro Leão, Gilvan Fogel e Márcia de Sá Cavalcante Schuback. Petrópolis/RJ, Editora Vozes, 2002.

HEIDEGGER, M. **Ser e Tempo**. V. 1. 5 ed. Tradução de Márcia de Sá Cavalcante. Petrópolis/RJ, 1995.

HUSSERL, E. **A ideia da fenomenologia**. Tradução de Artur Mourão. Lisboa, Portugal: Edições 70, 1990.

LOPES, L. M. D. et al. Inovações educacionais com o uso de Realidade Aumentada: uma revisão sistemática. **Educação em Revista** [online]. 2019, v. 35 [Acessado 12 Dezembro 2022], e197403. Disponível em: <https://doi.org/10.1590/0102-4698197403>. Epub 14 Mar 2019. ISSN 1982-6621. https://doi.org/10.1590/0102-4698197403.

MERLEAU-PONTY, M. **Fenomenologia da Percepção**. Tradução de Carlos Alberto Ribeiro de Moura. São Paulo: Martins Fontes, 1994.

PAULO, R. M.; FERREIRA, M. J. A. The Mathematician Producing Mathematics (Being) with Computer. In: BICUDO, M. A. V. (Editor). **Constitution and Production of Mathematics in the Cyberspace:** a phenomenological approach. New York: Springer, 2020, p. 211-226.

PEREIRA, A. L. **Realidade aumentada e o ensino de cálculo**: possibilidades para a constituição do conhecimento. 2022 225 p. Tese (Doutorado em Educação Matemática) - Universidade Estadual Paulista (Unesp), Instituto de Geociências e Ciências Exatas, Rio Claro, 2022. Disponível em: https://repositorio.unesp.br/handle/11449/235076. Acesso em: 10 dez. 2022.

PINHEIRO, J. M. L; DETONI, A. R. Possibilidades do trabalho investigativo com A Geometria Dinâmica. In: PAULO, R. M.; FIRME, I. C.; BATISTA, C. C. (Orgs). **Ser Professor com Tecnologias:** sentidos e significados. 1 ed. São Paulo: Cultura Acadêmica, 2018, p. 55-75. Disponível em: <https://www.academia.edu/38181508/Serprofessor-com-tecnologias.pdf>. Acesso em 14 dez. 2022.

PINHEIRO, J. M. L.; BICUDO, M. A. V.; DETONI, A. R. O movimento do corpo-próprio e o movimento deste corpo com softwares de Geometria Dinâmica. In: Kahlmeyer-Mertens, R. S. et al. (Orgs). **A Fenomenologia no oeste do Paraná**: retrato de uma comunidade. 1 ed. Toledo: Editora Vivens, 2018, v. 1, p. 157-180.

RICHIT, A.; PONTE, J. P.; TOMKELSKI, M. L. Estudos de aula na formação de professores de matemática do ensino médio. **Revista Brasileira de Estudos Pedagógicos**, Brasília, v. 100, n. 254, p. 54-81, 2019. Disponível em: <https://www.scielo.br/scielo.php?pid=S2176-66812019000100054&script=sci_arttext>. Acesso em: 14 dez. 2022.

SANTOS JUNIOR, I. F. **O Corpo como "Texto-Vivo":** a noção de corpo- próprio de Merleau-Ponty em interface com a obra Mulheres de cinzas, de Mia Couto. 2017. 42 f. Monografia (Bacharelado em Filosofia) - Instituto de Filosofia e Teologia Dom João Resende Costa, Pontifícia Universidade Católica de Minas Gerais, Belo Horizonte, 2017.

TAJRA, S. F. **Informática na educação:** o uso de tecnologias digitais na aplicação das metodologias ativas. São Paulo: Érica, 2019.

TORI, R.; HOUNSELL, M. da S. (Org.). **Introdução a Realidade Virtual e Aumentada**. 3. ed. Porto Alegre: Editora SBC, 2020. 496p

Vivências possíveis do contínuo e da continuidade: enfatizando o trabalho com Geometria Dinâmica

José Milton Lopes Pinheiro

Este capítulo direcionado está a um tema que se entende ser pouco discutido no campo da Educação Matemática, qual seja, a *continuidade*. Esse tema, embora não tenha sido aprofundado, mostrou-se nos dados de minha pesquisa de doutorado - Pinheiro (2018). Ao focar os horizontes abertos pela vivência do/no ciberespaço, trazendo compreensões no âmbito do trabalho com Geometria Dinâmica, deparei-me com expressões da continuidade, mostrando-se em concepções matemáticas e filosóficas, quando compreendida como materialização dos gestos, dos modos pelos quais, numa experiência motora os sujeitos da pesquisa ocupam a espacialidade e temporalidade que sustentam suas ações junto à interface lógica do software com o qual trabalharam, bem como com as interfaces físicas que lhes permitiram estar cinestesicamente com o mesmo e com as atividades nele propostas.

Estudar a continuidade solicita do pesquisador um conhecimento amplo e interdisciplinar, visto que a ela se voltam variados olhares, situados em diferentes perspectivas, dentre as quais o da Matemática, da Física, da História, da Filosofia e, mais atualmente, da Computação. Por mais que uma pesquisa busque focar determinada perspectiva, as outras se mostram sempre entrelaçadas a ela, constituindo um todo amplo e complexo de sentidos.

Destaca-se dentre as perspectivas acima apontadas, a Filosófica. Ela abarca todas as outras ao buscar compreender como a ciência se evidencia junto às ações humanas e como o fazer humano contribui à constituição do científico. Sobre a continuidade, perguntas tais como: "*o contínuo matemático pode ser vivenciado por um sujeito em seu mundo circundante? É a continuidade perceptível?*" advém do ato filosófico, que nos põe perplexos diante do fenômeno, interrogando-o.

Merleau-Ponty (2011) afirma que todo e qualquer conhecimento humano tem como primado a percepção, compreendida como ato de pôr-se em movimentos sensíveis juntos ao mundo e às coisas que nele estão dadas. Portanto, dá-se como solo da constituição do conhecimento humano, o sentir. Com Merleau-Ponty (2011) entende-se que as ciências formalizam numa linguagem aquilo que é percebido numa experiência genuína com o mundo-da-vida[53]. Por exemplo, conceitos geométricos como distância, profundidade, espaço, área, dentre outros, antes de serem expressos como entes geométricos, foram vivenciados e percebidos pelos pensadores aos quais se credita tais formalizações.

Nesta perspectiva, entende-se que um conhecimento historicamente constituído e trazido às novas gerações pela tradição cultural pode ser vivenciado, porém, com outras configurações, distintas das vivenciadas por aqueles que o formularam. Para tanto, um sujeito deve interrogar tal conhecimento buscando por evidências dos modos pelos quais se mostrou e foi sendo estruturado. Sobre isso, Husserl (2012, p. 32) afirma que a linguagem simbólica trazida pelas teorias lógico-matemáticas "substituiu" o mundo vivenciado. "Cabe a nós recuperá-lo, tirá-lo do anonimato, pois o humano pertence, sem dúvida, ao universo dos fatos objetivos; mas, enquanto pessoas, enquanto eu, os homens têm fins, perseguem metas, referem-se às normas da tradição, às normas da verdade; normas eternas".

Esse movimento retrospectivo pode evidenciar o entrelaçamento entre as experiências mundanas e o científico que, embora sejam inseparáveis, costuma-se, em produções acadêmicas e em práticas de ensino, construir barreiras, omitindo ou excluindo a coexistência que compõe a unidade percepção-ciência (PINHEIRO, 2018). Assim, entende-se que o contínuo matemático pode ser vivenciado. Explicitar o como desta vivência é um dos objetivos deste estudo.

53 [...] lugar de nossas vivências, lugar onde "somos com os outros", cujo significado é o de nunca sermos indivíduos separados do mundo e, portanto, dos outros (sujeitos individuais, coletivos, instrumentos, ciberespaço, etc.). Nele, "somos sempre com", isto é, tornamo-nos, vimos a ser, estando com, agindo sobre e abraçando o que nos chega pela percepção, construindo-nos com a matéria/forma que nos expõe e que, alimenta pelos nossos atos intencionais, conforma-nos em um movimento estruturante, marcando nossos estilos, configurando os nossos modos de ser, por sermos (o mundo e nós mesmos) aquela matéria-forma do que está no horizonte de nossa compreensão (BICUDO, 2010, p. 131).

Dentre os modos pelos quais o contínuo pode ser experienciado, destaca-se o *estar com* o computador, que embora seja construído sobre uma base lógica e binária (que é evidência do discreto e não do contínuo), entende-se abrir possibilidades de percepção de continuidade. Neste trabalho, são trazidas como exemplos de modos de vivenciar o contínuo em ambientes computacionais as possibilidades abertas por *softwares* de Geometria Dinâmica (GD), cuja programação dá-se por uma lógica computacional que, quando revestida por uma interface, apresenta ícones com os quais se pode construir e mover objetos geométricos.

Focando a continuidade e o movimento como um dentre os modos dela se mostrar, busca-se aqui explicitar como o computador permite a experiência do contínuo, para com isso entender: *como se dá a percepção da continuidade em ambientes de Geometria Dinâmica?*

Ao perseguir esta pergunta de pesquisa, assume-se uma postura qualitativa de investigação, com a qual se persegue a interrogação tendo-a como norte de pesquisa, no entanto, sem dela fazer ajuizamento prévio. As compreensões que este estudo traz foram se mostrando num horizonte de possibilidades, visado sempre da perspectiva da pergunta supracitada. Foi realizado um estudo bibliográfico junto ao qual a pergunta de pesquisa sempre esteve presente, o que fez possível articular com o devido direcionamento o dito pelos pesquisadores e o compreendido por nós, expondo modos pelos quais o contínuo e a continuidade se evidenciam junto às ciências ocidentais e algumas de suas representações possíveis, que permitem experiências sensíveis e práticas. O foco deste estudo direciona-se ao que dizem os pesquisadores no âmbito da Matemática, da Computação e da Filosofia (Fenomenologia) sobre a temática. Articula-se o compreendido com estes pesquisadores a alguns estudos no campo da Educação Matemática, que versam sobre GD.

Modos de o Contínuo e a Continuidade mostrarem-se: possibilidades de vivência

Contínuo e continuidade são termos usualmente expressos em nosso cotidiano, seja de modo científico ou por falas de senso comum. Ao consultar Houaiss (2007), tem-se por *continuidade*: qualidade, condição, ou estado de contínuo; persistência das características inerentes a um determinado contexto;

aquilo que confere coerência e unidade a uma ação, a uma ideia, a uma narrativa etc. Por *contínuo*: não dividido na extensão; não interrompido dentro de um tempo estipulado; que se prolonga sem remissões até atingir o seu fim; que se repete a intervalos breves e regulares; seguido, sucessivo; que perdura sem interrupção; constante; que tem continuidade ou coerência, que não apresenta lapso ou falhas.

Sobre o contínuo é possível compreender que é substantivado, determinado e indicado por suas propriedades que descrevem entendimentos distintos: uma ideia de não interrupção e uma divisibilidade infinita, passível de repetição em intervalos breves e regulares. Já a continuidade, se mostra como qualidade, que justifica sua sempre associação a um objeto, físico ou não.

No âmbito da Matemática, as propriedades do contínuo denotam particularidades que o faz ser um objeto matemático, como: as magnitudes que variam continuamente e os infinitésimos, conceitos com as quais pode-se estabelecer uma analogia com a não interrupção e a divisibilidade (SBARDELLINI, 2005).

Com Eves (2004) entende-se que os estudos sobre o contínuo têm sido historicamente estruturados, em primeiro momento, sobre a busca por justificar processos plausíveis de serem repetidos indefinidamente, visando fazer destas repetições demonstrações de propriedades matemáticas. Destaca-se nesta perspectiva de estudo, dentre outros que aparecem na História da Matemática o *método de exaustão*[54] cujo desenvolvimento se atribui a Eudoxo (408 – 355 A.C.) e o *Método das Fluxões*[55] de Newton (1643 – 1727). De todos os métodos e estudos formulou-se estruturas matemáticas com as quais hoje se pode tratar do contínuo, como: conjuntos, funções, sequências, Cortes de Dedekind, Sequência de Cauchy, como corpo completo ordenado, Análise Infinitesimal, Limites, dentre outras[56].

---

54 Admite que uma grandeza possa ser subdividida indefinidamente e sua base é a proposição: se de uma grandeza qualquer se subtrai uma parte não menor que sua metade, do restante subtrai-se também uma parte não menor que sua metade, e assim por diante, se chegará por fim a uma grandeza menor que qualquer outra predeterminada da mesma espécie (EVES, 2004, p. 419).

55 Newton define o método das "fluxões como as velocidades dos movimentos ou dos aumentos pelos quais as quantidades são geradas e 'fluentes' como as próprias quantidades geradas". Pode-se compreender que tal método é o que hoje denomina-se derivada (BARRA, 2006, p. 356).

56 Compreende-se a importância em se debater estas estruturas matemáticas quando se foca o estudo do contínuo. No entanto, este trabalho tem direcionamento às questões tecnológicas, com

Misse (2019, p. 31) expõe como marco na história a *hipótese do contínuo* de Cantor (1845 – 1918), por este afirmar pela primeira vez a existência de vários contínuos. Nela supõe-se "que a quantidade de números reais é a menor quantidade infinita, maior que a infinidade dos números inteiros positivos. Os *infinitos transfinitos*, que podiam ser tratados matematicamente e o *infinito absoluto*, sempre maior que qualquer outro infinito". Cantor buscava encontrar "o número que corresponda à menor quantidade que fosse maior que a infinidade dos números naturais, inteiros e racionais (esses todos possuem a mesma cardinalidade), pois acredita que esse número corresponderia à quantidade do contínuo aritmético" (MISSE, 2019, p. 31).

Como se pode verificar na contribuição de Cantor, o olhar lançado ao contínuo foi ao longo do tempo configurando e desconfigurando concepções matemáticas. Também é possível fazer a mesma afirmação para as concepções filosóficas. Por exemplo, Torricelli (1608 – 1647) ao visualizar um sólido ilimitado, portanto infinito, porém, com volume finito, faz questionar-se a filosofia empirista, que trabalha com um espaço real sobre o qual se faz experimentações: dado este espaço, como pode conjecturar-se como real um sólido infinito? Sobre indagações como esta, Silva (2007, p. 84) afirma que: "o que é contraditório para as grandezas finitas pode ser da própria essência das grandezas infinitas; o que repugna a nossa intuição finita pode ser a verdade do infinito".

A Filosofia da Matemática traz, na pessoa de Leibniz (1646 – 1716), a representação do espírito lógico-analítico, cujo trabalho com a Matemática é marcado pelo rigor lógico e pelos métodos infinitários. Piauí (2010) aponta que o contínuo em Leibniz é tratado como sendo um dos labirintos da razão.

> Existem dois famosos labirintos onde nossa razão se perde muitas vezes; um diz respeito à grande questão do livre e do necessário, sobretudo quanto à produção e quanto à origem do mal; o outro consiste na discussão da *continuidade* (*continuité*) e dos *indivisíveis* que constituem seus elementos, e no qual deve entrar a consideração do *infinito*. O primeiro embaraça praticamente todo o gênero humano, o outro influencia somente os filósofos (LEIBNIZ, 1969, p. 29 apud PIAUÍ, 2010, p. 17).

---

as quais, de modo equilibrado se busca articular as vertentes matemática e filosófica do contínuo. Por isso, neste texto, não se adentrará com profundidade a estas formulações matemáticas.

Compreende-se na citação acima duas faces do labirinto do contínuo, que por sua vez, indicam duas estruturas, sendo que uma que diz da composição do contínuo e outra de sua completude. Leibniz vale-se do conceito de Mônada[57] para dizer da composição do contínuo, como sendo partícula última que constitui o todo. Para dizer da completude do contínuo, Leibniz articula suas compreensões sobre o tempo, o espaço e o corpo (PIAUÍ, 2010)[58].

O pensar filosófico pode ser destacado, também, da ideia de contínuo de Weyl (1885 – 1985) (1994), que agrega à sua concepção noções de fluxo do tempo dado na experiência, apreendidas nas muitas conversas com seu professor, o fenomenólogo Edmund Husserl. Segundo Misse (2019, p. 31) Weyl se vale desta ideia para articular sobre o *contínuo aritmético* dos números reais "dizendo que, do mesmo modo que os instantes temporais não existem na experiência, mas são antes idealizações, os números reais denotam a mesma situação limite para a continuidade aritmética".

Tal compreensão consta na obra *Das Kontinnum* (WEYL, 1994). Estudioso deste livro, Longo (1999) assume a postura fenomenológica e percorre o caminho da intuição à formalização lógico-matemática do contínuo matemático. A ideia intuitiva do contínuo, na concepção de Longo (1999), dá-se na pluralidade de atos de experiência, das quais vão surgindo invariantes que, uma vez percebidos, vão constituindo a intuição de contínuo.

Para expor sobre essa experiência Longo (1999) traz como exemplo: a percepção do tempo, do movimento, de uma linha estendida e de um traço sobre o papel, todos eles tendo como fundo o tempo enquanto fluxo da consciência que se configura como mudança enquanto faz configurarem-se mudanças no fluir da experiência vivenciada.

A seguir, faz-se uma explicitação sobre esses modos de experienciar o contínuo em seu mostrar-se na vivência.

57 Na filosofia leibniziana, compreendida como átomo inextenso com atividade espiritual, componente básico de toda e qualquer realidade física ou anímica, e que apresenta as características de imaterialidade, indivisibilidade e eternidade (Houaiss, 2007).

58 O olhar de Leibniz ao contínuo é amplo e complexo, tendo em vista, também, que influenciou estudos posteriores voltados aos infinitésimos. Dada esta compreensão, não se visa aqui adentrar a este olhar, pois demandaria um direcionamento que não é o proposto neste capítulo.

Linha sobre o papel

O campo das vivências e as intuições que dele emergem é solo do qual uma vez surgiram e com o qual se desenvolveram os conhecimentos agora formulados no âmbito das ciências. Assim compreende a fenomenologia husserliana. Atuando com esta perspectiva Longo (1999) apresenta um teorema importante sobre o contínuo matemático, cuja anunciação entende-se aqui ser intuitivamente acessível à compreensão. Postulou-se:

> Se em um plano, dividido em dois semiplanos por uma reta *r*, traça-se uma linha finita e contínua, que tenha cada extremidade em um dos semiplanos, então essa linha cortará a reta *r* em pelo menos um ponto. Essa ideia é fundamental para a formulação do Teorema do Valor Intermediário, que diz que: *Se uma função f(x) é contínua em um intervalo fechado [a, b], e se existe um valor c intermediário entre f(a) e f(b), então sempre existe f(x) = c para pelo menos um valor de x pertencente ao intervalo [a, b]* (MISSE, 2019, p. 38).

Na conexão realizada acima, tem-se por intuição que uma linha pode representar uma função. Com isso, como se pode falar de *função contínua*, pode-se também falar do contínuo mostrando-se numa linha. Dadas as representações possíveis à linha (traço, corda, fio, etc.) pode-se dizer de uma experiência vivenciada com o contínuo expondo intuitivamente uma extensão tão grande quanto se possa imaginar destas representações. Modos de fazer tal explicitação, em Longo (1999) mostra-se como: conjecturar a *invariância de escalas*, ou seja, por hipótese estabelecer que o estudo de um objeto em escalas microscópicas ou macroscópicas não evidencia variação em seu *ser contínuo;* afirmar a *ausência de buracos* e a *ausência de saltos*, o que implica não haver interrupções na extensão do que é dado como contínuo.

Linha reta

Eves (2004) expõe sobre as pesquisas de Cantor e Dedekind voltadas ao *infinito*, cujas compreensões se direcionaram à necessidade de definir formalmente o Número Real. Valendo-se dos recursos que dispunham à época, eles definiram este número como sendo o menor número que é maior do que qualquer elemento de um conjunto de racionais dados.

Articulando tal definição à ideia intuitiva de contínuo, Cantor e Dedekind formularam três propriedades intuitivamente conhecidas à época: *Números naturais, quocientes, e convergência de séries.* Conjecturaram que poder-se-ia obter os números inteiros a partir dos Números Naturais e que, pelo quociente dos inteiros poder-se-ia construir os Números Racionais. Tomando-se o conjunto dos Racionais, o menor dos números do mesmo se apresentaria como um corte. Com o invariante da sempre existência deste corte, conjectura-se a evidência de outros números, que compõem o conjunto dos Números Reais.

Quando se expõe sobre a *sempre existência* de um *corte*, que por sua vez determina um número contido nos Reais torna-se possível pensar a Reta Real como contínua, tendo em vista que esta construção *Cantor-Dedekind* é uma formalização padrão de continuidade por bijeção à reta real da Análise. Essa construção satisfaz a invariância de escala e não apresenta buracos ou saltos em sua constituição" (Misse, 2019, p. 38). Com este entendimento, pode-se dizer da continuidade de uma linha reta, ou de uma curva, se ela puder ser parametrizada pela reta real da Análise, ou seja, quando for descrita por uma lei que não apresenta buracos ou saltos.

O tempo

O *tempo* é centro do trabalho de Weyl (1994), tendo em vista que o considera, inspirado na fenomenologia husserliana, como um contínuo fundamental, que é experienciado na duração das vivências humanas. Da fenomenologia, Weyl (1994) apreende a compreensão de *tempo fenomenal,* que numa vivência, se mostra como experiência da consciência do *agora,* instante que de modo incessante vai escorregando para o *já foi,* ao passo que vai abrindo horizontes ao *por vir.*

O *agora fenomenal* traz o presente e indica que haverá algo que o sucederá. Isso mostra que a vivência flui e que ela revela a duração dos atos e o escoar do tempo.

Compreende-se em Husserl (1994) que a vivência tem uma estrutura temporal que se manifesta em um fluxo contínuo. Na imediaticidade da vivência, um sujeito dá-se conta de estar vivenciando momentos que estão entrelaçados uns aos outros em uma unidade dinâmica. Esses momentos vão se deslizando a outros momentos. Nessa imediaticidade, ele não se preocupa com o início e fim de um momento, sabe que eles se entrelaçam, mas não visualiza as amarras desse entrelaçamento. O sujeito vivencia não um momento ou outro, mas um fluxo de momentos que evidencia uma *duração*, um contínuo.

Na vivência configura-se um *estar com* objetos temporais, que Husserl (1994) apresenta como estando presentes sempre segundo uma *duração*. O *som*, por exemplo, preenche o tempo de modo que a vivência do mesmo não desaparece à consciência de um instante para outro, tampouco há sobreposição de momentos. Husserl (1994, p. 57) enfatiza que "se uma fase temporal qualquer é um agora atual, então uma continuidade de fases está consciente como 'mesmo agora' e a extensão total de duração temporal, desde o início até o ponto agora, está consciente como duração decorrida".

Essa compreensão de tempo vai de encontro às definições da Física moderna, que diz de uma "medição do tempo objetivo, o tempo da Natureza e dos processos reais, ou seja, uma determinação de um tempo como dimensão acessível aos cronômetros e assim sem conexão com a experiência e com a intuição" (ALVES, 2010, p. 17). A esse tempo físico, das coisas, ao qual se pode "pegar" e fazer conexões, Husserl (1994) se volta com olhar gnosiológico, atento à experiência subjetiva que o abarca num fluxo contínuo que é vivenciado por sujeitos e que se mostra como lugar originário de sua constituição.

O aqui explicitado sobre o tempo e dele como sendo vivenciado traz uma compreensão do contínuo filosófico. Afirma-se sua continuidade sob esta fundamentação teórica. Tal compreensão abre horizontes intuitivos para compreender o contínuo matemático, uma vez que ele se apresenta com características de continuidade, e, portanto, pode-se estabelecer conexões com o tempo vivido.

O movimento

Em Longo (1999) destaca-se como outro modo de expressão do contínuo, o *movimento*, que é perceptível quando focado. O autor aponta distintos modos de ver o movimento. Sob a perspectiva aristotélica, por exemplo, Longo (1999) explicita a relação entre movimento e tempo, que descreve a medição do tempo como correlata ao movimento de objetos. Neste entender, se estabelece que uma vez compreendido o tempo como contínuo, pode-se compreender o movimento também como contínuo.

Weyl (1994) apresenta a distinção entre movimento real e movimento dado como potencialidade, subentendido por um padrão e leis que parametrizam uma trajetória. "É usual fazer uma correspondência entre um dado objeto e sua posição no espaço, com um determinado ponto no espaço matemático. Porém, objetos e pontos são entes distintos, de modo que o objeto não é o ponto, e essa correspondência não pode ser estabelecida sem a devida cautela" (MISSE, 2019, p. 39).

Quando se faz a correspondência entre essa compreensão de movimento, como caminho potencial que relaciona o ponto que determina a posição do objeto às leis de variação, pode-se estar no processo de compreensão de continuidade como sucessão de instantes que se dá na associação de cada ponto do movimento de um objeto a um instante temporal. Longo (1999), citando Weyl (1994) expõe que tal compreensão configura uma superposição de ideias, tendo em vista que o ponto não pode ser entendido em termos do tempo e vice-versa, uma vez que o instante não é cartesiano, ele flui e se mostra como duração.

Na esteira dessas considerações, ele expõe que o agora expressa simultaneamente o passado, o presente e o futuro, uma vez que o tempo não pode ser compreendido em termos de pontos, pois cada instante é uma duração, e o *agora* é a percepção simultânea do passado, do presente e do futuro. Ou seja, na perspectiva de Weyl (1994), que é a fenomenológica, o movimento, por ser imanente ao tempo e ao espaço é contínuo e também se apresenta como duração, tendo em vista que no agora de sua realização flui deixando um rastro (passado) dos modos de seu acontecer (presente) e projetando sua continuidade (futuro).

Pode-se dizer da continuidade expressa na linha sobre o papel, na linha reta, no tempo e no movimento pela presença e intencionalidade de um corpo--próprio que é ele mesmo expressão da continuidade, por ser sujeito que se move, movendo e que, com isso, faz de seu entorno, e de si, um sempre desenvolvimento, uma sempre transformação, uma contínua espacialização. Diante disso, faz-se significativo focar o movimento deste corpo.

O movimento de um corpo-próprio como evidência e modo de vivenciar a continuidade

Em *Fenomenologia da Percepção*, Merleau-Ponty (2011) explicita o movimento do corpo-próprio[59] sob a ótica da motricidade e da percepção. Ele entende que a motricidade é o modo intencional de uma pessoa se movimentar, de realizar ações no mundo de vivências, que solicitam o mover e o mover-se. Nesta perspectiva "a motricidade deixa de ser a simples consciência de minhas mudanças de lugar presentes ou futuras para tornar-se a função que, a cada momento, estabelece meus padrões de grandeza, a amplitude variável de meu ser no mundo" (MERLEAU-PONTY, 2011, p. 283).

Com isso, se entende que o corpo humano não é um conjunto de órgãos, mas um "corpo-próprio" que possui um conjunto extensivo de experiências que estão com o sujeito em todos seus atos, incluindo os motores. Por exemplo, o ato de pegar não é uma experiência puramente tátil, é uma experiência na qual o corpo todo está empenhado e todas as experiências vivenciadas que solicitaram o ato de pegar fazem parte desse movimento (MERLEAU-PONTY, 2011). Nesse ato o sujeito tem a posse indivisa de seu corpo, que "projeta em torno de si um certo 'meio', enquanto suas 'partes' se conhecem dinamicamente umas às outras, e seus receptores se dispõem, de maneira a tornar possível, por sua sinergia, a percepção do objeto" (MERLEAU-PONTY, 2011, p. 312).

O movimento desse corpo não se fragmenta em pensamento de movimento, e não se realiza numa distribuição hierárquica que coloca cada parte desse corpo assumindo funções mediante uma tarefa que solicite movimento. Podemos tomar como exemplo para o movimento de um "sujeito normal"[60] o realizado por um jogador de vôlei que, quando salta para uma "cortada", desloca/ movimenta/ toca a bola com a mão. Não é apenas a sua mão que está nessa situação de tocar, todo seu corpo está empenhado na tarefa. O jogador não calcula objetivamente: quantos passos, qual pé de apoio, a força de impulsão que pode exercer com suas pernas para um melhor salto. Ele apenas salta,

59 Entendido como *Leib*, corpo com movimento intencional. Nele, estão compreendidas todas as experiências vivenciadas, sendo ele também, ponto zero para novas experiências. Ele realiza e se realiza em movimento, assumindo perspectivas diversas e pondo-se em movimento no mundo-da-vida que incessantemente vai se configurando junto às também incessantes configurações e reconfigurações desse corpo (MERLEAU-PONTY, 2011).

60 Merleau-Ponty fala do sujeito normal com sendo aquele que não possui uma patologia, como por exemplo, a motora.

tendo consigo um saber absoluto de seu corpo que lhe permite saber como se posicionar para maior e melhor empreendimento desse corpo na tarefa de bater na bola direcionando-a com velocidade para a quadra do adversário, o que lhe permite compreender seus movimentos junto ao todo que o engloba. O corpo, nesse caso, aparece como postura em vista de uma certa tarefa atual ou possível.

Tem-se esse corpo-próprio como evidência do contínuo e como *ser* da experiência da continuidade, visto que é um corpo móvel e movente, bem como um corpo sensível que pode perceber seu próprio movimento se atualizando em si mesmo e pode perceber o que esse movimento realiza em seu mundo circundante, dando-se conta de ser o sujeito dessa atualização. Temos assim que a "consciência do ligado pressupõe a consciência do ligante e de seu ato de ligação" (MERLEAU-PONTY, 2011, p. 318).

Entendemos que o movimento realizado e vivenciado tem uma duração, é fluido e contínuo, visto que no agora de sua realização, traz o passado e abre possibilidades ao futuro. A cada instante de um movimento, o instante precedente está presente, sendo fundo no qual o movimento agora realizado se expõe e avança. Essa constituição que enlaça o movimento sendo realizado agora e o que o precedeu, enlaça também o que está por vir enquanto possibilidade de movimento. "Cada momento do movimento abarca toda a sua extensão, e em particular o primeiro momento, iniciação cinética, inaugura a ligação entre um aqui e um ali, entre um agora em um futuro, que os outros momentos se limitaram a desenvolver" (MERLEAU-PONTY, 2011, p. 194).

Dessa forma, o movimento do corpo-próprio não abarca o tempo e o espaço como uma soma de pontos justapostos, como fragmentos que possam ser ordenados. Além disso, Merleau-Ponty (2011) afirma também que espaço e tempo não constituem uma infinidade de relações das quais minha consciência operaria a síntese em que dela implicaria meu corpo. Para ele, não estamos no espaço e no tempo, não pensamos o espaço e o tempo; nós somos no espaço e no tempo, vivenciamo-los originalmente sem mesmo tocá-los e explicá-los.

Espaço e tempo, são entendidos aqui como espaço e tempo vivenciados na profundidade do mundo-da-vida. Ir a esse mundo buscando percebê-lo, é pôr-se em movimento, é sobrevoá-lo dirigindo-se ao que *aí está*, deixando que sentidos se mostrem e constituindo face a face o percebido. É o corpo-próprio em movimentos intencionais, assumindo perspectivas distintas de visada, que busca essa totalidade do percebido, gradativamente, pondo-se a perceber cada face do objeto que se mostra e movendo-se em direção a outras faces *a priori* "escondidas", sem nunca abandonar a face anteriormente percebida (MERLEAU-PONTY, 2011).

Para este filósofo, o corpo-próprio é entendido também como um campo sinestésico criador de sentidos, sob o qual se constitui o ato de perceber, que entendemos ser, ele mesmo, um modo pelo qual a cinestesia se expõe. A percepção cinestésica nos permite perceber sentidos se constituindo e sendo constituídos por/em um fundo dinâmico, que se expande, produz mudança e provoca iniciação de movimentos daquele/naquele que realiza movimento.

O corpo-próprio, como campo sinestésico, move-se e faz do mundo seu campo de realizações, faz o mundo também cinestésico. Merleau-Ponty (2011), estabelecendo analogia com a Física, diz que o movimento desse corpo é *centrífugo*, ele adentra e provoca uma expansão do mundo, ao mesmo tempo em que ele mesmo se realiza, expandindo-se. Essa expansão não só provoca mudança, mas é ela mesma mudança, o que nos permite dizer que o movimento se configura como mudança e configura mudanças que se expõem e constituem esses campos cinestésicos criadores de sentidos, o mundo e o corpo-próprio.

Compreendemos com Pinheiro, Bicudo e Detoni (2018, p. 278), "que todo movimento, em sua realização, vai se atualizando e atualiza um fundo também móvel. O fundo de um movimento é dinâmico e seu dinamismo é sempre abertura ao movimento". Assim, o "fundo do movimento não é uma representação associada ou ligada exteriormente ao próprio movimento, ele o anima e o mantém a cada momento" (MERLEAU-PONTY, 2011, p. 159). Cada "movimento e cada objeto convidam à realização de um gesto, não havendo, pois, representação, mas criação, novas possibilidades de interpretação das diferentes situações existenciais" (NOBREGA, 2008, p. 142).

Assim, entendemos que o fundo do movimento é também cinestésico e criador de sentidos, e ele não é separado do corpo-próprio, que constitui e é constituído por ele em um fluxo contínuo do qual não podemos destacar um do outro, mas apenas tomá-los na unidade que os enlaça. Esse fluxo dá-se por entrelaçamentos constituindo uma rede cujos limites não são vistos, por ela estar sempre em movimento de ser tecida.

Para tecermos compreensões sobre o movimento de um corpo-próprio, trazermos neste texto termos como: fluxo, sempre, mudança, duração. Esses são termos também expressos nos primeiros tópicos que versam sobre continuidade. Portanto, mais uma vez tem-se evidências da continuidade do movimento realizado por um sujeito-movente. Quando expomos que esse movimento tem um fundo, é possível pensar, conjecturando, que a continuidade também se dá com/nesse fundo, pois ele se modifica enquanto modifica o próprio movimento, sempre apresentando novas possibilidades de atualizações, mostrando caminhos ao sujeito realizador de movimentos. Assim, se compreendemos a continuidade no movimento realizado, também visualizamos a continuidade no movido. Os rastros dessa continuidade são aqueles que se mostram no fundo que o movimento constitui e com o qual se constitui continuamente.

O movimento do/no corpo-próprio, que avança e expressa o fluxo, o sempre, a mudança, a duração tem como solo o mundo-da-vida, este que se constitui também pelo ciberespaço das tecnologias computacionais. Em Pinheiro (2022) entende-se que *Ser-com-tecnologias computacionais* "expressa, um modo do *ser-no-mundo-com,* que traz em seu âmbito todas as tecnologias (dentre as quais as digitais) como produções humanas. No mundo cibernético em que se presentificam os softwares, inaugura-se um modo específico de vivenciar a espacialidade" (p. 74); "as experiências são vividas em um mundo fisicamente constituído por *bytes*, mas que é expresso em cenários de maneira livre, muitas vezes expandindo os já percebidos na realidade do cotidiano mundano" (BICUDO; ROSA, 2010, p. 78).

As tecnologias computacionais, então, são expressões humanas, são modos de fazer e de pensar, são extensões da intencionalidade, permitem um modo de ser distinto, porém não totalmente estranho (no sentido amplo de um vazio de compreensão) a qualquer sujeito. As interfaces físicas e lógicas computacionais permitem o movimento de um corpo-próprio que a elas e, portanto, abrem possibilidade de experienciar a continuidade. Explicitar sobre como se dá essa experiência é objetivo do tópico que segue.

O contínuo e a Computação

Uma pergunta que se faz, mesmo que não constantemente, é se o computador "dá conta" do contínuo. Se sim, como isso se realiza?

Inicialmente, pode-se pensar nestas indagações referenciando o trabalho de Alan Turing, que desenvolveu tese para um processo algoritmo, conhecido como *Máquina de Turing*. Embora tal mecanismo não possa ser apresentado à sociedade em termos físicos, o pensar sobre ele permitiu o avanço computacional e suas implicações que hoje se apresentam. Em Misse (2019, p. 44) tem-se que uma Máquina de Turing é composta por uma fita infinita "que é dividida em espaços iguais, nos quais se pode escrever uma informação, ler um estado e alterar suas configurações. Para seu funcionamento é preciso definir um alfabeto base e uma lista de estados que serão entendidos e executados pela máquina".

O dispositivo dos computadores atuais, que seria um paralelo à fita infinita de Turing é uma memória virtual, cujo alfabeto base é binário e sintaxe da lógica de Boole (1815 – 1864). Dentre as variáveis que diferem a memória virtual de tal fita, faz-se destaque fundamental à sua finitude. É no âmbito desta finitude que se questiona pelo contínuo, que na matemática muito se define como correlato ao infinito matemático.

Tem-se em Weihrauch (1995, p. 1) que as teorias computacionais e a própria computação vigente "modelam o comportamento dos computadores do mundo real para cálculos em conjuntos discretos, como números naturais, palavras finitas, gráficos finitos, etc., bastante adequadamente". Disso compreende-se que o computador trabalha com dados discretos, o que faz de sua estrutura matemática operacional uma estrutura definida e limitada a esses dados discretos. Por exemplo, uma estrutura computacional de 32 *bits* pode armazenar uma diversidade de números, no entanto, com precisão de seis ou sete casas decimais. Se, nesta estrutura se trabalha com números com mais de sete casas decimais, há um arredondamento automático que diminui a precisão dos mesmos. Portanto, computacionalmente, há limitações quanto à completude dos números.

Mesmo havendo a computabilidade[61] de números transcendentais, como por exemplo o e o número de Euler (*e*), a grande maioria dos números não são computáveis, dada sua constituição intrinsecamente aleatória, sem padrão alcançado pela Ciência da Computação "Por essa razão nenhum algoritmo pode computá-los" (NYIMI, 2011, p. 95).

Tendo como sustentação teórica a compreensão da incomputabilidade dos números, Nyimi (2011) conjectura a também incomputabilidade dos conjuntos, e por sua vez, das funções. Sob tal teorização, as perguntas levantadas neste tópico são respondidas de modo a explicitar que o computador, a limitação de sua lógica, não dá conta do contínuo em sua formalidade matemática. No entanto, propõe-se neste capítulo olhar, assim como feito anteriormente, paras as possibilidades de representação do contínuo, que se entende dá-se não no sistema binário que sustenta a programação, mas nas interfaces lógicas que o reveste e dá ao sujeito que a ela se volta a percepção de retas, curvas, sequências, etc.

O movimento do/no corpo-próprio, a intencionalidade de pôr-se em movimento e a mudança que se realiza no mundo e no sujeito realizador da mudança constituem um solo com o qual podemos pensar os modos pelos quais a continuidade se expõe em interfaces computacionais, uma vez que as possibilidades de movimento estão dadas no mundo de nossas vivências no qual também estão as tecnologias informáticas, dentre as quais, os softwares de GD, ao qual este texto se volva reflexivamente para pensar sobre o contínuo na computação.

No mundo cibernético em que se constituem os *softwares*, inaugura-se um modo específico de vivenciar a espacialidade; "as experiências são vividas em um mundo fisicamente constituído por *bytes*, mas que é expresso em cenários de maneira livre, muitas vezes expandindo os já percebidos na realidade do cotidiano mundano" (BICUDO; ROSA, 2010, p. 78). Em outras palavras, mover objetos, antes de ser um fazer realizado em softwares, é um fazer possível ao homem em seu mundo circundante, como por exemplo, mover as peças no tabuleiro de xadrez ou organizar livros numa estante.

61 Se refere "à existência ou não de um procedimento que resolve determinado problema em um número finito de passos" (BOCATO, 2018, s.p.).

A vivência da Continuidade ao se trabalhar com computador: um olhar à Geometria Dinâmica

Constantemente, quando se está focado em atividades matemáticas, dentre as quais a de demonstração, faz-se representações. Este é mecanismo para visualizar melhor o próprio desenvolvimento matemático da atividade. Por exemplo, as representações geométricas, muitas vezes expressas em desenho são convenientes pois além de representar entes matemáticos, traz uma contextualização que pode ser vivenciada no mundo circundante, que é físico e geométrico. Contudo, a fundamentação lógico-binária computacional fornece elementos virtuais, não visíveis pelo usuário da máquina. Em outras palavras, uma interface reveste os códigos de linguagem de programação com uma vestimenta mais limpa e convidativa assumindo funções para melhor atender necessidades humanas de habitar um ambiente que lhes seja agradável. As interfaces escondem o mecanismo que as constitui, ou seja, os códigos. Se a computação é "por um lado fortemente baseada em códigos, por outro, ela evita mostrá-los o quanto pode. Isso faz da computação uma realidade oculta. [...] seus mecanismos e funcionamentos [...] estão encobertos pelas interfaces" (FIGUEIREDO, 2014, p. 139).

Com esta compreensão articula-se aqui sobre as possibilidades de vivência do contínuo, que se atualizam na estada de um sujeito com a interface de softwares, dos quais faz-se um destaque aos de Geometria Dinâmica.

Entendemos em Pinheiro, Bicudo e Detoni (2018, p. 158) que muitas vezes "o *dinâmico* creditado à Geometria Dinâmica é posto como característica intrínseca e inseparável dos softwares. No entanto, entendemos que esse *dinâmico* é correlato à intencionalidade humana de mover-se, movendo". Com isso, se o dinâmico for compreendido como possibilidade do software, sem considerar o sujeito-movente que atualiza essa possibilidade, "teríamos apenas uma *interface* computacional vazia, sem figuras, sem movimento, pois este não acontece por si e pelo software sem a ação intencional do sujeito" (PINHEIRO et al., 2018, p. 158). Essa compreensão justifica e reforça o que expomos no tópico anterior, no qual de modo geral abordamos o movimento de um corpo-próprio que atualiza as possibilidades dadas no mundo-da-vida.

Neste tópico tecemos articulações sobre o movimento no mundo-da-vida e o movimento em ambientes de GD, compreendendo que o movimento que se expõe na GD é uma extensão do movimento realizado junto ao mouse. Portanto, movimento no mouse e movimento na interface do software, não são dois. Trata-se de um mesmo movimento que se expõem em ambientes distintos. Ao considerarmos o movimento do corpo-próprio como evidência e modo de vivenciar a continuidade, abrimos o entendimento de que em GD esses modos também se expõem, com novas configurações dadas pelo ambiente cibernético.

Para mostrar evidências da vivência da continuidade em trabalhos com GD, visando expor compreensões sobre *como se dá percepção da continuidade em ambientes de Geometria Dinâmica*, traz-se aqui um recorte, dentre outros possíveis, de minha tese de doutorado - Pinheiro (2018) - que foca o movimento em ambientes de GD. Dentre as muitas compreensões possíveis nesse estudo de doutorado, foca-se o que se mostrou como evidência da continuidade.

Nessa pesquisa de doutorado, compreende-se que na duração de um movimento realizado por um sujeito junto ao mouse, ele percebe possibilidades de movimentos, dentre as quais as configurações de sua continuidade, assim como se pode compreender na fala de um dos sujeitos de pesquisa: "*Desço o ponto E, e o ponto M' vai se aproximando de BC. Daí continuo movendo até ele ficar sobre BC. Pronto, M' sobre BC. Resolvido!*". Nessa fala, entende-se que vai se configurando um "rastro" do movimento agora realizado, que lança à percepção o *por vir*, a continuidade desse rastro direcionada a um segmento, o BC. Com isso, pode-se conjecturar que a continuidade de um movimento se evidencia ao sujeito perceptivo, antes mesmo de sua materialização na tela.

Entende-se que a continuidade não se evidencia sinalizando pontos futuros, um M" seguido de um M'". Isso já estaria, por si só, desestabilizando a ideia do continuo, uma vez que entre duas posições fixas há sempre uma lacuna que pode ser preenchida por uma infinidade de outras posições. O sujeito visando a interface do software, não tem junto ao movimento uma percepção do ponto M' aqui, depois ali, e em seguida uma percepção do fio que liga o aqui e o ali. Todavia, entende-se essa experiência como a experiência de um fluir, da continuidade, que não expõe vazios, ou os expõe, mas como o vazio de um futuro do movimento, que é sempre preenchido por um novo presente que vai deslizando a outro presente deixando-os interligados, e expressando o movimento e o tempo como contínuo.

Quando um sujeito move na interface do *software* um ponto qualquer e em determinado momento para de movê-lo, ele pode se dar conta que havia uma posição inicial e que agora há uma posição final de sua mão, do *mouse* e do objeto movido. Na duração do movimento desse ponto, sua posição inicial desaparece na tela, a posição final ainda não se tem. Portanto, o sujeito não vê posições intermediárias, uma vez que não há um intervalo (delimitado por um ponto inicial e um ponto final) que as contenha.

No entanto, nas configurações do movimento do ponto, que avança em um ambiente que é familiar ao sujeito, ele tem uma percepção viva do movimento que está realizando e das implicações desse movimento junto ao *mouse*, ao ponto movido e à interface. Assim, vivenciando a duração/continuidade do movimento que "passa diante dos olhos", sem interrogar quando começou ou quando terminará, entende-se que se dá a vivência e a percepção da continuidade no mundo-da-vida, compreensão essa que pode ser direcionada ao mundo cibernético da GD.

Com isso, entende-se que o *por vir* explicitado anteriormente mostra-se não como um ponto, mas como um fluxo, um "passar" do movimento que se está a realizar e a perceber na interface do software e no próprio corpo que se move. O *por vir* é percebido e conhecido sem nenhuma consciência de posições objetivas, assim como se conhece um objeto e seu tamanho "real", mesmo quando visto à distância. Ele, ao se mostrar no agora de uma realização movente, dá-se no âmbito da percepção e não no âmbito de uma análise reflexiva.

A reflexão poderia dar ao sujeito a continuidade do movimento do ponto após a observação e articulação de padrões que se expõem nesse movimento. No entanto, não há no ato desse sujeito, uma pausa para pensar sobre a continuidade do movimento. O pensar que se evidencia está embrenhado na duração do movimento, assim como o *por vir* e a continuidade, que se mostram tão entrelaçadas no agora desse movimento realizado que, nesse mesmo agora, se evidencia como presente.

No ato de perceber o *ponto-em-movimento* e as implicações desse movimento, o sujeito-movente não está preocupado em criar procedimentos e regras para o movimento do *mouse*, não busca descrever o movimento percebido. Ele pode perceber a continuidade, ou invariantes geométricos, mas não busca de imediato fazer uma asserção caracterizando-os, não busca antecipar o percurso ou o fim de um movimento, nem descrever convergências ou divergências que se mostram. Apenas, lança-se à vivência de vê-las convergindo ou divergindo com o movimento realizado.

Quando um sujeito olha para um ponto, o olhar lançado já faz o entrelaçamento entre sujeito e ponto e, o pensar sobre como mover vai produzindo novos entrelaçamentos. Com isso, reafirma-se que a continuidade do movimento não se dá apenas no software, ou em sua interface. Movimento no software é movimento de um sujeito que se move, movendo. Portanto, a continuidade mostra-se também nesse corpo-próprio que se move com o software. Nesse mover, há modos de transformações que se evidenciam. O sujeito se movimenta, movendo o *mouse*, o ponto sobre o qual clica e arrasta, e a figura ligada por uma construção a esse ponto. Ao final desse movimento, o ponto em si, parece não ter sofrido transformação, ele ainda tem a mesma cor, o mesmo tamanho, a mesma fisionomia, o que faz questionar se *o movimento gera transformação em tudo que com ele está, ou se a mudança não se dá no móvel, mas apenas na duração do percurso no qual ele é visto em trânsito*. Questiona-se se o movimento e sua continuidade não são vistos *no* ponto movido.

Nesse pensar, o movimento não é correlato ao móvel, mas constitui-se nas *relações* dele com o que o circunvizinha, em cada posição que ocupa. Essa concepção, entende-se negar o próprio movimento, visto que separar o móvel do movimento, o que se entende como dizer que ele não se move, que ele é a materialização espacial, temporal e pontual de posições sempre visíveis, identificáveis ao olhar de um sujeito que o visa. Nesta visada, vê-se o movimento como uma "linha pontilhada", em que cada ponto é visto como idêntico ao seu anterior e ao seu sucessor.

Entende-se que o *ponto-em-movimento* é outra coisa, não sendo mais aquele ponto que se mostrava como potencialmente móvel na interface do software. Com isso, o entrelaçamento entre ponto e movimento, produz novas configurações para o ponto e para o movimento. A ideia da preservação absoluta do ponto contribui para um pensar que o configura como sendo sempre um ponto, e não como algo que passa a nossa frente, como um vulto, um rastro, um contínuo, uma linha, ou simplesmente como um ponto flutuante que desliza na tela. Contribui ainda, para a caracterização do movimento de um ponto como um conjunto de posições ocupadas por ele, contrapondo a evidencia da continuidade do movimento, aqui discutida.

Em uma postura analítica voltada à compreensão do movimento, inicia-se sua análise pelo ponto em seu repouso, inicial ou final. Com isso, vê-se nessas duas posições, o mesmo ponto, sem alteração. Continua-se a análise considerando um momento do movimento, captando o ponto nesse momento específico, e, com isso, tem-se ainda o mesmo ponto. Mas, notemos, nessa análise, assume-se perspectivas discretas. O movimento é recortado de modo que não se tenha o *ponto-em-movimento*, mas apenas o ponto em diferentes posições.

No ato perceptivo (de ação), entende-se que não se tem a certeza da preservação do ponto, mesmo que seja dada ao sujeito uma imagem com uma sequência de pontos idênticos. Nesse ato, ele tem apenas a experiência de uma transição contínua. Tomando o móvel como sendo o próprio sujeito-movente, para ele, mover-se é começar e avançar prosseguindo ou terminando seu movimento, ou seja, ele não percebe que o movimento que realiza se dá ocupando alternadamente posições.

Compreendendo o ponto como objeto temporal, aqui já teorizado, entende-se que ele se faz presente em uma duração que não pode ser limitada por pontos cronométricos ou espaciais discretos. Com Misse (2019) entende-se que "um objeto temporal está presente num dado *momento-agora*, contudo um novo momento agora surge fazendo com que percebamos a duração do objeto, mas também fazendo com que experiência primeira mude-se para um modo passado". Nas palavras de Husserl: "Ao entrar em cena um agora sempre novo, muda-se o agora em passado e, com isso, toda a continuidade de decurso dos passados dos pontos precedentes se move 'para baixo', uniformemente, para a profundidade do passado" (HUSSERL, 1994, p. 61). Estes modos de configurar-se a vivência temporal faz do objeto temporal (o ponto vivenciado), sempre novo, abarcado pelas novas configurações que agora se mostram e que imediatamente escorregam ao passado.

Em outro caso no trabalho com GD, quando o ponto é ligado a uma figura, e quando ele é movido, há mudanças nessa figura, ela pode não se desconfigurar, mantendo suas propriedades geradoras, mas pode ter novas configurações dimensionais. Contudo, se lançado um olhar de discretização a esse caso, ainda se está no âmbito da discussão anterior sobre o movimento do ponto, visto que, se ele é um vértice de um triângulo, por exemplo, ele estará se movendo devido ao posicionamento que ocupa em *relação* aos outros vértices e ao lado oposto a ele. Os lados ligados a esse vértice se movem com ele, então, na análise reflexiva, tem-se esses lados ocupando posições, assim como ocupa o ponto.

No movimento de um triângulo específico, o triângulo retângulo, por exemplo, que é construído no software para se preservar retângulo, mesmo assumindo novas configurações junto à diversidade de movimentos realizados por um sujeito, a interrogação que se coloca é: *o que o movimento apresenta ao sujeito que está atento à interface do software, vendo as configurações desse triângulo*? Entende-se que em cada parada do movimento, se tem uma figura semelhante à primeira (anterior ao movimento).

Todavia, esse é um olhar que discretiza o movimento, que apresenta fragmentos e representação de fragmentos. Assim, entende-se que ao se referir aqui ao movimento como continuidade, não se pode conceber que ele nos dá uma sucessão de figuras semelhantes. Assim como o *ponto-em-movimento* discutindo anteriormente, não se pode dizer que o movimento, em sua duração, apresenta o mesmo triângulo retângulo. Entende-se que o movimento apresenta à percepção o *triângulo-retângulo-em-movimento*, já compreendendo que ele vai se transformando, pois, como já dito, a transformação se dá também no móvel.

No caso do movimento da figura e do ponto, que se dá mediante *relação* do móvel com o que o circunvizinha, constitui-se um fundo. Esse fundo é objetivo, e nele se tem *referenciais* em relação aos quais o movimento é estudado e compreendido. No software, por exemplo, pode-se definir o movimento de um ponto, que vai de um lado ao outro da tela, ao estudar a posição dele relacionada a cada ícone expresso na barra horizontal, superior da tela. Ainda, pode-se exibir o eixo cartesiano e estudar o movimento trazendo relações com coordenadas. Aqui, tece-se sobre o estudo do movimento. No momento deste estudo o contínuo já foi vivenciado, já passou e, um modo de estudá-lo é discretizando-o, focando as marcas que o mesmo deixou ao passar, demarcando etapas e referenciais que o constitui. Faz-se assim o que aponta Bicudo (2012, p. 89), que entende que "pela atitude assumida mediante o olhar, podemos destacar unidades dentro do fluxo, focando-se e adentrando em compreensões mais profundas dessas vivências".

Entende-se que o fundo de um movimento experienciado, quando se vivencia o *ponto-em-movimento*, ou a *figura-em-movimento* não se constitui pelo ato de relacionar, uma vez que a figura ou o ponto antes de qualquer fazer que visa esse ato, já *está com* seu fundo, com o que o circunvizinha. O sujeito experiencia o fluir do *ponto-em-movimento*, sem que se tenha fixadas posições anteriores cujas relações descrevam o percurso. Desse modo, a figura se move com o fundo, e enquanto ela muda, produz mudança também nesse fundo. Trata-se, portanto, de um fluir que quando vivenciado dá ao sujeito a percepção do movimento nas transformações que abarcam a *figura-em-movimento* e o fundo que também se move ao deixar que nele a figura deslize. Só se tem os pontos, e eles relacionados, quando se fala sobre movimento, o que já não é mais a experiência do movimento realizado e percebido, mas uma descrição que discretiza o que se dá continuamente.

Tecendo outras considerações

Aqui buscamos apresentar *como se dá percepção da continuidade em ambientes de Geometria Dinâmica*. Entende-se que o tópico anterior, de modo geral, traz evidências desse como. Sintetizando, foi exposto que o contínuo se mostra como um fluxo que vai deixando marcas da duração do movimento. Esse fluxo é espacial e temporal. Ele é prospectivo, pois visa expressar na espacialidade da interface do *software* uma intencionalidade de movimento. Ele é também retrospectivo, pois o rastro evidencia um passado motor de todo o fluir do movimento, desde seu início. No movimento dá-se no corpo-próprio o entrelaçamento de um presente, de um passado e de um futuro, ou seja, o movimento em sua duração/continuidade traz ao agora do movimento o que foi anteriormente visto, ao mesmo tempo em que orienta o *por vir*, um mar de possibilidades ao movimento.

Na interface do software o movimento mostra-se como mudança e mostra mudanças, que são percebidas tátil-visualmente na unidade que enlaça o movimento do mouse e sua expressão na tela. O movimento, em sua duração mostra-se como um "rastro" que avança no corpo-próprio e na tela. Esse rastro não necessariamente é um desenho, uma mancha expressa na tela, trata-se do rastro que vai mostrando a quem olha a figura em movimento o percurso por onde ela passa, que é marcado por um *deslizar contínuo* que vai fundindo cada agora do movimento, que *já foi*, ao seu agora que acaba de ser visto se expondo na tela.

Em uma das falas dos sujeitos da pesquisa de minha tese de doutorado – Pinheiro (2018) – tem-se: *"Vou habilitar rastro pra ficar mais visível"*, dita quando o sujeito busca mostrar com o movimento um percurso de um ponto que ele intuiu ser linear. Já esse rastro se materializa, deixa um desenho expresso na tela, ele é uma opção do *software* Geogebra que é escolhida pelo sujeito. O rastro, desenhado na tela, ou não, entende-se também que se caracteriza como evidência que permite pensar sobre a continuidade.

Aqui, é exposto que o computador, apesar de não dar conta do infinito e do contínuo tal como anunciados nas definições matemáticas, por trabalhar com dados discretos, sob olhar filosófico, apresenta modos pelos quais se pode vivenciar a continuidade. Essa vivência dá-se pela visualidade das interfaces computacionais, que revestem os códigos discretos, dando-lhes, por exemplo, representações gráficas.

Este estudo, dentre as contribuições possíveis, sugere possibilidades ao ensino de Matemática. Em especial, sugere-se uma retomada das experiências perceptivas, buscando uma aprendizagem que se dá na transição entre a percepção e o científico, valorizando também a vivência dos alunos, dando-lhes a oportunidade de "ter em mãos", "tocar", "ver", um conceito matemático, uma propriedade. Ter-se-á assim uma Matemática também vivenciada, cujas definições não partem apenas do reflexivo, mas também de um fazer perceptivo realizado pelos alunos em seu mundo circundante, que contempla o mundo escolar.

Com isso, o contínuo ou o infinito não seriam apenas ideias expressas e trazidas tradicionalmente pela cultura em livros e manuais, mas também, elementos presentes e vivenciados no agora das realizações dos alunos.

Referências

ALVES, P. M. S. **Fenomenologia del tiempo y de la percepción**. Madri: Editora Nueva. 2010.

BARBARIZ, T. A. M. **A constituição do conhecimento matemático em um curso de matemática à distância**. Tese (Doutorado em Educação Matemática) – Instituto de Geociências e Ciências Exatas, Universidade Estadual Paulista, Rio Claro. 2017.

BARRA, E. S. O. Newton contra os infinitesimais: a metafísica e o método das fluxões. **Especiaria** (UESC), 9(1), p. 355-369, 2006.

BICUDO, M. A. V. A. constituição do objeto pelo sujeito. In: Tourinho, C. D. C. (Org.). **Temas em Fenomenologia:** a tradição fenomenológica-existencial na filosofia contemporânea. 1 ed. Rio de Janeiro: Booklink, p. 77-95. 2012.

BICUDO, M. A. V.; Rosa, M. **Realidade e cibermundo:** horizontes filosóficos e educacionais antevistos. 1 ed. Canoas: Editora da Ulbra. 2010.

BICUDO, M. A. V. A pesquisa qualitativa olhada para além de seus procedimentos. In: Bicudo, M. A. V. (Org.). **Pesquisa Qualitativa segundo a visão fenomenológica**. 1 ed. São Paulo: Cortez, p. 7-28. 2011.

BICUDO, M. A. V.; Garnica, A. V. M. **Filosofia da Educação Matemática**. 4 ed. Belo Horizonte: Autêntica. 2011.

BICUDO, M. A. V.; Kluth, V. S. Geometria e Fenomenologia. In: Bicudo, M. A. V. (Org.). **Filosofia da Educação Matemática**: fenomenologia, concepções, possibilidades didático-pedagógicas. 1.ed. São Paulo: Editora UNESP, p. 131-147. 2010.

BOCATO, L. **Computabilidade.** (2018). Notas de aula. Disponível em: <http://www.dca.fee.unicamp.br/~lboccato/topico_1.2_computabilidade.pdf>. Acesso em: 20 jan. 2022.

EVES, H. **Introdução À História Da Matemática**. Campinas: Editora Da Unicamp. 2004.

FIGUEIREDO, O. A. A questão do sentido em computação. In: Bicudo, M. A.V. (Org.). **Ciberespaço:** possibilidades que se abrem ao mundo da educação. 1 ed. São Paulo: Editora Livraria da Física, p. 313-342. 2014.

LEIBNIZ, G. W. **Discurso de metafísica e outros textos.** São Paulo: Abril Cultural,. (Coleção Os pensadores). Tradução Marilena Chauí e Carlos Lopes de Mattos. 1983.

LONGO, G. The Mathematical Continuum: From intuition to logic. In: PETITOT, J et al. (Ed.). **Naturalizing Phenomenology:** Issues in Contemporary Phenomenology and Cognitive Science, Stanford, California: Stanford University Press, p. 401- 428, 1999.

MERLEAU-PONTY, M. **Fenomenologia da Percepção**. Trad. Carlos Alberto Ribeiro de Moura. 4 ed. São Paulo: Martins Fontes. 2011.

MISSE, B. H. L. ***Contínuum***: Matemática, Filosofia e Computação. 2019. 100p. Tese (Doutorado em Educação Matemática) – Instituto de Geociências e Ciências Exatas, Universidade Estadual Paulista "Júlio de Mesquita Filho" Unesp, Rio Claro. 2019.

NOBREGA, P. T. Corpo, percepção e conhecimento em Merleau-Ponty. **Estudos de Psicologia**, Natal, 13(2), 2008. p. 141-148.

NYIMI, D. R. S. **Computabilidade e Limites da Matemática das Teorias Físicas:** Aplicações em Sistemas Elétricos de Potência. Tese (Doutorado em Engenharia) – Escola Politécnica, Universidade de São Paulo, São Paulo. 2011.

HOUAISS. **Dicionário eletrônico da Língua Portuguesa**. Editora Objetiva. Versão 2.0a. 2007.

HUSSERL, E. **A Crise das Ciências Europeias e a Fenomenologia Transcendental**: uma introdução à filosofia fenomenológica. Trad. Diogo Falcão Ferrer. 1 ed. Rio de Janeiro: Forense Universitária. 2012.

HUSSERL, E. **Lições Para Uma Fenomenologia Da Consciência Interna Do Tempo.** Trad. Pedro M. S. Alves. 1 ed. Lisboa: Imprensa Nacional Casa da Moeda. 1994.

Dando conta do realizado e expondo horizontes que se evidenciam

Maria Aparecida Viggiani Bicudo

A proposta deste livro foi expor um pensar a respeito do corpo-vivente, assumido em seus modos de ser compreendido no âmbito da fenomenologia, caminhando em direção de focar a constituição e a produção do conhecimento, objeto do trabalho do professor e do pesquisador que se dedicam à Educação e, também à Educação Matemática, como ocorre com a maioria dos autores dos capítulos reunidos nesta produção.

Compreendemos Educação como cuidar do vir-a-ser do outro, em especial, do outro ser humano com quem somos no mundo. Esse modo de compreendê-la está além do que no cotidiano se costuma realizar como ações educativas e do que se costuma dizer a respeito de educação, bem como, para além da disciplina Educação, tratada no âmbito científico-acadêmico, notadamente em cursos específicos que formam educadores e professores, como é o caso da Pedagogia e das muitas Licenciaturas. O cuidar se caracteriza como um se importar com o outro, em uma atitude solidária com a vida. Dessa perspectiva, o cuidado subjaz às ações realizadas para contribuir com a sustentação da vida e do bem estar. De modo enfático, está presente na área da saúde.

Compreendemos Educação Matemática como um modo de educar com a Matemática mediante um fazer matemático. Nessa afirmação, encontram-se duas acepções que consideramos significativas para dizer de como vemos a educação pela e com a Matemática/ matemática. Matemática é escrita aqui com M maiúsculo, para indicá-la como um corpo de conhecimento que, histórica e culturalmente, está enraizado na lógica da civilização ocidental, porém assumido também pela cultura do mundo oriental, no que tange à sua dimensão científica, técnica e tecnológica. Com letra minúscula, para dizer de ações que se evidenciam como estando no núcleo da constituição e da produção dessa ciência, como, por exemplo, contar, medir, posicionar-se espaço-temporalmente, expressar formas e relações entre elas por meio de desenhos, de estruturas; enfim, por meio de linguagens e de materialidades disponíveis, operar com grandezas, emitir ajuizamentos a respeito de expectativas e de inferências que, embora sejam aproximativos, já são estruturados em uma lógica e expressos em linguagem. Esse "fazer matemático" é próprio ao modo de ser do ser humano e está presente em qualquer época ou cultura, bem como convive em uma mesma cultura que também conhece e opera com a Matemática.

Focamos o corpo-vivente, destacando a unicidade de seu todo orgânico, funcional, neuro-físico-psíquico-espiritual. Enfatizamos que está continuamente em movimento de ser, sendo vida que flui, dinamicamente, ao ser/estar na e com a realidade mundana, bem como constantemente plugado, intencionalmente, mediante os sentidos que sentem sensações, provendo, de antemão, indícios dessa realidade. Sensações que são, muitas vezes, pontuais, tais como: a picada de um inseto em uma região desse corpo, mas que sempre se expande pela dor sentida por outras regiões, entrelaçando-se com outras sensações. É movimento da vida do corpo que vive e que, dada à complexidade da dimensão físico-neuro-funcional desse organismo, que é consciente do que sente, ou seja, que se dá conta da dor ou da alegria sentidas, bem como de outras sensações e ações que realiza, avança em percepção do visto na circunvizinha em que está, compreendendo, de modo primordial, isso que vê.

Figueiredo, ao escrever o capítulo, demora-se expondo a complexidade da percepção, preocupado em explicitar "componentes mais profundos da cognição", visando às ações realizadas em/por nós mesmos, no outro (aluno, aluno com aluno e com professor e este com aluno/alunos). Declara que o primeiro passo é reconhecer a percepção como primado do conhecimento e todas as dificuldades associadas a essa premissa. No entanto, esse reconhecimento carrega consigo uma visão de epistemologia, solicitando que se vá além das formulações teoréticas, dedicadas ao tratamento do formal e, explicitamente, observável, adentrando pelos meandros das expressões afetivas e expressões de vivências próprias a cada um e todas interconectadas e em movimento de acontecer.

Nos parágrafos anteriores, uma palavra que se destaca é movimento da vida que flui em vivências. Detoni o tematiza no texto que escreve. Toma como ponto de sua análise e reflexão "aspectos mais dirigidos, especialmente a ligação entre movimento e subjetividade, movimento e percepção do movimento, e movimento e corporeidade", fazendo uma incursão por obras de diferentes autores que se dedicam à Filosofia, situados em distintas épocas e aponta que o tema "movimento está abraçado a várias tendências filosóficas, da ética à física, da política à religião, como um componente estruturante de explicações do humano em suas relações imediatas e de compreensão com o mundo".

Destacamos o exposto por ele, que vem ao encontro de nossa compreensão, organizadores deste livro, que "com as filosofias da subjetividade o movimento ganha um estatuto mais consistente de constituição do homem em sua mundaneidade, quando sua motricidade e a espacialidade que ela abarca vão sendo vistas como elementos antropológicos". Esse entendimento está presente nos vários capítulos que compõem este livro.

Nóbrega e Bicudo, autoras dos capítulos "Notas sobre intercorporeidade, intencionalidade do corpo-vivente e conhecimento sensível" e "A constituição do conhecimento matemático no corpo-vivente" explicitam, mediante argumentações e referências a autores significativos, as ideias concernentes ao corpo-vivente. Evidenciam tanto o movimento intra corpo-vivente, que realiza a constituição do conhecimento, como entre corpos-viventes, que estabelecem a intersubjetividade e, assim, o espaço do diálogo e da possibilidade da produção histórico-sócio-cultural do conhecimento.

A primeira autora faz uma afirmação que se mostra nuclear à vida entre pessoas e, mais especificamente, à esfera educacional: "o sentido do outro como intencionalidade encontra-se na expressão do corpo próprio", trazendo como referência Husserl, ao explicitar "o filósofo alemão se interroga o que faz desse corpo próprio um corpo estrangeiro e não um desdobramento do meu corpo pessoal, encontrando na intencionalidade a criação e possibilidade de novas associações". Destacável é a compreensão de que a experiência do outro, um estranho a mim, é da ordem da empatia.

Ora, esse ato (empático) é fundante do diálogo e da situação dialógica, condição da instalação da atmosfera em que o encontro entre pessoas e áreas de conhecimento pode se dar.

Bicudo foca as ações do corpo-vivente, apontando para aquelas que em seu movimento intencional de ir e vir livremente, posicionando-se na espacialidade e na temporalidade em que sua vida flui com a dos demais corpos e corpos-viventes, constituindo gérmens de ideias que estão presentes no fazer matemático. Expõe modos de o conhecimento ir se constituindo no corpo-vivente e afirma, ainda, que o movimento intencional desse corpo, e a ação intropática que o dispõe a estar-com-o-outro ex-pondo-se e acolhendo o outro em seus modos de doação, lança o conhecimento constituído para a dimensão do conhecimento produzido. Este é o que se materializa como conhecimento histórico, social e culturalmente presente no mundo-da-vida, quer seja como teorias e seus desdobramentos, quer seja como uma ciência natural vivenciada na vida comunitária.

Os temas focados nesses parágrafos permitem que visemos ao horizonte em que as atividades de ensino, notadamente, o de ciências se dão. Enfatizam a importância de se dar atenção e até de privilegiar o trabalho docente, focando o corpo-vivente, trabalhando sensações, sentidos, percepções e intuições que constituem princípios válidos de conhecimento para o sujeito, uma vez que dizem dos núcleos de sentidos que as pessoas buscam para afirmações que fazem ou que ouvem. Entretanto, enfatizamos que, em sendo o alvo o ensino de ciências, essas atividades não são tão somente lúdicas, mas que seus conteúdos podem ser direcionados para nuclear ideias que se revelam essenciais da ciência, objeto de ensino. É nítido que o conhecimento em constituição no corpo-vivente é de caráter subjetivo. Como já foi apontado, mantém-se com a certeza permitida pelas experiências realizadas e vivenciadas no cotidiano. No entanto, há sempre uma transcendência da dimensão subjetiva para a intersubjetiva. Pela expressão da compreensão articulada em cada um e pelo compartilhamento intersubjetivo com o outro fundado na intropatia e sustentado na/pela linguagem, o conhecimento se perpetua, histórica e culturalmente, na historicidade do mundo-da-vida. Este é entendido como realidade em que estamos e em que somos existencialmente e que já está, aprioristicamente, sendo em seu movimento de ser, quando nele somos lançados; ele nos acolhe e nos nutre, quando somos pro-jetados ao nascer e continua a ser quando, em nossa individualidade, aqui não estivermos; ao mesmo tempo em que somos por ele alimentados, nós também o nutrimos por nossas ações.

Kluth tematiza essa articulação da dimensão subjetiva para a intersubjetiva. Refere-se ao construir do conhecimento matemático sob o foco da experiência da percepção, expondo a descrição, apresentada por Merleau-Ponty, que desvela a Matemática, vista como ciência de mundo encarnada no sentido de que tudo que dela se sabe é, de alguma forma, engendrada pelo e no corpo próprio ao estar na presença de mundo. Expõe que o constituído no âmbito subjetivo pode ser retomado pelos outros; no âmbito intersubjetivo, pela expressão de significações primeiras advindas de palavras e de signos ou mesmo antes, como a noção de formas adormecidas na linguagem matemática e pelas significações conceituais ou de pensamentos instituídos. Explicita que nossas intenções significativas precisam das palavras, sem as quais jamais se tornariam uma significação conceitual. Aponta ser destacável que o ato de expressão realiza a junção do sentido linguístico da palavra e o da significação por ela veiculada. Essa articulação se evidencia como relevante nas atividades educacionais, uma vez que nela se fazem presentes os sentidos que preenchem os significados das palavras. Os sentidos vivenciados no corpo-vivente se expressam por gestos e, também, por expressões verbais que "esclarecem como uma significação linguageira inédita pode suscitar pensamento já instituído que, por sua vez, pode remeter-se a outras significações linguageiras, deflagrando novos pensamentos ou novas significações conceituais".

Santos e Batistela focam modos de compreender a Geometria, posicionando-se na perspectiva daquele que ensina essa disciplina e trabalha com fazeres geométricos. Trazem perguntas que indicam uma preocupação de caráter pedagógico e didático, a respeito das características dos objetos geométricos, dos modos pelos quais constituímos conhecimentos desses objetos, perguntando, inclusive, sobre vivências que podem se dar junto ao movimento do trazido pela linguagem na produção dessa ciência. Evidenciam que a Geometria está posta, mediante a tradição, na cultura, em livros de História da Matemática e em livros de Matemática, mostrando-se como uma ciência exata e determinada, tomada e ensinada, muitas vezes, dogmaticamente, podendo levar à ausência de perspectiva global sobre o processo de sua aprendizagem. Expõem o reconhecimento da importância de não se subestimar a possibilidade de abordar-se a Geometria, em sala de aula, como um corpo de conhecimento estruturado; buscando, porém, sempre por atividades didático-pedagógicas que possam reativar suas evidências originais. Argumentam que, no contexto teórico em que esse conhecimento aparece, ele apresenta um significado específico e, ainda, em termos de atividade humana, é um dos modos pelos quais o pensamento se organiza e aponta desencadeamentos, sendo, portanto, passível de se avançar nessa direção em sala de aula. Esse avançar não ocorre no vazio: tem um solo em que as experiências prévias, individuais e culturais, acontecem em sintonia com a intencionalidade presentificada em interesses, motivações e modos pelos quais as pessoas se inserem em uma comunidade. Perseguem as exposições de Husserl sobre os processos de idealização, formalização e categorização que sustentam a produção da ciência, na medida em que diferentes sensações, percepções e intuições se articulam na gênese ou origem da Geometria.

As autoras enfatizam a importância (e mesmo a necessidade) de reativar-se uma evidência geométrica por meio de atividades sensório-perceptivas do corpo-vivente expressas em conversas "linguageiras" intersubjetivamente. Apresentam exemplos de atividades que vão ao encontro dessas propostas. Evidenciam que, em sala de aula, torna-se importante explicar, na atividade que articula o que foi apresentado (na sentença geométrica de um livro didático, por exemplo), os significados do afirmado, trazendo, assim, a sua validade à realização do sujeito da aprendizagem, na direção do significado construído por meio de uma produção ativa. Advogam que a atividade de ensino de Geometria, ciência axiomatizada e exata, não se limita e se fecha a uma lógica dogmática, reproduzindo as aplicabilidades das ideias, nem à valorização do seu caráter axiomático, mas à busca da evidência da ideia geométrica e das ideias amalgamadas aos conceitos envolvidos.

Kluber expõe sua própria atitude ao ensinar Matemática e ao trabalhar com modos de fazer matemática no ensino superior a qual tem se evidenciado pelo olhar atento às manifestações de vivências e de produções dos seus alunos, no concernente a essa área do conhecimento. Tem ciência que busca elucidar aspectos do conhecimento matemático, tomando a fenomenologia como um modo de compreender tanto a produção quanto a constituição do conhecimento matemático, para além da produção da pesquisa em Educação Matemática que desenvolve e orienta. Afirma compreender que os objetos matemáticos são correlatos à sua manifestação, uma vez que só fazem sentido ao fluxo da consciência que é movimento. Assume, de modo explícito, uma atitude que não é a natural e que coloca entre parênteses isso que se mostra para compreendê-lo. Seu texto expõe uma situação vivenciada por ele, acompanhando e auxiliando as tarefas da sua filha de 8 anos, que estava no 3º ano do Ensino Fundamental I, no ano de 2022, sobre aquilo que, em princípio, era um mero exercício de casa de cunho geométrico. Ao se deparar com o modo como ela desenvolvia a tarefa, de imediato, relata que passou a anotar aspectos que se manifestavam e buscou acompanhar, com o maior rigor possível, as manifestações do seu pensamento e os movimentos corporais, tais como: os seus diversos gestos, com ou sem instrumentos como lápis ou régua, a hesitação ao falar, o pensar-com-corpo-se-expressando, na contagem e nas manifestações cinestésicas, que deram as indicações das vivências que poderiam estar envolvidas. Afirma que, nesse sentido, o corpo-próprio, um corpo vivente, abre a possibilidade de a criança pensar o espaço. Avança com suas argumentações, explicitando aspectos do movimento da constituição do conhecimento matemático que se dá no corpo-vivente, focando, em particular, o da Geometria.

Esses sete textos, indicados mediante a nomeação de seus autores, fazem referência aos modos de compreender-se o corpo-vivente, o movimento do acontecer do conhecimento em constituição no seu modo de sentir, de perceber, de intuir, de articular sensações e percepções, de expressá-las em conversas linguageiras, bem como no movimento de produção desse conhecimento. Neste a linguagem já é expressa em outra modalidade, mais articulada do ponto de vista da gramática e da lógica, e; no caso das ciências, notadamente no da Matemática, com o desencadear dos processos de idealização, de formalização e de categorização. Foram destacados modos de o corpo-vivente vivenciar realizações que abrem possibilidades de compreender o que vem pela tradição, como ciência produzida, formalizada e categorizada, reativando ideias primeiras que preenchem de sentido afirmações conceituais. Foram expostos exemplos de atividades com pessoas que as realizam na fisicalidade de ambientes, como em situações dialógicas em que duas ou mais pessoas estão juntas em um mesmo ambiente, que costumamos denominar como presencial. A realidade mundana é vivenciada pelo corpo-vivente na imediaticidade ao estar, presencialmente, com os demais corpos e corpos viventes.

Preocupamo-nos com o modo pelo qual o corpo-vivente percebe e intui, no movimento de constituição e de produção de conhecimento, evidenciando o da Matemática e o da matemática, quando a realidade que vivencia é a do ciberespaço. Assumimos, com Rosa, que o nosso mundo circunvizinhante e o mundo-da-vida ou Lebenswelt se atualiza, e, cada vez mais, com Tecnologias Digitais (TD). Não entendemos que haja uma separação entre Realidade e

Realidade Virtual, todavia há tão e somente "realidade", isto é, modo de ser real do mundo-da-vida.

Rosa afirma que as TDs precisam de um olhar especial quanto aos movimentos que se abrem à percepção e à reflexão com o mundo, e, em particular, com o universo educacional; em nosso caso específico, o educacional matemático. Em seu texto, expõe a reflexão sobre o mundo tecnológico em que vivemos, o mundo digital, o mundo cibernético, o cibermundo e o corpo-próprio sendo nesse mundo. Expõe o entendimento do ciberespaço: um espaço aberto de comunicação em que se encontram comportamentos que se presentificam pela tela informacional, os quais, com os aparatos tecnológicos disponíveis (textos, fotos, avatares, sons), podem e são compartilhados por "[...] uma multiplicidade de caminhos, vias possíveis de serem seguidas, 'linkadas', plugadas" de forma que seus alcances, interpretações e intenções configuram uma gigante amálgama de possibilidades e diferenças". Entende que esses comportamentos materializam os modos de lançar-se do corpo-próprio ao mundo cibernético e, dessa forma, revelam as vivências/experiências on-off-line em um continuum encarnado-digital. Olhada e compreendida dessa perspectiva, a vida com o mundo cibernético em uma análise dos acontecimentos decorrentes do estar-com-TD (sempre abrangendo o outro e o solo histórico-cultural) mostra um "[...] estar–com–o–outro e no aí, ou seja, na abertura do mundo" de forma a ser possível criar imagens de si, do outro, verbalizar isso, também criando cenários de forma livre, sem muitos obstáculos que se apresentam na dimensão da realidade mundana, ou mesmo com a sensação de uma maior liberdade de opinião e de anonimato.

Esse texto explicita aprofundamento de modos de compreender o mundo-da-vida assim atualizado, destacando a formação de hábitos ou o estilo de modo de ser do ciberespaço. Descreve, para tanto, o hábito que clicar no "like", ação de evidenciar que gostou do visto ou realizado, modus operandi de programas de plataformas como Google (emuladas pelo Facebook, Youtube e Twitter, por exemplo) propagarem propagandas e fundarem a prática de vigiar e de obter dados que possibilitam a criação e a utilização de novas publicidades, customizadas aos interesses de cada grupo. Vemos, assim, que se evidencia a conexão que esse aparato tecnológico está tendo junto aos modos de ser de cada pessoa que sempre está com outrem, e, desse modo, essa conexão se estende ao solo histórico-cultural em que já se está-sendo-com-TD sendo--com-o-smartphone, etc. O mundo-da-vida já está conectado.

Uma afirmação contundente que Rosa emite: O corpo-próprio já abrange esses modos de ser com o mundo cibernético e necessitamos de compreender isso. Explicita o dito mediante o exemplo da bengala da pessoa cega, apresentada por Merleau-Ponty para quem a extremidade da bengala, utilizada por uma pessoa cega, é para essa pessoa uma zona sensível, a qual amplia seu ato de tocar. A bengala não é mais percebida como um objeto, pois essa se enquadraria em uma externalidade à carnalidade do corpo da pessoa cega. Ela (a bengala), então, torna-se corpo com a pessoa cega. Mediante esse raciocínio, que evidencia uma concepção, as Tecnologias Digitais não são vistas como meras coisas, meros artefatos auxiliares da constituição do conhecimento, por exemplo, mas, são partícipes desse processo.

Entendemos com ele que as TD não podem mais ser consideradas (ou mesmo levadas para ambientes educativos) como ferramentas, isto é, instrumentos para agilizar um processo. Também não podem ser usadas como próteses, no sentido da suposição de que haja uma possível substituição da pessoa. Porém se presentificam como ampliação de zonas sensíveis e de movimentos de articulação de ideias, meios de evidência ou de criação de ideias. Ou seja, não são consideradas um meio para se alcançar um fim ou como produtos ou, ainda, como processos da atividade humana, mas são vistos como recursos conectados ao "ser", de modo a se constituir como corpo-vivente ao serem vivenciadas como extensão de suas zonas sensoriais e cognitivas, provocando, suscitando o pensar e o saber fazer, levando a cabo novas formas de agir, de criar, de formar imagens, de imaginar.

Rosa exemplifica esse pensar trazendo o âmbito da TDs. Explicita que um videogame juntamente com o jogo eletrônico que é jogado com ele, cria um espaço digital que é palco para a atuação dos avatares digitais (seres projetados com a TD), tornando-se meio para o ser-com-TD. Nesse movimento, quando o corpo-próprio se lança a esse espaço, o jogador não controla um "ser" diferente a ele. O corpo-próprio, então, torna-se composto também por bits, pois a materialidade dada em tela atualiza-se por meio do código computacional das tecnologias. O corpo-próprio não sendo entendido apenas como o biológico, mas como o fenomenal. É esse corpo que se lança no mundo cibernético, movimentando-se com imagens, sons, informações, ações, constituindo conhecimento. No jogo, o jogador passa a ter outra materialidade nesse espaço criado, não deixando sua materialidade biológica, mas se lançando, sentindo-se e assumindo-se essa identidade, a qual também é dada por sua identificação com o avatar ou mesmo pela criação desse a partir de escolhas e desejos. Entendemos que são modos de ser e de tornar-se que se dão na realidade do mundo-da-vida.

Rosa avança em seu texto, trazendo o modo de sermos cyborgs, de habituarmo-nos ao smartphone, aos óculos de RV, à Realidade Aumentada – RV no celular e no videogame, à escrita de textos por ChatGPT, à navegarmos (por) e compartilharmos (com) redes de hipertextos, evidenciando atos de nos instalarmos neles ou, inversamente, fazê-los participar do nosso corpo-próprio. Aponta que remanejar e renovar o esquema corporal dá-se na intencionalidade de cada um no ato de vivência com os ambientes cibernéticos, no ato de experimentação de espaços virtuais com os dispositivos que os atualizam, no ato de ampliação de experiências com os dispositivos tecnológicos e na constituição do conhecimento com o mundo e com os outros no mundo.

Realizando uma reflexão de ordem filosófica, levanta questões éticas e estéticas. Pondera que as técnicas de aprendizagem, como mencionado em textos de ciências da computação, perpassam formas de leitura de outros textos e posicionamentos na rede de computadores e de expressões claras de um novo texto sobre a temática inquerida. Nesse sentido, questiona, que corpo é esse? Que corpo a máquina assume? Um corpo que não tem intencionalidade? Ou um corpo cuja intencionalidade é programada? Na esteira dessas questões, afirma que não podemos esquecer a outra ponta da bengala, isto é, as pessoas que são desenvolvedoras desse tipo de tecnologia, a generativa, assim como, seus usuários. A semelhança da Inteligência Artificial - IA ao pensamento humano é admirável, mas esse pensamento não é livre do humano. Diz-nos haver um movimento intencional e diferentes materialidades que sustentam tanto a IA quanto outras tecnologias como a RA e a RV de alta imersão. O senso estético com a percepção dessas tecnologias é, de longe, implacável, uma vez que a própria estética e a experiência vivenciada com elas se referem aos nossos afetos e às nossas aversões, similarmente, ao modo pelo qual o mundo atinge nosso corpo em suas superfícies sensoriais. Todas essas TDs são mundo e têm por base a ação humana, logo, a simbiose com elas perfaz o corpo-próprio, o qual continua sendo visto como uma totalidade.

Compreendemos que não há separação em diferentes instâncias; compreendemos que o corpo-próprio se expõe como carnalidade intencional, conectado, plugado ao mundo, movendo-se espaço/temporalmente e agindo conforme o percebido.

O movimento intencional junto ao computador é tema do capítulo escrito por Pinheiro. Ele foca o contínuo e a continuidade, trabalhando esse assunto em atividades da disciplina Geometria Dinâmica com TD. Especificamente, vale-se de exemplos de modos de o corpo-vivente vivenciar o contínuo em ambientes computacionais que abrem possibilidades de essa vivência acontecer mediante atividades, realizadas com softwares de Geometria Dinâmica (GD). Explicita que a programação computacional se dá por uma lógica computacional que, quando revestida por uma interface, apresenta ícones com os quais se pode construir e mover objetos geométricos. Junto a essa programação, o movimento de um corpo-próprio evidencia um modo de vivenciar a continuidade, ao mover-se de modo intencional. Assumindo a visão merleaupontiana, afirma que a motricidade é o modo intencional de uma pessoa se movimentar, de realizar ações no mundo de vivências, que solicitam o mover e o mover-se. Entende-se com Pinheiro que na medida em que o movimento desse corpo não se fragmenta em pensamento de movimento e em que não se realiza numa distribuição hierárquica que coloca cada parte desse corpo, assumindo funções mediante uma tarefa que solicite movimento, então, tem-se esse corpo-próprio como evidência do contínuo e como ser da experiência da continuidade. Isso porque é um corpo móvel e movente, bem como um corpo sensível que pode perceber seu próprio movimento, atualizando-se em si mesmo e pode perceber o que esse movimento realiza em seu mundo circundante, dando-se conta de ser o sujeito dessa atualização. Conforme o autor do capítulo aqui focado, esse entendimento exprime o afirmado por Merleau-Ponty a respeito de a consciência do ligado pressupor a consciência do ligante e de seu ato de ligação.

O dinâmico, que está no nome Geometria Dinâmica, explicita movimento. Entretanto, esse movimento não está na programação do software, destinado a tratar dos conceitos e das operações dessa disciplina, porém é correlato à intencionalidade humana mover-se, movendo. É por isso que não se tem uma interface computacional vazia, mas preenchida com a ação do sujeito movente que atualiza a possibilidade do software.

O autor desse capítulo, que agora mencionamos, traz considerações advindas das atividades que realizou com seus alunos nessa disciplina, GD, destacando sua compreensão do modo pelo qual o corpo-vivente se presentifica, movendo-se e dando-se conta de seu próprio movimento com o mouse e com a tarefa da atividade proposta. Afirma que, no ato de perceber o ponto-em-movimento e as implicações desse movimento, o sujeito-movente não está preocupado em criar procedimentos e regras para o movimento do mouse, não busca descrever o movimento percebido. Ele pode perceber a continuidade, ou invariantes geométricos; mas não busca, de imediato, fazer uma asserção, caracterizando-os, não busca antecipar o percurso ou o fim de um movimento, nem descrever convergências ou divergências que se mostram. Apenas, lança-se à vivência de vê-las, convergindo ou divergindo com o movimento realizado. Relata que, quando um sujeito olha para um ponto, o olhar lançado já faz o entrelaçamento entre sujeito e ponto e, da mesma forma, o pensar sobre como o mover vai produzindo novos entrelaçamentos. Com isso, reafirma que a continuidade do movimento não se dá apenas no software, ou em sua interface. Movimento no software é movimento de um sujeito que se move, movendo-se. Portanto, a continuidade mostra-se também nesse corpo-próprio que se move com o software. Nesse mover, há modos de transformações que se evidenciam. O sujeito se movimenta, movendo o mouse para o ponto sobre o qual clica, arrastando-o para a figura ligada por uma construção a esse ponto. Refletindo sobre o visto e compreendido, Pinheiro deixa uma pergunta importante. Dá-se conta de que, ao final do movimento realizado pelo corpo-vivente na atividade com o software de GD, o ponto em si parece não ter sofrido transformação; pois, ainda, mantém a mesma cor, o mesmo tamanho, a mesma fisionomia; isso o leva a questionar se o movimento gera transformação em tudo que com ele está, ou se a mudança não se dá no móvel, mas apenas na duração do percurso no qual ele é visto.

É importante refletir a respeito desse estudo e das possibilidades que se abrem à Educação Matemática. Mostra um ensino e aprendizagem de Matemática viva, passível de ser retomada em suas ideias originais ou primordiais, entendidos estes termos no âmbito da fenomenologia. As ideias matemáticas mostram-se passíveis de serem vivenciadas na realização de experiências perceptivas, deixando evidente um conhecimento em constituição no sujeito e em produção com os sujeitos com os quais realiza a transição entre a percepção, a intuição e a teoria, cientificamente, exposta e trazida na tradição do seu acontecer histórico. Trata-se de uma atividade de ensinar e de aprender em que o corpo-vivente tem a oportunidade de tocar e de ver um conceito matemático, bem como de expressar compreensões e de "linguajear" com seus companheiros suposições e constatações: evidenciando-se, com força, o pensar encarnado. O contínuo e o infinito deixam de ser apenas ideias faladas e expressas em uma linguagem formal, presentes em manuais, à espera de serem vivificadas.

Paulo, Batista e Pereira, no capítulo "O movimento na/para a constituição de conhecimento com realidade aumentada", trazem mais possibilidades de compreender-se o corpo-vivente, movendo-se, intencionalmente, focado em entidades matemáticas, constituindo conhecimento desses entes que se fazem sentido nele. Com maior ênfase, mostram o movimento da transição entre a percepção, a intuição e a teoria, cientificamente, exposta e trazida na tradição do acontecer histórico da Matemática. O "fazimento de sentido", no movimento de constituição de conhecimento do corpo-vivente, preenche de significado as afirmações postuladas nas teorias, em uma linguagem formalizada mediante idealização, formalização e categorização havidas.

Os autores apresentam compreensões a respeito de possibilidades de a pessoa constituir conhecimento matemático, quando realiza explorações, colocando-se em movimento com um aplicativo de Realidade Aumentada - RA. Conforme explicitam, a tecnologia é considerada RA, se for um sistema capaz de complementar o mundo real com objetos virtuais gerados por computador – e, mais recentemente, por aplicativos para aparelhos mobile - que "parecem" coexistir no mesmo ambiente físico. Uma das principais características da RA é a manutenção do sentido de presença no "mundo real", ou seja, estando ligada à realidade física, ela enriquece a cena com objetos virtuais. Realizam atividades junto a estudantes de disciplinas de Cálculo Diferencial e Integral e com professores da Educação Básica com o Geogebra Calculadora 3D. Entendem que a tecnologia não é recurso ou instrumento, mas partícipe da ação do sujeito no mundo, presente em nosso modo de ser cotidiano. Essa afirmação vem ao encontro da posição dos organizadores deste livro, ao assumirem que, no movimento de constituição e de produção do conhecimento, a pessoa realiza atividades junto ao que tem à mão e que vem ao seu encontro na circunvizinha do mundo-vida-que habita; neste caso, TDs e, em particular, no caso do tratado neste capítulo que estamos mencionando, a RA.

Nas realizações dessas atividades com RA, os autores revelam que o corpo-vivente se move no próprio movimento, percebendo-se, movendo-se e o próprio movimento. Essa constatação vai ao encontro do resultado apontado por Pinheiro. Evidencia o corpo-vivente como origem de todas as atividades perceptivas, as quais se revelam mediante as expressões possibilitadas pela linguagem e por respectivas materialidades disponíveis.

No movimento de constituição do conhecimento, a essência do fenômeno se revela ao sujeito na intuição originária, ação perceptiva. Logo o que se revela, revela-se na percepção. Estando com aplicativos da RA, as possibilidades de o corpo-vivente sentir sensações ampliam-se, uma vez que se abrem modos de serem explorados aspectos da realidade. O corpo-vivente se movimenta intencionalmente, posicionando-se junto ao smartphone, para melhor ver o por ele intencionado. Nas atividades com questões do Cálculo Diferencial e Integral realizadas, ficou evidente que o aluno ou o professor que faz explorações matemáticas com um aplicativo de Realidade Aumentada, toma um lugar para se pôr a ver. O modo de posicionar-se é intencional, pois visa revelar, por exemplo, os aspectos de uma curva na qual ele pode "entrar" para "ver melhor". Ele - o aluno - se movimenta com o smartphone na mão, buscando um "lugar" para ver, mas não move o objeto em RA; o movimento é do corpo-próprio e é nele que o objeto se revela, mostrando suas faces. Ao explorar uma das tarefas propostas, concernente ao Cálculo, um aluno expressa o que sente, ao perceber as propriedades da esfera. Ele diz "eu sou a origem da esfera". Sua fala revela que ele não se percebe como outro corpo, mas como estando em comunhão com a esfera, de tal modo que em uma vivência dessa comunhão, tendo o aplicativo travado, o sujeito se expressou dizendo que está "preso na esfera". Trata-se de um modo de estar-com a Realidade Aumentada assumido pelo corpo-próprio. Ele tem liberdade para ir ao encontro da esfera e entrar, girar para ver onde está, fixar-se no encontro dos eixos coordenados; tem liberdade para percorrer, ele mesmo, os caminhos e, dessa maneira, analisar o que ocorre ali naquele ponto da função; coloca-se no melhor lugar, para que possa compreender o objeto matemático. Tem liberdade de sair desse encontro. Entretanto, sente a vivência da comunhão com as propriedades do objeto matemático tão intensamente que se sente preso ao movimento, como se ele mesmo tivesse sido congelado, ao estar vendo e se movendo, pois foi como se o fluxo da vivência tivesse sido estancado, quando o aplicativo apresentou um problema de fluxo.

Finalizo a escrita desse capítulo ainda no movimento de me dar conta do que foi tratado nesse livro. Sinto que são tantas ideias importantes e que dizem do corpo-vivente, constituindo e produzindo conhecimento, dentre as quais muitas me escapam. Tenho ciência de que as vejo e compreendo sua intensidade e importância. Mas não me dou conta de falar de tudo o que percebo. Sinto certo desconforto, como se houvesse ingerido muito alimento, mas que meu organismo ainda não deu conta, ou talvez nem venha a dar de processá-lo.

Algumas das ideias, trazidas no livro, chegam-me com clareza. Tentarei delas falar.

A primeira é o movimento da passagem ou de entrosamento articulador entre a percepção, a intuição e a teoria, cientificamente, exposta e trazida na tradição do acontecer histórico da Matemática, realizado pelo corpo-vivente, potencializado pelas TDs. Entendo ser esse um resultado importante do exposto nesse livro, pois mostra o trabalho passível de ser realizado pelo matemático e pelo professor dessa disciplina, dando destaque às expressões das sensações, das percepções, das intuições do corpo-vivente e das respectivas expressões mediante conversas linguageiras, que se dão na dimensão da realidade intersubjetiva, em que vivemos uns com os outros e, de modo destacado, em sala de aula, quando se está junto a pessoas intencionalmente dirigidas à Matemática e ao fazer matemático. Na passagem mencionada nesse parágrafo, há possibilidade de, e o professor de Matemática e de matemática focarem a linguagem formal e em movimento de idealização, de formalização e de categorização.

Os conteúdos e as operações da ciência matemática têm se mostrado obstáculos quase instransponíveis às atividades de ensino e de aprendizagem ao longo da história da educação escolar. As propriedades dos objetos matemáticos são tomadas como sendo muito abstratas, não palpáveis e diretamente experienciáveis e aplicáveis, ocasionando dificuldades para o ensinante e para o aprendente. Como resultado, são deixadas de lado, permanecem distantes de todos nós e de qualquer um, de modo genérico e vazio, sem se assumir a responsabilidade de enfrentar as dificuldades e os obstáculos, abrindo-se ao pensar com a matemática e com a tecnologia. Faço aqui referência a

Heidegger, quando afirma "todos nós... ninguém..." (1988, p. 165)[62], ao se referir à impessoalidade do "quem" fala, respondendo: fala-se, numa generalidade vazia. Entretanto, fica claro no caso das ideias matemáticas que não se cai no vazio de uma generalidade, caso as queira compreender, ou seja, compreender os processos de constituição e de produção dos objetos matemáticos e de suas propriedades e operações, enraizadas no corpo-vivente e nos modos desse estar junto aos outros corpos viventes e corpos presentes à realidade mundana.

Outra ideia que está em gestação é relativa às TDs. O ciberespaço tem sido olhado com desconfiança pelos educadores. Maior desconfiança eles revelam, ao se depararem com propostas de ensinar com Tds. É uma desconfiança assentada no desconforto de não saberem como fazer, de não dominarem as técnicas, de não se disporem de infraestrutura apropriada. É compreensível esse modo de sentir. O que coloco sob suspeita é a afirmação – e aqui faço essa menção de modo generalizado, tendo ciência de que não são todos que assim se posicionam - de que o trabalho com as TDs obscurece ou invalida ações cognitivas, raciocínios, e conhecimentos de que os próprios alunos necessitam realizar e dominar. Mais ainda, a afirmação ou a crença de muitos que veem os programas educacionais, disponibilizados para serem desenvolvidos em ambientes computacionais, como usurpadores do papel do professor. Os capítulos deste livro, e não só deste, mas uma ampla bibliografia pertinente a esse tema, revelam o oposto dessas desconfianças e dessas crenças. A realidade do mundo-da-vida se tem atualizado também com as tecnologias. Vivemos com e nessa realidade que é complexa e se revela de perspectivas e em camadas. Não deixa de haver a realidade do mundo físico-sensório em que nos movimentamos, vivendo, com modos de vivenciar a espacialidade e a temporalidade a ela apropriados, bem como modos de estar com o outrem e, portanto, de vivenciar valores éticos e estéticos. Mas, concomitantemente, vivemos e nos movimentamos na realidade do ciberespaço, cujas características de temporalidade e de espacialidades são específicas e cujas modalidades de estarmos com outrem se evidenciam de modos diversos, bem como de nós mesmos nos apresentarmos em modos de ser e de nos expressar.

62 Heidegger, Martin. Ser e Tempo. 1988. Editora Vozes. Petrópolis.

Essas considerações me levam para a obra de Edmund Husserl "A crise das ciências europeias e a fenomenologia transcendental" (2008)[63], onde o autor faz uma fenomenologia do mundo-da-vida que vivencia. Tendo ele deixado de viver em 1938; portanto, antes do advento do computador com seus chips, e o respectivo alcance de inserção na vida das pessoas, na organização político-social, nas ciências e em suas aplicações, ponho-me a pensar na urgência da tarefa que pesa sobre os fenomenólogos de continuarem o seu trabalho e de realizar um estudo fenomenológico do mundo-da-vida, atualizado e em atualização.

Outra ideia que não me deixa sossegar concerne ao movimento. A indagação de Pinheiro ecoa em mim: ele é levado pelas suas compreensões a questionar se o movimento gera transformação em tudo que com ele está, ou se a mudança não se dá no móvel, mas apenas na duração do percurso no qual ele é visto. E então, como dar conta do movimento? Somos seres moventes. O movimento se faz conosco. E....?

Terminamos o livro com clarezas e incertezas e perguntas .... É característico do pensar. Donde, continuamos a pensar.... pensando.

63 Husserl, Edmund. A crise das ciências europeias e a fenomenologia transcendental. Uma introdução à filosofia fenomenológica. (2008). Edição: Phainomenon e Centro de Filosofia da Universidade de Lisboa. Braga. Portugal.

Sobre os autores

Adlai Ralph Detoni

Engenheiro civil e educador artístico. Tem mestrado em Filosofia (UFJF) e doutorado em Educação Matemática (UNESP). É professor aposentado no departamento de Matemática da UFJF, onde atua, como convidado, no Mestrado Profissional em Educação Matemática. É membro pesquisador do FEM, Fenomenologia e Educação Matemática, atuando em projetos abrigados no CNPq. E-mail: adlai.detoni@ufjf.edu.br; Orcid: https://orcid.org/0000-0001-9411-3732.

Anderson Luis Pereira

Graduado em Licenciatura em Matemática (2014) pela Universidade Estadual Paulista "Julio de Mesquita Filho", campus Guaratinguetá. Mestre (2017) e Doutor (2022) em Educação Matemática pela Universidade Estadual Paulista "Júlio de Mesquita Filho", campus Rio Claro. Professor de Educação Básica II – Prefeitura Municipal de Guaratinguetá. Orientador de Polo Univesp – Guaratinguetá. Pesquisador do grupo FEM – Fenomenologia em Educação Matemática. E-mail: anderson.pereira@unesp.br. Orcid: https://orcid.org/0000-0002-2052-8182.

Angela Ales Bello

Professoressa Emerita di Storia dela Filosofia Contemporânea presso la Pontificia Università Lateranense di Roma e Presidente do Centro Italiano di Riceche Fenomenologiche e dell'International Society of Phenomenology of Religion, com Sede a Roma. Estudiosa das obras de Edmund Husserl e de Edith Stein, tem inúmeros trabalhos publicados. E-mail: alesbello@tiscali.it. Orcid: : https://orcid.org/0000-0001-8929-1307

Carolina Cordeiro Batista

Graduada em Licenciatura em Matemática (2015) pela Universidade Estadual Paulista "Julio de Mesquita Filho", campus Guaratinguetá. Mestre (2017) e Doutora (2021) pela Universidade Estadual Paulista "Julio de Mesquita Filho", campus Rio Claro. Pós-doutoranda na Universidade Estadual Paulista "Julio de Mesquita Filho", campus Guaratinguetá, bolsista do Conselho Nacional de Desenvolvimento Científico e Tecnológico – CNPq. Pesquisadora do grupo FEM – Fenomenologia em Educação Matemática. E-mail: carolina.batista@unesp.br. Orcid: https://orcid.org/0000-0002-0923-647X.

José Milton Lopes Pinheiro

Doutor em Educação Matemática pela Universidade Estadual Paulista (UNESP), campus Rio Claro/SP (2018). Mestre em Educação Matemática pela Universidade Federal de Juiz de Fora - UFJF (2013). Graduado em Licenciatura em Matemática pela Universidade do Estado de Minas Gerais - UEMG (2011). Professor Adjunto 2 e Pró-reitor de Extensão e Assistência Estudantil na Universidade Estadual da Região Tocantina do Maranhão (UEMASUL). Bolsista Produtividade pela UEMASUL. Líder do Grupo de Estudos em Matemática Pura, Aplicada e Ensino - GEMPAE. Pesquisador do grupo FEM – Fenomenologia em Educação Matemática. E-mail: jose.pinheiro@uemasul.edu.br. Orcid: https://orcid.org/0000-0002-0989-7403.

Maria Aparecida Viggiani Bicudo

Professora titular de Filosofia da Educação. Obteve seu Bacharelado e sua Licenciatura em Pedagogia na Universidade de São Paulo, São Paulo, Brasil (1963). É Mestre em Orientação educacional, título obtido na Universidade de São Paulo (1964); Doutora em Ciências pela Faculdade de Filosofia Ciências e Letras, em Rio Claro, São Paulo, Brasil, atualmente Universidade Estadual Paulista. É Livre Docente em Filosofia da Educação, título obtido na Universidade Estadual Paulista, Campus de Araraquara (1979). Possui experiência em Educação, focando Filosofia da Educação, Filosofia da Educação Matemática, Pesquisa Qualitativa, Fenomenologia. Suas pesquisas incluem mais de 200 publicações e acima de 10.500 citações. E-mail: mariabicudo@gmail.com. Orcid: https://orcid.org/0000-0002-3533-169X.

Marli Regina dos Santos

É professora adjunta da Universidade Federal de Ouro Preto, onde atua na licenciatura em Matemática e no Programa de Pós-Graduação em Educação Matemática. Possui licenciatura, mestrado e doutorado pela Universidade Estadual Paulista Júlio de Mesquita Filho. É membro do grupo de pesquisa Fenomenologia em Educação Matemática (desde 2005) e da Sociedade de Estudos e Pesquisa Qualitativos (SE&PQ). Tem atuado nos seguintes temas: geometria, pavimentações do plano, fenomenologia e tecnologias no ensino de Matemática. Email: marli.santos@ufop.edu.br. Orcid: https://orcid.org/0000-0002-0562-2189.

Maurício Rosa

Atua como professor da Faculdade de Educação da Universidade Federal do Rio Grande do Sul, Departamento de Ensino e Currículo, e do Programa de Pós-Graduação em Ensino de Matemática do Instituto de Matemática dessa Universidade, tem pós-doutorado pela Rutgers Universtity - The State University of New Jersey (EUA) (2023) e pela Universidade Federal do Rio de Janeiro (UFRJ) (2022). Tem doutorado em Educação Matemática pela Universidade Estadual Paulista Júlio de Mesquita Filho - Unesp - Rio Claro (SP) (jan/2008) com sanduíche na London South Bank University - Londres (UK). Tem mestrado em Educação Matemática também pela Unesp - Rio Claro (SP) (nov/2004) e graduação em Matemática Licenciatura Plena pela Universidade Luterana do Brasil - ULBRA - Canoas (RS) (2001/2). Tem experiência na área de Matemática, com ênfase em Educação Matemática, atuando principalmente nas seguintes frentes: Tecnologias Digitais, Educação a Distância, Jogos Eletrônicos, Formação de Professores, Filosofia da Educação Matemática, Decolonialidade, Racismo, Homofobia, Tranfobia e Exclusões/Inclusões em diferentes perspectivas. E-mail: mauriciomatematica@gmail.com. Orcid: https://orcid.org/0000-0001-9682-4343.

Orlando de Andrade Figueiredo

Doutor em Educação Matemática pela Unesp de Rio Claro, e Mestre em Ciência da Computação pela USP de São Carlos. Atua como docente na área de Ciência da Computação da Unesp de Rio Claro. Sua principal área de interesse é metacognição, subjetividade e intersubjetividade, com destaque para o uso de figuras de linguagem e experiências interativas (computacionais) como recursos intersubjetivos, especialmente quando aplicado ao ensino da própria Fenomenologia e dos fundamentos da Ciência da Computação (Programação Funcional, Teoria das Linguagens de Programação, Desenho de Algoritmos e Engenharia de Software). E-mail: orlando.a.figueiredo@unesp.br. Orcid: https://orcid.org/0000-0003-0557-4794.

Petrucia Nóbrega

Professora Titular do Departamento de Educação Física da UFRN, onde coordena o Grupo de Pesquisa Estesia e o Laboratório Ver. Professora Permanente do Programa de Pós-Graduação em Educação da UFRN e Bolsista de Produtividade de Pesquisa do CNPq. Graduada em Educação Física e em Filosofia pela UFRN; Especialista em Dança pela Unifec, São Paulo; Mestre em Educação pela UFRN (1995) e Doutora em Educação pela Universidade Metodista de Piracicaba. Realizou diversos Estágios Estágio Pós-Doutoral: em 2009, na área de Educação na Universidade de Montpellier com Bolsa Capes, tendo atuado como professora convidada na Universidade de Montpellier (2011); Estágio Sênior em Filosofia na École Normale Supérieure de Paris (2014- 2016,) com Bolsas Capes e CNPq e, recentemente conclui um Estágio Pós-Doutoral na área de Psicanálise na Universidade Paris Nanterre (2022-2023), com Bolsa CNPq. Analista em Formação pela Associação Psicanalítica de João Pessoa (AEPSI). Email: pnobrega68@gmail.com. Orcid: https://orcid.org/0000-0002-1996-4286.

Rosa Monteiro Paulo

Graduação em Ciências com Habilitação Plena em Matemática (1984) pela Universidade de Mogi das Cruzes. Mestre (2001) e Doutora (2006) em Educação Matemática pela Universidade Estadual Paulista "Julio de Mesquita

Filho", Unesp. Professora Associada da Universidade Estadual Paulista "Julio de Mesquita Filho", Unesp, campus Guaratinguetá. Pesquisadora e Líder 2 do Grupo FEM – Fenomenologia em Educação Matemática.
E-mail: rosa.paulo@unesp.br. Orcid: https://orcid.org/0000-0001-9494-0359.

Rosemeire de Fatima Batistela

Professora da Universidade Estadual de Feira de Santana (UEFS) desde 2011, alocada no Departamento de Ciências Exatas na área de Educação Matemática onde leciona disciplinas do curso de licenciatura em Matemática. Possui graduação em Matemática (licenciatura), Mestrado e Doutorado em Educação Matemática pela Universidade Estadual Paulista campus de Rio Claro/SP. É sócia da Sociedade Brasileira de Educação Matemática (SBEM) e da Sociedade de Estudos e Pesquisa Qualitativos (SE&PQ). Desde 2005 estuda fenomenologia e participa do Grupo de Pesquisa Fenomenologia em Educação Matemática (FEM) e do GT 11- Filosofia da Educação Matemática da SBEM. E-mail: e-mail: rosebatistela@uefs.br. Orcid: https://orcid.org/0000-0003-2779-7251.

Tiago Emanuel Klüber

Licenciado em Matemática (2004) e Especialista em Docência no Ensino Superior (2006) pela Universidade Estadual do Centro-Oeste do Paraná, UNICENTRO. Mestre em Educação (2007) pela Universidade Estadual de Ponta Grossa, UEPG. Doutor em Educação Científica e Tecnológica, PGECET (2012), pela Universidade Federal de Santa Catarina, UFSC, com período de cotutela na Universidade Estadual Júlio de Mesquita Filho, Unesp, Rio Claro (2011). Atou como docente do Ensino Superior, ao nível da graduação na Universidade Estadual do Centro-Oeste, Unicentro, entre 2007 e 2009, *campus* de Guarapuava e 2010, no *campus* de Irati. É docente associado da Universidade Estadual do Oeste do Paraná, Unioeste, *campus* Cascavel, desde 2010, onde atua ao nível da graduação, em diversos cursos, em especial na Licenciatura em Matemática; da pós-graduação *lato* e *stricto sensu*, tendo participado com docente permanente nos Programas de Pós-Graduação de Mestrado de Ensino (2014-2019), *campus* Foz do Iguaçu e Educação (2013-2018). Desde 2017 é docente permanente do Programa de Pós-Graduação em Educação em Ciências e Educação Matemática, PPGECEM, da Unioeste Campus Cascavel e foi coordenador do programa de 2017 a 2021. Lider do grupo de Pesquisa Investigação Fenomenológica na Educação Matemática – IFEM, criado em 2023. Email: tiagokluber@gmail.com. Orcid: https://orcid.org/0000-0003-0971-6016.

Verilda Speridião kluth

Licenciada e bacharelada em matemática, enveredou-se na pesquisa no âmbito da Educação Matemática concluindo seu mestrado e doutorado em Filosofia da Educação Matemática, região de inquérito a qual dedica-se até o momento aprofundando-se na abordagem da fenomenologia e em suas possibilidades educacionais matemáticas. Atua como professora na formação inicial e continuada de professores na Unifesp no campus de Diadema. É uma das fundadoras do Centro de Formação de Educadores da Escola Básica - CEFE no referido campus. E-mails: verilda@nlk.com.br. kluth.verilda@unifesp.br Orcid: https://orcid.org/0000-0001-9865-5694.